"十三五"国家重点出版物出版规划项目

材料科学研究与工程技术系列

U0211575

特种焊接技术

Special Welding Technology

● 主　编　张洪涛　陈玉华
● 副主编　宋晓国　王　廷

哈尔滨工业大学出版社

内容提要

本书主要包括焊接方法中除焊条电弧焊、埋弧焊、气体保护焊等传统焊接方法之外的非常规焊接方法，其中主要有激光焊、电子束焊等高能束流焊接方法以及扩散焊、摩擦焊、超声波焊、爆炸焊、变形焊等固相焊接方法，同时还包括特种环境下的焊接技术，如水下焊接、太空焊接以及管道在线焊接等新兴的焊接技术及方法。

本书可作为普通高等院校焊接技术与工程、材料成型及控制工程等相关专业本科生教材和材料加工工程（焊接方向）研究生的教材，也可供从事与焊接相关的工程技术人员、科研人员等参考。

图书在版编目（CIP）数据

特种焊接技术/张洪涛，陈玉华主编. —哈尔滨:哈尔滨工业大学出版社,2013.8(2018.3 重印)

ISBN 978 - 7 - 5603 - 4146 - 0

Ⅰ.①特…　Ⅱ.①张…　②陈…　Ⅲ.①焊接-技术-高等学校-教材　Ⅳ.①TG456

中国版本图书馆 CIP 数据核字（2013）第 146810 号

材料科学与工程
图书工作室

责任编辑　刘　瑶
封面设计　高永利
出版发行　哈尔滨工业大学出版社
社　　址　哈尔滨市南岗区复华四道街 10 号　邮编 150006
传　　真　0451 - 86414749
网　　址　http://hitpress. hit. edu. cn
印　　刷　黑龙江艺德印刷有限责任公司
开　　本　787mm×1092mm　1/16　印张 17.25　字数 396 千字
版　　次　2013 年 8 月第 1 版　2018 年 3 月第 4 次印刷
书　　号　ISBN 978 - 7 - 5603 - 4146 - 0
定　　价　33.00 元

前　言

　　焊接方法发展的历史就是人类在加工制造领域不断面临新问题、解决新问题的过程。随着全球科技的不断进步,新产品、新结构以及全新焊接环境的不断出现,对焊接方法的可达性和适用性提出了更高的要求。

　　特种焊接技术作为先进制造领域一个重要组成部分,必然会随着制造业向更快、更优、更难的方向发展,体现出越来越重要的作用与地位,这相应地也对特种焊接技术提出了更新的要求,同时也为特种焊接技术的发展提供了崭新的机遇。

　　特种焊接技术是指除焊条电弧焊、埋弧焊、气体保护焊等传统焊接方法之外的非常规焊接方法,因此本书首先针对包括激光焊、电子束焊等高能束流焊接方法以及扩散、摩擦焊、超声波焊、爆炸焊、变形焊等固相焊接方法进行了阐述;继而还介绍了特种环境下的焊接方法,如水下焊接、太空焊接、在线焊接等方法。上述特种焊接方法也随着现代科技的发展,不断吸收信息、电子、材料等方面的既有成果,逐步向优质高效、低耗清洁、灵活生产的目标发展。同时,随着焊接结构向复杂化、多样化方向的发展,针对这类结构制造所做的技术创新也构成了特种焊接技术的发展趋势。因此,阐明各种特种焊接技术的理论基础和应用特点也是推进其进一步应用的前提条件,这也是本书编写的目的所在。

　　本书由哈尔滨工业大学(威海)张洪涛与南昌航空大学陈玉华任主编。其中第1章、第2章、第4章、第6章由张洪涛编写;第3章由王廷编写;第5章由宋晓国编写;第7～9章及第11章由陈玉华编写;第10章由张洪涛、陈玉华与王廷共同编写。

　　本书在编写过程中,参考了同行专家、学者的研究成果、著作或者书籍,在此一并表示感谢。

　　书中不当之处,恳请广大读者批评指正。

编　者

2013 年 5 月

目　　录

1

第1章 概　述

1.1　焊接方法的发展及焊接的物理本质

1.1.1　焊接方法的发展

焊接作为一种实现材料永久性连接的方法,被广泛地应用于机械制造、石油化工、桥梁、船舶、建筑、动力工程、交通运输、航空、航天等各个工业领域,已成为现代制造业中不可缺少的加工工艺方法。

焊接方法发展的历史可以追溯到几千年前。据考证,在所有的焊接方法中,钎焊和锻焊是人类最早使用的方法。早在 5 000 年前,古埃及就用银铜钎料钎焊管子,在 4 000 年前,就用金钎料连接护符盒。我国在公元前 5 世纪的战国时期就已经使用锡铅合金作为钎料焊接铜器。在明代科学家宋应星所著的《天工开物》一书中,就对钎焊和锻焊技术做了详细的叙述。

从 19 世纪 80 年代开始,随着近代工业的兴起,焊接技术进入了飞快发展的时期。新的焊接方法伴随着新的焊接热源的出现竞相问世。焊接方法的发展历程如图 1.1 所示。

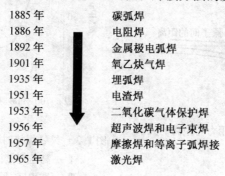

1885 年	碳弧焊
1886 年	电阻焊
1892 年	金属极电弧焊
1901 年	氧乙炔气焊
1935 年	埋弧焊
1951 年	电渣焊
1953 年	二氧化碳气体保护焊
1956 年	超声波焊和电子束焊
1957 年	摩擦焊和等离子弧焊接
1965 年	激光焊

图 1.1　焊接方法的发展历程

历史上每一种新热源的出现,都伴随着新的焊接方法的问世,焊接技术发展到今天,可以说几乎运用了一切可以利用的热源,包括火焰、电弧、电阻热、超声波、摩擦热、电子束、激光、微波等。从 20 世纪 80 年代以后,人们又开始对更新的焊接热源如太阳能、微波等进行积极地探索,同时,焊接方法也逐渐向多种热源复合、多种焊接形式联合及特种条件下焊接的方向发展。

1.1.2　焊接的物理本质

焊接是利用加热、加压等手段,使固体材料之间达到原子间的冶金结合,从而实现永久性连接接头的工艺过程。

众所周知,固态材料由各种键结合在一起,金属原子之间的结合是依靠金属键,由图1.2 可知,原子间结合力的大小是引力和斥力共同作用的结果。当原子间的距离为 r_A 时,结合力最大。对于大多数金属,$r_A \approx 0.3 \sim 0.5$ nm,当原子间的距离大于或小于 r_A 时,结合力都会显著降低。因此,为了实现材料连接,必须使两个被连接的固态材料的表面接近到相距 r_A,通过接触表面上的原子扩散、再结晶等物理化学过程形成键合,达到冶金结合的目的。实际上,材料表面即使经过精细加工,微观上也是凹凸不平的,而且还常常带有氧化膜、油污以及水分等吸附层,这些都会阻碍材料表面的紧密接触与连接。为了消除阻碍材料表面紧密接触与连接的各种因素,须采取如下措施:

① 对被连接材料施加压力,破坏接触表面的氧化膜和吸附层,增加有效接触面积。

② 加热待连接材料(局部或整体),对于金属,使结合处达到塑性甚至熔化状态,可以迅速破坏氧化膜和吸附层,降低金属变形阻力,同时,加热也会增加原子的振动能,促进扩散、再结晶及化学反应过程。

各种金属实现连接所必需的温度与压力之间存在一定的关系,金属加热的温度越低,所需要的压力就越大。图1.3 所示为纯铁实现焊接所需要的温度及压力条件,当金属加热温度 $T < T_1$ 时,压力就必须在 AB 线的右上方(I 区)才能实现焊接;当 $T_1 < T < T_2$ 时,压力应在 BC 线以上(II 区);当 $T > T_2 = T_M$(T_M 为金属的熔化温度)时,则实现焊接所需要的压力为零(III 区),此即熔焊的情况。

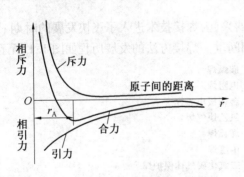

图 1.2　原子间作用力与距离的关系

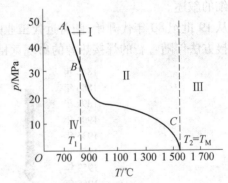

图 1.3　纯铁焊接时的温度与压力之间的关系
I — 高压焊接区;II — 电阻焊接区
III — 熔焊区;IV — 不能实现焊接区

1.2　焊接方法的分类

随着科学技术的不断发展,新的焊接方法不断出现,关于焊接方法的分类越来越模糊,特别是复合焊接技术出现,不但改变了传统焊接加热方式,而且改变了接头成形的过程。但是可以从冶金的角度,将焊接方法分为液相连接、固相连接及液 – 固相连接。

将材料加热至熔化,利用液相的相容来实现原子间结合,即为液相连接。熔化焊属于最典型的液相连接。液相物质由被连接母材与填充的同质或异质材料(也可不加入)共同构成,填充材料就是焊条或焊丝。虽然电阻焊时也有液相生成,但是由于连接时需要施加一定的压力才能实现连接,因此常将其纳入压力焊的范畴。

压焊方法属于典型的固相连接。因为固相连接时,通常连接温度低于母材金属(或金属中间层)的熔点,因而必须用压力才能使待连接表面在固态下达到紧密接触,并且通过调节温度、压力和时间使扩散充分进行,从而实现原子间的接合。在预定的温度,该温度的获得可以通过电阻加热、摩擦加热、感应加热、辐射加热和超声振荡等方式获得,同时在待连接表面紧密接触时,金属内的原子获得能量,增大活动能力,通过界面扩散形成固相连接。

液 – 固相连接是通过液态钎料在固相表面间隙中的润湿铺展作用形成焊缝,这样固态原子向液相中的溶解与液相原子向固相中的扩散结合在一起,从而在待连接的同质或异质固态母材之间形成过渡界面实现连接。钎焊和液相扩散焊即属此类方法。构成液相的填充材料称之为钎料,其熔点要低于母材的熔点。

特种焊接技术是指除焊条电弧焊、埋弧焊、气体保护焊等传统焊接方法之外的非常规焊接方法,主要包括激光焊、电子束焊等高能束流焊接方法以及扩散焊、摩擦焊、超声波焊、爆炸焊、变形焊等固相焊接方法,除此之外,还包括特种环境下的焊接方法,如水下焊接、太空焊接及在线焊接等方法。特种焊接技术对于一些特殊材料及结构的焊接具有重要意义,是新材料应用与新结构设计不可或缺的关键技术。

高能束流焊接是指利用光量子、电子及等离子为能量载体的高能量密度束流实现对材料的焊接方法。高能束焊的功率密度通常比氩弧焊或者二氧化碳焊高得多,其功率密度一般大于 10^5 W/cm^2,如激光焊、电子束焊、等离子弧焊等。

扩散焊是在一定温度和压力下将待焊物质的焊接表面相互接触,通过微观塑性变形或通过焊接面产生微量液相而扩大待焊表面的物理接触,使之距离在 $(1 \sim 5) \times 10^{-8}$ cm 以内(只有原子间的引力起作用,才可能形成金属键),再经过较长时间的原子相互间的不断扩散、相互渗透,来实现冶金结合的一种焊接方法。扩散焊可以在几乎不损害被焊材料性能的条件下,实现同种材料或者异种材料之间的连接。如超音速飞机上各种钛合金构件就是应用超塑性成形 —— 扩散焊制成的,扩散焊的接头性能可与母材相同,许多异种金属材料、石墨和陶瓷等非金属材料,弥散强化的高温合金、金属基复合材料和多孔性烧结材料等都可以采用扩散焊方法进行连接。扩散焊已广泛用于反应堆燃料元件、蜂窝结构板、静电加速管,各种叶片、叶轮、冲模、过滤管和电子元件等的制造。

摩擦焊是利用焊件表面相互摩擦所产生的热,使端面达到热塑性状态,然后迅速顶锻,完成焊接的一种压焊方法。这种方法具有高效、节能、无污染等优点,一直深受制造业的重视。特别是近年来发展起来的搅拌摩擦焊技术,利用搅拌头与搅拌肩的高速旋转与综合作用,使被连接的金属达到热塑性状态,从而形成连续的焊缝。搅拌摩擦焊技术是20世纪90年代初由英国焊接研究所开发出的一种专利焊接技术,它尤其适合连接采用熔焊方法较难焊接的有色金属,并且具有工艺简单、焊接接头晶粒细小、力学性能佳、无需焊丝和保护气体以及焊接残余应力小等优点。该种方法已在欧美等发达国家的航天航空工业中进行了应用,成功应用于低温工作铝合金薄壁压力容器的焊接。搅拌摩擦焊在我国也引起航空航天、交通运输业的重视,获得了快速的发展。

1.3　特种焊接方法的发展趋势与新型焊接方法

特种焊接技术是先进制造领域一个重要组成部分,随着制造业的发展,其作用和地位越来越重要,这也对特种焊接技术提出了新的要求、新的机遇;随着现代科技的发展,焊接技术也不断吸收信息、电子、材料等方面的成果,优质高效、低耗清洁、灵活生产是特种焊接技术未来的发展目标;同时,随着焊接结构向复杂化、多样化方向的发展,针对这类结构制造所做的技术创新也构成了特种焊接技术的发展趋势。目前特种焊接技术的发展趋势主要有以下几个方面。

1. 多种热源复合焊接技术

采用多种热源复合焊接技术可以充分利用不同热源的特点,充分发挥其各自的优势。典型代表有激光 – MIG 复合焊接方法及等离子弧 – 搅拌摩擦复合焊接方法。

（1）激光 – MIG 复合焊接方法

激光 – MIG 复合焊接技术提高了熔深和焊接速度。焊接过程中金属蒸气会挥发,并且反作用于等离子区。等离子区对激光有轻微吸收,但可以忽略不计。整个焊接过程的特性取决于选择的激光和电弧输入能量的比例。对于激光能量的吸收,工件温度起决定性因素。开始焊接时需解决表面反射问题,尤其是铝合金。当工件表面达到挥发温度时,就形成了挥发孔,这样几乎所有的能量都可以传到工件上。焊接所需要的能量由随温度变化的表面吸收率和工件传导损失的能量决定。在激光复合焊时,挥发不仅发生在工件的表面,同时也发生在填充焊丝上,使得更多的金属挥发,从而使激光的能量传输更加容易。在同样的熔深前提下,比较激光焊、MIG 焊和激光复合焊三种形式的焊缝成形,激光焊的焊缝有凹陷, MIG 焊的焊缝很宽,余高大,而激光复合焊余高较大,送丝速度只需 5.5 m/min,约是 MIG 焊送丝速度（11 m/min）的一半,如图 1.4 所示。

以 VW Phaeton（德国大众高档新款车）的车门焊接（图1.5）为例:为了在保证强度的同时又减轻车门的质量,大众公司采用冲压、铸件和挤压成形的铝件。车门的焊缝总长4 980 mm,现在的工艺是七条 MIG 焊缝（总长 380 mm）,11 条激光焊缝（总长 1 030 mm）,48 条 MIG 复合焊缝（总长 3 570 mm）。

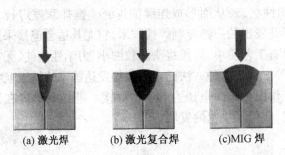

(a) 激光焊　　(b) 激光复合焊　　(c)MIG 焊

图 1.4　相同熔深的焊缝比较

图 1.5　VW Phaeton 车的车门

（2）等离子弧－搅拌摩擦复合焊接方法

等离子弧－搅拌摩擦复合焊接方法是以等离子弧为辅助热源的复合搅拌摩擦焊,其原理与激光辅助搅拌摩擦焊技术原理类似,只是预热能量的来源不同。焊接时,搅拌头在电机驱动下高速旋转并沿待焊工件的对接面压入待焊工件,当搅拌头的轴肩与待焊工件紧密接触后,搅拌头沿对接面向前移动实现焊接,焊接区域在搅拌头产生的摩擦热与等离子弧产生的辅助热量共同作用下发生塑化,最终在搅拌头后部形成焊缝。此项技术由于采用了高能辅助热源等离子弧与搅拌摩擦焊复合的方式,大大拓宽了搅拌摩擦焊的适用范围,减少了搅拌头的顶锻力和焊接时向前运动的阻力,降低了搅拌头的磨损,提高了搅拌头的寿命;同时提高了焊接效率,并且为以后航空航天领域对其他高熔点和高硬度材料的焊接打下了基础。图1.6所示是哈尔滨工业大学刘会杰等人发明的等离子弧－搅拌摩擦焊复合焊接方法示意图。

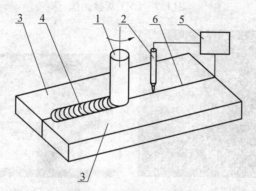

图1.6 等离子弧－搅拌摩擦复合焊接方法示意图

1— 搅拌头;2— 等离子枪;3— 待焊工件;4— 焊缝;5— 预热温度给定与检测装置;6— 待焊工件对接面

2. 基于特种材料或特殊结构的焊接方法创新

一些特殊结构或特殊材料的焊接促进了焊接技术的发展,这些新技术包括厚板窄间隙焊接技术、薄板冷焊技术等。

厚壁压力容器的发展对焊接接头提出了更高的要求,一方面,压力容器的大型化,焊接工作量增大,要求采用更高生产率的焊接方法;另一方面,新材料的应用也需要采用新的焊接工艺,以保证接头具有更高的质量和优良的综合性能。

伊萨单丝悬臂窄间隙埋弧焊焊接系统主要用于大、中型焊接结构件,如核电、石化行业中各种大厚度压力容器、厚板等工件的窄间隙坡口的自动埋弧焊,如图1.7所示。该系统最大可焊厚度达350 mm,而坡口宽度只有24 mm。该设备采用了精确的定位系统,可以消除不熔、咬边及夹渣,基本上可以避免焊接缺陷。

冷焊技术是在传统MIG焊接方法的基础上发展起来的,主要用来焊接薄板或连接熔点差别比较大的异种金属。比较典型的代表是奥地利福尼斯公司的CMT(Cold Metal Transfer),该种方法主要通过焊丝的反向运动实现无飞溅、低热输入的短路过渡过程(图1.7),在焊接薄板以及异种金属方面凸显了极大的优势。图1.8所示是0.8 mm铝板对接接头。图1.9所示是铝／钢熔钎焊接头(板厚1 mm)。

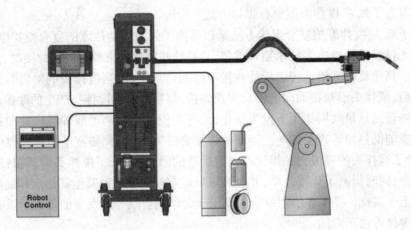

图 1.7 CMT 焊接系统

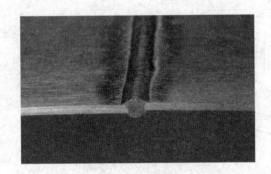

图 1.8 0.8 mm 铝板对接接头

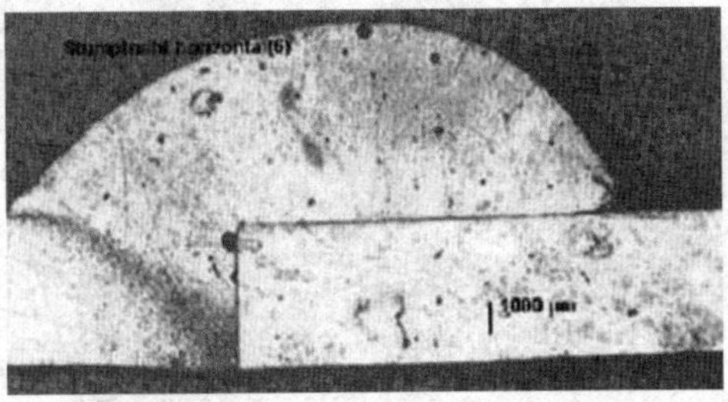

图 1.9 铝／钢熔钎焊接头（板厚 1 mm）

3. 特种环境催生特种焊技术

随着人类对海洋、太空等领域的不断探索,特种环境下的焊接技术需求越来越迫切。例如,随着人类能源需求的快速增长,未来人类社会的可持续发展会更多地依赖海洋。水下焊接技术便成为海洋结构物建造与修复的关键支撑技术。如何提高潜水焊工在水下的作业效率一直是水下焊接技术需要突破的瓶颈,传统的水下湿法焊条电弧焊(图 1.10),由于潜水焊工在水下需要不断地更换焊条,因此工作效率低下。目前,水下湿法半自动焊

图 1.10 水下湿法焊条电弧焊接过程

接技术、水下固相焊接以及一些高能束水下焊接方法逐渐成为水下焊接技术新的突破点。

空间技术的发展也为各领域的技术进步注入了新的生机,并且提出了新的研究方向。目前,大型轨道站的建立,要求同时载乘众多航天员,并装备有大型的射电望远镜、天线、反射式和接收式网屏、太阳辐照工程等系统。要保证轨道站的长期安全可靠运行,其中重要的一项就是焊接技术如何在太空条件下实施,这样便可以在轨道站现场组装大型金属结构件。乌克兰巴顿电焊研究所从20世纪开始就对太空条件下的焊接技术展开了深入的实验研究,并且在太空条件下进行了验证,先后有15名宇航员在太空实现了焊接操作。

同时,核电站服役过程中的焊接修复以及输油管道在线修复,都由于焊接结构所处环境的特殊性对焊接技术提出了新的要求。

总之,特种焊接技术是一项与新兴科技发展密切相关的工艺技术,相关学科的发展、新型结构及新材料的不断出现与应用,都对特种焊接技术提出了更高的要求,也为特种焊接技术的迅猛发展提供了动力。

参考文献

[1] 关桥. 高能束流加工技术——先进制造技术发展的重要方向[J]. 航空制造技术, 1995(1):6-10.

[2] 中国机械工程学会焊接学会. 焊接手册(第1卷):焊接方法及设备[M]. 2版. 北京:机械工业出版社,2011.

[3] 钱乙余. 先进焊接技术[M]. 北京:机械工业出版社,2000.

第2章 激 光 焊

激光焊(Laser Beam Welding,LBW)是利用能量密度极高的激光束作为焊接热源的一种高效精密焊接方法。激光焊具有能量密度高、穿透力强、精度高、适应性强等优点,因此这种焊接方法在航空航天、电子、汽车制造、核动力等领域得到了广泛应用。

与一般焊接方法相比,激光焊具有如下特点:

① 聚焦后的激光束具有很高的功率密度($10^5 \sim 10^7$ W/cm^2,或者更高),加热速度快,可以实现深熔焊和高速焊。由于激光加热范围小(小于 1 mm),在同等功率和焊件厚度下,焊接热影响区域小、焊接应力和变形小。

② 激光能发射、透射,能在空间传播相当距离而衰减很小,可通过光导纤维、棱镜等光学方法弯曲传输、偏转和聚焦,因此特别适用于微型零件、难以接近部位或远距离的焊接。

③ 一台激光器可供多个工作台进行不同的工作,既可以用于焊接,又可以用于切割、合金化和热处理。

④ 激光在大气中损耗不大,可以穿过玻璃等透明物体,适合于在玻璃制成的密封容器里焊接铍合金等剧毒材料;激光不受电磁场影响,既不存在 X 射线防护,也不需要真空保护。

⑤ 一般焊接方法难以焊接的材料,如高熔点金属、非金属材料(如陶瓷、有机玻璃等)及对热输入敏感的材料可以进行激光焊接,焊后无需热处理。

但是,激光焊本身也存在一些缺点:

① 激光焊难以焊接反射率较高的金属。

② 激光器特别是高功率密度的激光器,价格昂贵,目前工业用激光器的最大功率为 20 kW,可焊接的最大厚度约为 20 mm,比电子束小得多。

③ 激光焊对焊件加工、组装和定位都有较高的要求。

④ 激光器的电光转换及整体运行效率都很低,光束能量转换率仅有 10% ~ 20%。

2.1 激光物理基础

2.1.1 激光产生的机理

普通光源的发光是由于原子能级的跃迁而产生的自发辐射,其辐射光频率(或波长)与跃迁能级之间的关系可表示为

$$\nu = \frac{E_2 - E_1}{h} \tag{2.1}$$

式中　E_2—— 上能级能量;

E_1—— 下能级能量；

h—— 普朗克常数；

υ—— 辐射光频率。

这些发光原子是大量独立振子,振子的自发辐射光波不是单色,不同振子发出的光波的相位也是随机变化的,所以自然光不是单频相干光。自发辐射产生的自然光能量很弱,频率并不单一,位相并不恒定,光的方向也无规则。因此,这种由大量独立振子自发辐射产生的自然光只相当于一种光频范围的随机"噪声",很难达到较高的相干光强,自发跃迁是一种只与原子本身性质有关而与辐射场无关的自发辐射过程。

爱因斯坦在普朗克辐射量子化假设和玻尔原子中电子运动状态量子化假设的基础上,重新推导了黑体辐射的普朗克公式。他从光量子的概念出发,提出了受激辐射这个极其重要的概念,受激辐射可以说是激光辐射的基础。辐射与原子相互作用应包含原子的自发辐射跃迁、受激辐射跃迁和受激吸收跃迁三种过程。原子的三种跃迁状态如图 2.1 所示。

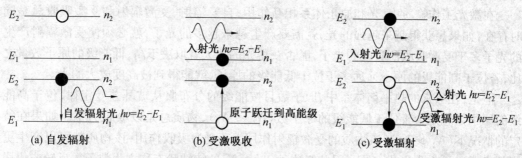

图 2.1 原子的三种跃迁状态

自发辐射跃迁是处于高能级 E_2 的一个原子自发地向低能级 E_1 跃迁,并发射出一个能量为

$$h\upsilon = E_2 - E_1 \tag{2.2}$$

的光子的过程,如图 2.1(a) 所示。

受激吸收是处于低能级 E_1 的一个原子,在外来的频率为 $\upsilon = \dfrac{E_2 - E_1}{h}$,能量为 $h\upsilon$ 的光子激发下,吸收一个能量为 $h\upsilon$ 的光子,跃迁到 E_2 能态的过程,如图 2.1(b) 所示。该过程可以用方程表示为

$$\left(\frac{\mathrm{d}N_1}{\mathrm{d}t}\right)_{ab} = -W_{12}N_1 \tag{2.3}$$

式中 $\left(\dfrac{\mathrm{d}N_1}{\mathrm{d}t}\right)_{ab}$—— 受激速率；

W_{12}—— 受激吸收速率,并可以表示为

$$W_{12} = \sigma_{12}F \tag{2.4}$$

式中 σ_{12}—— 受激吸收概率；

F—— 光子通量。

受激辐射是在外界辐射场的控制下而产生的发光过程,如图 2.1(c) 所示。受激辐射

场与外界入射的辐射场有很多共同点,有相同的频率、相位、波矢(波的传播方向)和偏振态。也就是说,受激辐射场与外界入射场属于同一种模式。或者说,受激辐射光子与外界入射光子属于同一光子态。因此,大量原子在同一外界辐射场激发下产生的大量受激辐射,均处于同一光子态,具有同一光波模,因而是相干的。对于一个频率为 $\upsilon = \dfrac{E_2 - E_1}{h}$ 的外界入射光子,它受激励而产生的受激辐射光子频率也为 $\upsilon = \dfrac{E_2 - E_1}{h}$,而且具有同样的传播方向,因而受激辐射可以使光强大大增加。

也可以用光子来描述以上三个过程:自发辐射过程是原子从 E_2 能态衰变为 E_1 能态而发出一个光子的过程。受激辐射过程是一个外来光子导致激发原子从 E_2 能态衰变为 E_1 能态,在这个过程中,激发原子从高能级跃迁到低能级,从而产生一个与入射光子具有同样内禀性质的光子,最终得到两个光子。受激吸收过程是外来光子被吸收而产生从低能级向高能级的跃迁过程。

在激光工作物质中,光和原子体系相互作用,自发辐射、受激辐射和受激吸收总是同时存在,如果想获得越来越强的光,就需要产生越来越多的光子,就必须使受激辐射产生的光子多于受激吸收所吸收的光子,能否获得光的放大就取决于高、低能级的原子数量之比,若位于高能级的原子远远多于位于低能级的原子,就能得到被高度放大的光。

但是,在通常的热平衡体系中,原子数目按能级的分布服从玻耳兹曼定律,位于高能级的原子数总是少于位于低能级的原子数($N_2 < N_1$),物质总是以吸收为主。如果在特定的情况下($N_2 > N_1$),该物质的受激辐射作用大于受激吸收作用,该物质就可以产生更多的光子通量作为光放大器。因此把这种 $N_2 > N_1$ 的特殊状态称之为粒子数反转或集居数反转,这种具有粒子数反转状态的物质为称激光工作物质。如果仅仅依靠原子内部的自身运动引起电子做自发激射产生跃迁,产生的高能态电子数较少,形成不了粒子数反转。实际中,需要通过外界的能量把大量的电子激发到高能级状态上去,形成粒子数反转,实现电子从高向低跃迁。要实现这种跃迁必须加上某种外界能量,这个过程便是泵浦,如同用泵把水抽到一定高度,或者称之为激励。泵浦的方法很多,常用的泵浦源有光源、电源、化学能源等。针对不同的工作物质,采用的泵浦源也有区别,固体工作物质多用光照射法,气体工作物质多用放电法。只有在外界的激励或者泵浦下,才能使物质处于粒子数反转状态,这种激励或泵浦过程是光放大的必要条件。

为了得到光的放大,必须到非热平衡体系中去寻找。所谓非热平衡体系,是指热运动并没有达到平衡,整个体系不存在一个恒定温度的原子体系。这种体系的原子数目按照能级的分布不服从玻耳兹曼分布定律,位于高能级上的原子数目有可能大于位于低能级上的原子数目,即处于粒子数反转状态,只有用激活媒质才能达到这种粒子数反转状态。所谓激活媒质(也称为放大媒质或放大介质),就是可以使某两个能级间呈现粒子数反转的物质。它可以是气体,也可以是固体或液体。因此,选择适当的物质,使其在亚能级上的电子比低能级上的电子还多,即形成粒子数反转,使受激发射多于吸收。要想获得粒子数反转,必须使用多能级系统。

例如,在四能级系统中,原子中电子的能量级有四种状态,即 A、B、C、D 态,如图 2.2

所示。A态一般称为基态,在一般情况下电子都处于基态,B、C、D属于高能态。一般电子在高能态是属于不稳定状态,要向低能态发生跃迁。电子从 B、C、D 依次跃迁的过程,就是原子发生跃迁的过程。当处于高能态的电子比处于低能态的电子数多时,即形成粒子数反转,才能实现跃迁发光,这是产生激光的基本前提。当物质受到来自外界能量的激发时,原子核周围的大量电子会从基态能级 A 跃迁到高能级 D,它们在高能级做短暂停留后形成亚稳态 C,再向低能级状况做顺次的衰落,在此衰落过程中,电子释放出能量,致使产生光子。这些光子便是激光产生的诱发"基因"。

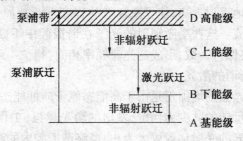

图 2.2   四能级模型

处于激发态的原子不能长时间停留在高能级,即使没有外界作用,也会自发地由高能级向低能级跃迁,并辐射一个光子。激光器中开始产生的光子是自发辐射产生的,这种自发辐射完全独立,所以,不同原子所发射出的光子全然不同,其频率和方向杂乱无章。工作物质中出现沿四面八方传播的光子,如图 2.3(a) 所示。

仅仅依靠原子自发辐射从高能态向低能态跃迁衰落产生的光子,还不能产生激光,因为它还没有形成足够强的光流,还需要不断地放大。假定工作物质是圆柱状,这些自发辐射光子必有一部分沿其中心轴的方向传播,多数则与中心轴有一定夹角。后一类光子很快从工作物质的侧面逃逸出去,对激光的产生没有多大影响;前一类光子在沿工作物质中心轴方向运动时,将引起路径上处于高能级原子的受激辐射,产生与其具有相同频率、相同位相,并沿相同方向传播的光子。该光子与诱发它的光子一起,激励其他原子辐射与其相同的光子,如此下去,使光子数目由 1 到 2、由 2 到 4…… 以雪崩的速度按照指数规律增长。由于这些光子都是逐次受激辐射产生的,因此全部具有相同频率、相同初位相及相同偏振态,并沿相同方向传播,如图 2.3(b) 所示。

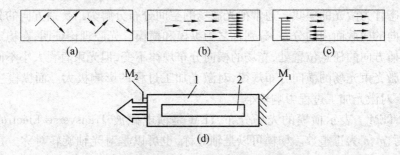

图 2.3   激光的产生和激光器的组成

在粒子数反转的状态下,光沿着工作物质的轴向 z 传播,光子通量由于受激辐射不断放大,显然这个放大过程受到工作物质的限制,工作物质越长,光子通量增加越多。理论上讲,只要工作物质足够长,不管初始自发辐射多么弱,最终总可以被放大到一定强度。但在实际激光器中,工作物质没必要也不可能特别长(最近发展起来的以光纤为工作物质的激光器是一个例外),因此就引入了两个反射镜构成谐振腔,工作物质处于腔内,从而使光可以在谐振腔内来回反射多次通过工作物质并被不断放大,如图 2.3(c) 所示。

为充分利用光能,介质往往被置于一聚光腔体内,后者与端面反射镜共同构成激光谐振腔,如图 2.3(d) 所示。如果这些光子在这样一个由两块反射镜组成的谐振腔内被连续地来回反射、振荡,则会诱发同样性质的跃迁,产生同频率及同相位的光子,新产生的光子再起诱发作用,循环往复地反射振荡,使受激辐射的程度不断被加强,从而便产生了同频率、同相位及足够强的光流。这些受激辐射的光子在谐振腔中不断地进行反馈、振荡、放大,它们的方向、相位始终保持一致,形成的光流频率相同、相位一致及方向一致,此时,从谐振腔输出的光流就是所谓的激光。

由此可见,首先激光光强的增加正是由于高能态原子向低能态受激跃迁的结果,也就是说,光放大是以粒子数反转的减少为代价,发出的激光越强,工作物质的粒子数反转就变得越小,直至不能实现光的受激辐射放大为止,最终谐振腔内的激光振荡也就停止。其次,工作物质和谐振腔都会使光子产生损耗,只有使光子在谐振腔中振荡一次产生的光子数比损耗掉的光子多得多时,才能有放大作用。

由此可见,产生激光震荡的条件有两个:一是存在粒子数反转;二是光在谐振腔内往返一次增益大于1。只要有粒子数反转的工作物质就能实现光的受激辐射放大;只要加上反射镜构成谐振腔,相当于引进正反馈,就能实现激光振荡,从而输出更强的激光。激光器由工作物质、泵浦源和谐振腔组成。工作物质是发射激光的材料;谐振腔是由一块半反射透镜和一块全反射透镜组成,起反射振荡的作用,激光便是通过那块半反射透镜输出来的,简言之就是"泵浦振荡激光"。

2.1.2 激光光束特征描述

1. 光束的模式

激光器都有谐振腔,它由两个相隔一定距离的反射镜组成,光波在反射镜之间的多次衍射传播形成稳定的电磁场,这个电磁场只能存在于一系列分离的本征状态之中,场的每一个本征状态具有一定的振荡频率和一定的空间分布。这种谐振腔内可能存在一定的电磁场的本征态称为激光的模式。通常把光波场的空间分布分解为沿传播方向的分布和垂直于传播方向的横截面内的分布,分别称之为纵模和横模。光腔理论证明,在稳定光腔内外沿光轴传播方向的任意位置处,光场的横向分布规律不变,但光束直径大小不同。光腔的横模代表激光束光场的横向分布规律,对激光加工过程的影响极大。而纵模主要影响激光的频率,对激光加工过程影响较小。

通常用 TEM_{mn} 表示横模的光场分布,TEM 是横电磁波 Transverse Electromagnetic Wave 的缩写,m,n 为正整数。横模可以是轴对称,也可以是对光轴旋转对称。在采用稳定腔的条件下,典型的轴对称横模与旋转对称横模及其相应的 m,n 值如图 2.4 所示。

在图 2.4 中,带" * "标记表示该旋转对称横模为两个相似的轴对称横模叠加,在这两个轴对称横模中,一个是另一个旋转 90° 的结果。例如,TEM_{01}^{*} 模是轴对称TEM_{01} 和

TEM$_{10}$ 模的叠加。TEM$_{01}^*$ 常被称为环形模,是采用非稳定腔的高功率激光器经常输出的模式。图 2.5 给出了三种典型旋转横模的能量分布。

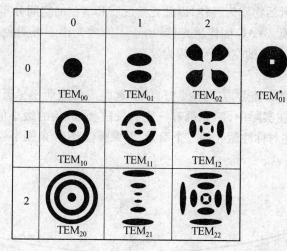

图 2.4 激光束的不同模式

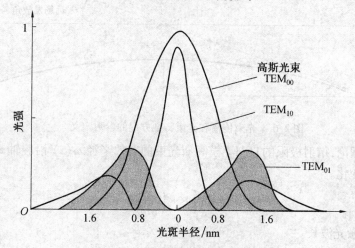

图 2.5 不同旋转横模的能量分布

不论是轴对称,还是旋转对称,其基模 TEM$_{00}$ 是一致的。同时,光波的强度与光波电矢量振幅的平方成正比,一束沿着 z 方向传播的基模光束的光强可以表示为

$$I(x,y,z) = \frac{2P}{\pi\omega^2(z)}\exp\left[-\frac{2(x^2+y^2)}{\omega^2(z)}\right] \tag{2.5}$$

式中 P——激光功率;

$\omega(z)$——z 处光斑半径。

基模光束在任意截面内的光腔分布按照高斯函数 $\exp\left[-\dfrac{2(x^2+y^2)}{\omega^2(z)}\right]$ 所描述的规律从中心向外平滑地降落,故称为高斯光束。由光强降落到中心值的 $\dfrac{1}{e^2}$ 的点定义为光斑直

径 $\omega(z)$,在这个半径值的圆内包含了光束总能量的 86.5% ,中心处最大光强为 $\dfrac{2P}{\pi\omega^2(z)}$ 。

气体激光器由于激活物质为气体,因此光学性质和增益的空间分布比较均匀,常常输出接近理想状况的横模。YAG 固体激光器,由于固体激光棒不可避免地存在很多缺陷,折射率不均匀,因此其光能的空间分布较为复杂。

2.发散角

激光具有高度准直的优点,方向性良好,能够远距离传输而不显著扩束,并且能聚焦于一个小的光斑内。在实际中,激光都有一定的发散,发散角的最小值由光束的衍射决定。图2.6给出了描述对称性激光的三个参数,即束腰位置 z_0、束腰半径 ω_0 及远场发散角 θ_∞。

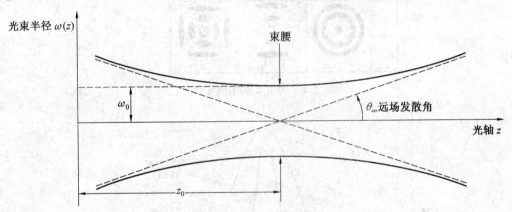

图2.6 光束传播和光束特征方程的参数定义

根据光腔理论,衍射极限的 TEM_{00} 模高斯光束的有效半径 $\omega(z)$ 沿腔轴 z 方向以双曲线规律按下式变化。

$$\omega^2(z) = \omega_0^2\left[1 + \left(\frac{\lambda z}{\pi\omega_0^2}\right)^2\right] \tag{2.6}$$

式中 λ—— 激光波长。

一般只有远场发散角 θ_∞ 较小,光束的传播也可以简化为

$$\omega^2(z) = \omega_0^2 + (z - z_0)^2 \cdot \theta_\infty^2 \tag{2.7}$$

高斯光束在自由空间传输仍维持高斯光束,但是其横向尺寸扩大。基模高斯光束光斑半径随传输路程的变化按照式(2.6)计算,可以求出其发散角的半角为

$$\theta = \frac{\mathrm{d}\omega(z)}{\mathrm{d}z} = \frac{\lambda z}{\pi\omega(z)f} \tag{2.8}$$

式中 f—— 焦距。

发散角随 z 的增大而增大,当 $z = 0$ 时,$\theta = 0$,表明在光束的束腰处,即共焦腔的中心处,光束是平行的。

当 $z = f$ 时,$\omega(f) = \sqrt{2}\,\omega_0$,光束在共焦腔镜面的发散角 $\theta = \sqrt{\lambda/(2\pi f)}$ 。

当 $z \to \infty$ 时,有

$$\theta_\infty = \frac{\lambda}{\pi \omega_0} = \sqrt{\frac{\lambda}{\pi f}} \tag{2.9}$$

此时发散角达到最大值,称为远场发散角。

国内有定义占 50% 总量的发散角,也有定义占 90% ~ 95% 总能量的发散角,通常以激光降到中心处的 $\frac{1}{e^2}$ 计算激光束的发散角全角,实际激光的发散角由于激光系统不可避免地存在各种缺陷,使得其发散角均大于衍射极限。CO_2 激光的基模与多模光束发散角全角为 1 ~ 3 mrad,YAG 激光的多模光束发散角全角为 5 ~ 20 mrad。

3. 光束传播因子、光束衍射极限因子及光束参数积

光束传播因子 K 和光束衍射极限因子 M^2 都可以描述激光光束的质量特性,两者定义为

$$K = \frac{1}{M^2} = \frac{\lambda}{\pi} \cdot \frac{1}{\omega_0 \cdot \theta_\infty} \tag{2.10}$$

当 $M^2 = 1$(即 $K = 1$)时,激光光束的质量实际上达到了衍射极限;如果 M^2 是其他任何值,激光束则是 M^2 倍的衍射极限。K 和 M^2 通常作为激光器的光束质量特征参数,工业激光器 K 一般为 0.1 ~ 1,M^2 则为 1 ~ 10。

光束的束腰半径 ω_0 和激光束远场发散角 θ_∞ 的乘积定义为光束参数积(Beam Parameter Product,BPP),即

$$BPP = \omega_0 \cdot \theta_\infty = \frac{\lambda}{K \cdot \pi} = \frac{M^2 \cdot \lambda}{\pi} \tag{2.11}$$

实际上,光束参数积表示的是光束的传播特性,只要使用的光学系统无变形、无裂缝,那么它在整个光束传播过程中都是不变的。由公式(2.11)可以推出,一个衍射极限光束的 BPP 为 $\frac{\lambda}{\pi}$。如果激光器所提供的光束与衍射极限相差很远,也就是说,K 远小于 0.1 或 M^2 远大于 10 时,通常用 BPP 来代替 K 或 M^2 作为激光器光束的特征参数,当然,对于所有的激光器,只要光束是圆形的,这两种考虑都是合理的、一致的。同时,根据 BPP 和激光功率的不同,激光器有其典型的应用范围,如图 2.7 所示。

4. 激光束的聚焦

激光加工中最重要的参数是激光光强(或功率密度),如果让激光束通过一个光学系统传播,则光强将沿光路改变。随着光程的增加,光强变弱;随着光束的会聚,光强增强,因此,激光焦点附近的光强分布是非常重要的。

激光束的聚焦形式分为两类:一类是激光束的透镜式聚焦,如图 2.8 所示;另一类是激光束的反射式聚焦,如图 2.9 所示。

激光在传输变化的过程中,聚焦前后的光束的腰斑直径乘以远场发散角保持不变,为一常数,如图 2.10 所示。这个常数就定义为激光光束聚焦特征参数 K_f,即

$$D_0 \theta_{0\infty} = D_1 \theta_{1\infty} = K_f \tag{2.12}$$

K_f 越小,表征光束的传输性能和聚焦性能越好,也就是说,可以进行远距离传输,而且可以得到最小的聚焦光斑。

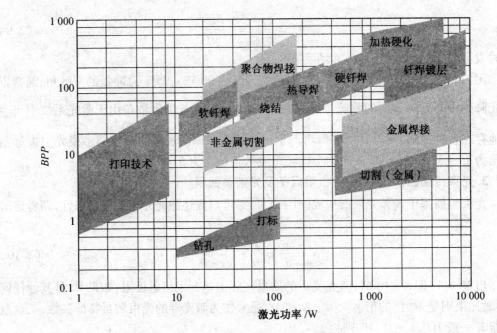

图 2.7　激光器的典型应用范围

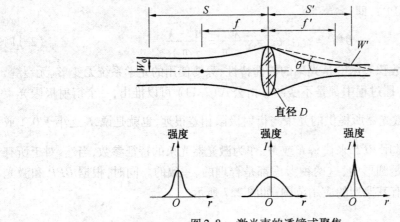

图 2.8　激光束的透镜式聚焦

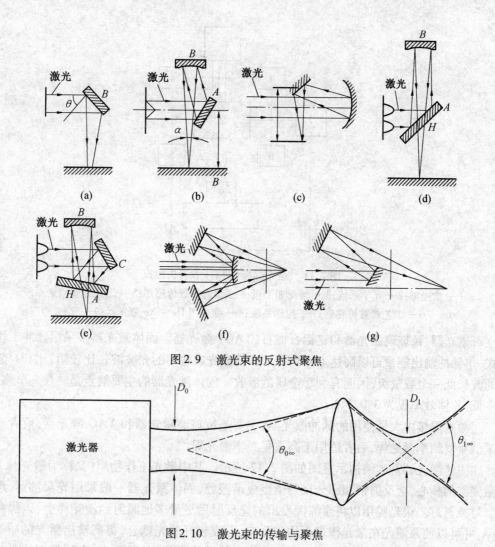

图 2.9 激光束的反射式聚焦

图 2.10 激光束的传输与聚焦

2.2 激光焊接设备

激光器的种类繁多,习惯上按照以下两种方式划分:一种是按照激光工作物质,另一种是按照激光器的工作方式。按照激光工作物质划分,激光器可以分为气体激光器、固体激光器、液体激光器及半导体激光器等。按照激光器工作方式划分,激光器可分为连续输出和脉冲输出两种方式,分别称为连续激光器和脉冲激光器。不论哪一种激光器,它们的组成都类似。图 2.11 是激光焊接(切割)设备组成框图。后文将会分别对固体激光器与 CO_2 气体激光器进行介绍。

2.2.1 固体激光器

世界上第一台激光器是问世于 1960 年的红宝石固体激光器,经过多年的发展,固体激光工作物质已经达到了 300 多种,并在焊接领域获得了广泛应用,最常用的有三种:红

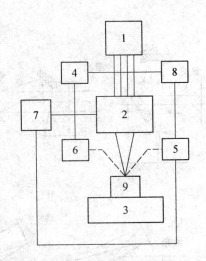

图 2.11　激光焊接(切割)设备的组成

1— 激光器;2— 光学系统;3— 激光加工机;4— 辐射参数传感器;5— 工艺介质输送系统;

6— 工艺参数传感器;7— 控制系统;8— 准直用 He – Ne 激光器;9— 工件

宝石激光器、钕玻璃激光器和钇铝石榴石(YAG) 激光器。固体激光器多采用脉冲工作方式,单脉冲输出能量可以高达上万焦耳。固体激光器输出的光波波长比较短,比 CO_2 激光的波长低一个数量级,因而有利于金属的吸收。固体激光器的主要缺点是转换环节多,效率低,总体效率仅为3% 左右。

激光焊接中大量使用的脉冲激光器,主要是钕玻璃激光器和 YAG 激光器,前者适用于低重复频率激光焊,后者适用于高重复频率激光焊。

固体激光器基本结构示意图如图 2.12 所示。其中激光工作物质(又称为激光棒) 是激光器的核心,全反射镜和部分反射镜组成谐振腔,固体激光器一般采用光泵抽运,可用氙灯或氪灯。聚光腔用以将泵浦源发出的光反射后尽量多地照射到激光棒上,以提高效率,并可以使泵浦光在激光棒表面均匀分布,形成较好的光耦合,提高输出激光的质量。由于激光器的效率低,光泵辐射的大部分能量将转换为热能,因而,在实际的固体激光器中,激光棒是放在玻璃套管内并通入水进行冷却。

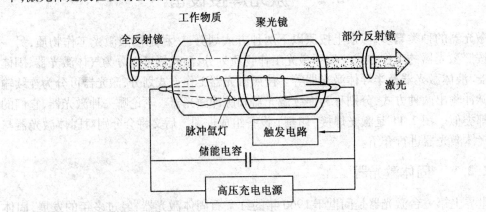

图 2.12　固体激光器基本结构示意图

（1）固体激光工作物质

固体激光工作物质是激光器的核心，是用来产生光的受激辐射。最常用的工作物质为红宝石、钕玻璃和钇铝石榴石。以红宝石作为激光介质的激光器效率低，输出性能易受到温度的影响，只能在低重复率下工作，目前主要用于打孔和检测。钕玻璃效率高，但是导热性差、膨胀系数大，只能用于单脉冲器件。钇铝石榴石适合在脉冲、连续和高重复率三种状态下工作，是目前在室温下唯一能连续工作的固体激光工作物质。

（2）光泵（光源）

光泵用来激励工作物质，以获得粒子数反转分布（即高能级上的原子数大于低能级上的原子数）。脉冲固体激光器一般采用脉冲氙灯作光泵，连续固体激光器（YAG）常用氪灯作光泵。

（3）聚光器

聚光器用来使光泵发出的离散光尽可能多地汇聚到工作物质上。为了提高聚光效率，聚光器的内表面通常涂有金、银等金属膜，并进行抛光。

（4）谐振腔

谐振腔通常由位于激光工作物质两端的两个反射镜组成，起振荡放大作用。谐振腔使得与光轴平行的光在腔内来回反射，导致光强不断增大。

（5）供电系统

供电系统由储能电容器、充电电源和触发器等组成，用来使光泵发光。充电电源常设计成恒流充电，并具有参数预置、自动停止及手工放电等功能。触发电路发出脉冲后，已充电的电容器组通过泵浦灯放电，将电能部分地转化为光能。

（6）水冷系统

对光泵、电极、工作物质和腔体通水冷却，冷却方式分为全冷式和分冷式两种。前者是在整个腔内通水，使工作物质、光泵和腔体全部浸在水中一起冷却；后者是对光泵、工作物质和腔体分别冷却，光泵和工作物质分别加水冷套。

除固体激光器以外，还需要激光器电源对光泵进行供电。由于固体激光器可分为脉冲和连续两种，所以对应的电源也有两种。连续固体激光器电源主要是对氪灯提供稳定的输入功率，能根据需要调节灯的辐射功率，保证氪灯和激光器的输出不受外界扰动的影响，其电路比较简单。

图2.13是一种脉冲固体激光器电源简图。电源经两个反并联晶闸管组成的开关电路（充电开关）调压、变压器升压及单相桥式整流后，对储能电容器充电。当充电电压达到预定值时，关闭充电开关停止充电。短暂延时后打开放电开关，使高压加到氙灯电极上。与此同时，氙灯触发电路发出一个高压（几万伏特）脉冲，引发氙灯导通。储存在电容器上的电能通过氙灯释放，使氙灯发出强烈的闪光，对激光工作物质进行泵浦。预燃电路的作用是电容器放电结束以后给氙灯一个小的维持电流，以便下一次脉冲工作。调节储能电容器上的电压，激光器即可输出不同能量的光束。

加在氙灯两端的工作电压通常高于着火电压而低于自闪电压，以保证氙灯稳定工作。自闪电压是指不加触发脉冲时氙灯自行闪光所需要的电压；着火电压是指加脉冲时闪光放电所需要的电压。因此，在正常情况下，只有施加高压触发脉冲才能使氙灯发光。

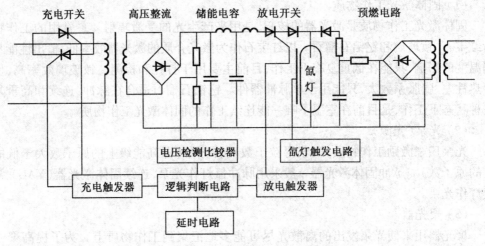

图 2.13　脉冲固体激光器电源简图

2.2.2　气体激光器

气体激光器是指以气体或者蒸气为工作物质的激光器。根据工作气体的性质,大致可将气体激光器分为三类,即原子激光器(如 He – Ne 激光器等)、分子激光器(如 CO_2 激光器等) 以及离子激光器(如氩离子激光器等)。

目前,焊接用气体激光器主要是 CO_2 激光器,此类激光器输出功率范围大,能量转换效率高,工作条件要求低,并且能以脉冲或者连续方式工作,因此,CO_2 激光器自 1964 年问世以来得到了迅速发展。下面以 CO_2 激光器为例简要介绍气体激光器的结构及特点。

1. CO_2 激光器的类型

根据气体的流动方式,CO_2 激光器可以分为密封式、轴流式及横流式三种类型。

密封式激光器的特点是激光气体在封闭的放电管中不流动,这类激光器结构简单,制造容易,但是连续输出功率不高,常用作中小功率激光器。

轴流式激光器和横流式激光器的共同特点是激光气体通过放电区循环流动,快速流动的气体可以将激光腔中的废热迅速带走。这类激光器光电转换效率高,输出功率大,可以获得 10 kW 以上的输出功率。所谓轴流式激光器,即气体流动方向、激光束方向和放电方向三者同轴。根据气体流速的大小,轴流式激光器又可以分为慢速轴流式激光器和快速轴流式激光器。快速轴流式激光器体积较小,易维修,输出模式为 TEM_{00} 和 TEM_{01},特别适用于焊接与切割。其缺点是压气机稳定性要求高,气耗量大。慢速轴流式激光器可获得稳定的单模输出,但尺寸庞大,维修困难。

横流式激光器是指气体流动方向、激光束方向和放电方向三者互相垂直。这种激光器的气体压力较大,并且气体直接与热交换器进行热交换,因而冷却效果好,易获得高输出功率,但只能获得多模输出,效率低。各种不同类型 CO_2 激光器的性能特征见表 2.1。

表 2.1 CO_2 激光器的性能特征

类　型	封闭式	低速轴流式	快速轴流式	横流式
气流速度 /($m \cdot s^{-1}$)	0	≈ 1	≈ 500	10 ~ 100
气体压力 /kPa	0.66 ~ 1.33	0.66 ~ 2.67	≈ 6.66	≈ 13.33
单位长度输出 /($W \cdot m^{-1}$)	≈ 50	50 ~ 100	≈ 1 000	≈ 5 000
输出功率 /W	≈ 100	1 000	5 000	15 000

2. CO_2 激光器的结构

CO_2 激光器通常由放电管、放电管两端反射镜构成的谐振腔、激励电源和电极等部分组成,反射镜之一带有一个 $\phi 5$ mm 以上的可透射激光的小孔作为输出窗口,如图 2.14 所示。放电管中充以 CO_2、N_2 和 He 的混合气体,加在阴极和阳极间的直流高压使混合气体辉光放电,激励 CO_2 分子产生激光。

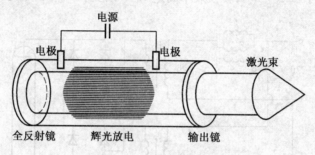

图 2.14 CO_2 激光器的基本结构

密封式 CO_2 激光器的放电管一般用玻璃管制成,要求高的激光器可采用石英管制作。放电管的直径一般为几厘米,管长随要求的输出功率变化。通常,每米长的管子可获得 50 W 左右的激光输出功率。为了增大输出功率并减小体积,可将多节放电管串联或并联起来,构成组合式放电管。谐振腔多采用平凹腔,即谐振腔的一端为平面反射镜,另一端为凹面反射镜(用锗或砷化镓制成)。

轴流式 CO_2 激光器除了放电管和谐振腔以外,还包括热交换器和气体循环系统。放电管可有多个放电区,高压直流电源在其间形成均匀的辉光放电。高速罗茨风机使气体以亚声速通过放电管,风机进出口处的两台高效热交换器使激光工作气体得以迅速冷却。

横流式 CO_2 激光器由密封外壳、谐振腔、高速风机、热交换器以及放电电极等组成。气体用高速风机连续循环地送入谐振腔,并直接与热交换器进行热交换。谐振腔为多反射镜、折叠镜,其优点是在保持器件总尺寸不太大的前提下,能够获得足够的激活介质长度,从而获得较高的输出功率。阴极为表面抛光的水冷铜管,上面均匀地布有一排细铜丝触发针;阳极为分割成许多块的铜板,相邻的铜板间填充绝缘介质,并用水进行冷却。

3. CO_2 激光器激励电源

CO_2 激光器的静态伏安特性属于负阻特性。为了使激光功率、激光频率以及放电过程稳定,CO_2 激光电源必须具有下降的外特性,并且电源外特性越陡,激光器工作的稳定性越高。此外,激励电源最好能输出无过零点和波纹系数小的直流波形,否则,激光器输出频率和电源转换效率会降低。

根据下降外特性的获得方法不同,CO_2 激光电源可以分为电阻式、增强漏磁式(如动圈式)和电抗器式(如磁放大式)等类型。

华中理工大学研制的一种 CO_2 激光电源如图 2.15 所示,升压变压器由两个矩形铁心 B_1、B_2 组成,B_1 的初级绕组串入一个磁放大器构成感性电路,B_2 的初级绕组串入一个可调交流电容组成容性电路,两组电路并联以后接入单相网路电源。B_1 和 B_2 的次级端分别经全桥整流后再串联,作为 CO_2 激光器的电源。

该电源的特点是利用感性回路和容性回路对电流的移相作用,将单相电流变成双相电流,经升压整流后向激光器提供无零点且波纹系数小的直流电流。输出电流的波纹系数不超过 4%,无需在高压整流端接入任何形式的滤波电路。电源的下降外特性通过变压器初级侧串接的电感和电容来获得,利用其感抗和容抗可获得近似恒流的外特性。工作电流变化量小于 ± 0.1 mA,转换效率高达 90% 以上。

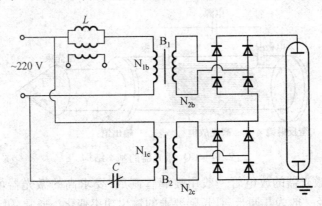

图 2.15 CO_2 激光电源电路图

4. 激光焊接的过程

激光焊接的过程实际上就是激光与非透明物质相互作用的过程,这个过程极其复杂,微观上是一个量子过程,宏观上表现为反射、吸收、加热、熔化、汽化等现象。激光焊按照激光光斑作用在工件上的功率密度的差别,可以分为传热焊与深熔焊。

采用的激光功率密度小于 10^5 W/cm^2 时,激光将金属表面加热到熔点和沸点之间,焊接时,金属材料表面将所吸收的激光能转变为热能,使金属表面温度升高而熔化,然后通过热传导的方式把热能传向金属内部,使熔化区逐渐扩大,凝固后形成焊点或焊缝,其熔深轮廓为近似半球形。传热焊的特点是激光光斑功率密度小,很大一部分光被金属表面所反射,光的吸收率较低,焊接熔深浅,焊接速度慢,主要用于厚度小于 1 mm 的薄件焊接加工。

当激光光斑的功率密度足够大时(大于等于 10^6 W/cm^2)时,金属表面在激光束的照射下被加热,其表面温度在很短的时间内(10^{-8} ~ 10^{-6} s)升高到沸点,使金属熔化和汽化,产生的金属蒸气以一定的速度离开熔池,逸出的蒸气对熔化的金属产生一个附加压力,使金属表面向下凹陷,产生小孔,当光束在小孔底部继续加热时,最终使得光束能量产生的金属蒸气的反冲压力与液态金属的表面张力、重力平衡以后,小孔的尺寸和深度相对稳定,通过形成小孔而进行的焊接,称之为深熔焊(也称锁孔焊)。

总体来说,激光焊接的过程主要包括以下几个阶段。

（1）激光的反射和吸收

激光焊接时,激光照射到被焊接件的表面,与其发生作用,一部分被反射,另一部分被焊件吸收。激光在焊件表面的反射与吸收,本质上是光波的电磁场与材料相互作用的结果。金属对光束的反射能力与它所含的自由电子密度有关,自由电子密度越大,电导率越大,对激光的反射率越高,金、银、铜、铝及其合金对激光的反射比其他金属材料大得多。

激光的能量可以分为被材料反射的能量、被材料吸收的能量以及透过材料后仍然保留的能量。激光焊接的热效应主要取决于焊件吸收光束能量的程度,通常用吸收率来表征。金属对激光的吸收主要与激光波长、金属的性质、温度、表面状况以及激光功率密度等因素有关。

图 2.16 是常用金属在室温下反射率与波长的关系曲线,在红外区,随着波长的增加,吸收率减小,反射率增大。大部分金属对 10.6 mm 波长红外光反射强烈,而对 1.06 mm 波长红外光反射较弱。

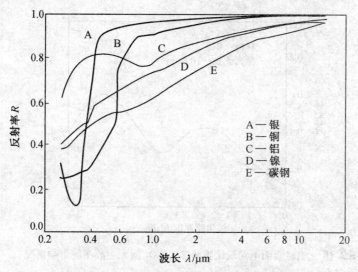

图 2.16　金属在室温下反射率与波长的关系

材料对激光的吸收率随着温度的升高而增大,金属材料在室温时的吸收率很小,当温度接近其熔点时,其吸收率可以达到 40% ~ 50%,如果温度接近沸点,其吸收率可以达到 90%。当然,不同的光波波段,吸收率和温度的关系呈现不同的趋势。当 $\lambda < 1\ \mu m$ 时,吸收率与温度的关系比较复杂,但是整体趋势变化较小。几种金属对 $1\ \mu m$ 波长光波吸收率随温度变化示意图如图 2.17 所示。

当 $\lambda > 2\ \mu m$,金属吸收率主要与电阻率有关,金属自由电子密度越大,该金属的电阻率越低,导电性好,对红外光的反射率越高。所以电阻率随着温度的升高而增大,从而导致吸收率随着温度的升高也增大。

在激光焊接过程中,金属表面由于氧化和表面污染,实际上其对红外激光的吸收率会增大很多,而表面状况对于可见光的吸收率则影响较小。金属材料在高温下形成的氧化膜会使吸收率显著增高。金属材料对 10.6 mm 波长的 CO_2 激光的吸收率随温度的升高而

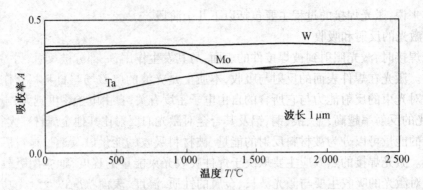

图 2.17　几种金属对 1 μm 波长光波吸收率随温度变化示意图

显著增加,其原因一方面是电阻率增加,另一方面是由于金属在高温下氧化更明显所致。图2.18 是钢材表面不同氧化膜厚度对 CO_2 激光吸收率的影响情况。有时为了增加金属对激光的吸收,在金属表面增加涂层也可以明显增加金属对激光的吸收,见表2.2。

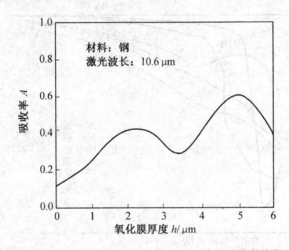

图 2.18　钢材表面不同氧化膜厚度对 CO_2 激光吸收率的影响情况

表 2.2　不同涂层的吸收率数据

涂　料	吸收率	涂层厚度 /mm
磷酸盐	大于 0.90	0.25
氧化锆	0.90	—
氧化钛	0.89	0.20
炭黑	0.79	0.17
石墨	0.63	0.15

　　此外,激光束的功率密度对激光的吸收率也有显著影响。激光焊时,激光光斑的功率密度超过阀值(大于 10^6 W/cm²),光子轰击金属表面导致汽化,金属对激光的吸收率就会发生变化。就材料对激光的吸收而言,材料的汽化是一个分界线,一旦材料出现汽化,蒸发的金属形成等离子体,就可以防止剩余能量被金属反射掉,如果被焊金属具有良好的导热性能,则会得到较大的熔深,形成小孔,从而大幅度提高激光的吸收率。

（2）材料的加热

激光光子入射到金属晶体,光子与电子发生非弹性碰撞,光子将能量传递给电子,使电子由原来的低能级跃迁到高能级。与此同时,金属内部的电子间也在不断地相互碰撞,每个电子两次碰撞间的平均时间间隔为 10^{-13} s 的数量级。因此,吸收了光子而处于高能级的电子将在与其他电子的碰撞以及与晶格的相互作用中进行能量的传递,光子的能量最终转化为晶格的热振动能,引起材料温度升高。

（3）材料的熔化及汽化

激光焊接时,材料吸收的光能向热能的转换在极短的时间(约为 10^{-9} s)内完成,这个时间内热能仅仅局限于材料的激光辐射区,然后经过热传导,热量由高温区传向低温区。激光焊时,材料达到熔点所需的时间为微妙数量级。当材料表面吸收的功率密度为 10^5 W/cm² 时,达到沸点的时间为几毫秒。当功率密度大于 10^6 W/cm² 时,被焊材料会产生急剧蒸发。

材料急剧地汽化会产生蒸气压力和蒸气反作用力,从而将熔融金属抛出形成"匙孔",匙孔效应对于加强激光焊接中金属对激光的吸收具有极其重要的作用,进入匙孔的光束通过孔壁的多次反射而几乎被完全吸收。

到目前为止,一般认为匙孔内激光的能量吸收机制包括两个过程:逆韧致吸收和菲涅耳吸收。逆韧致吸收描述的是等离子体对激光的吸收行为。在匙孔内部,材料急剧蒸发,金属蒸气和保护气体在高温条件下电离为等离子体。激光穿过等离子体,一部分能量被等离子体吸收。等离子体吸收以后会通过热传导、等离子体辐射以及材料蒸气在等离子体压力作用下的表面凝聚等作用将其吸收的热量传递到工件上。菲涅耳吸收是指匙孔壁对激光的吸收机制,它描述激光在匙孔内多重反射的吸收行为,当激光进入匙孔以后,在匙孔壁上发生多次反射,每次反射都使激光的能量被匙孔壁吸收一部分。匙孔壁吸收的激光能量一部分通过热传导机制传入工件内部,其余部分用于熔化蒸发金属。

由于等离子体吸收和孔壁的多次反射,会使得到达匙孔底部的激光功率密度下降,而匙孔底部的激光功率密度对于产生一定的汽化压强以维持一定深度的匙孔是至关重要的,这个过程也保证了焊接的穿透深度。匙孔形成以材料汽化为前提,但材料汽化并不是形成匙孔的充分条件,匙孔中的力决定了匙孔的形状以及尺寸,作用在其中的力非常复杂,包括表面张力、蒸气压力、烧蚀压力(也称为蒸气反作用力或反冲压力)、静水压力等,如图 2.19 所示。

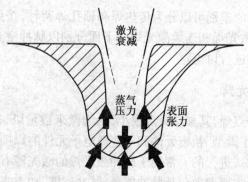

图 2.19　作用于匙孔的力

匙孔是否稳定形成还取决于金属蒸发产生的蒸气压力是否大于匙孔的表面张力和金属液体的流动阻力。为形成匙孔,汽化压强应该平衡表面张力、静水压力和使液相材料抛出的流动阻力。通过压力平衡可以近似地确定匙孔的几何形状。孔底汽化压强为

$$P(z) = 2\sigma/R_z + \rho g z + P(f) \tag{2.13}$$

式中　σ——孔底处液 - 气界面的表面张力;

R_z——孔底处的曲率半径;

ρ——熔融金属材料密度;

g——重力加速度;

z——匙孔深度;

$P(f)$——液体流动阻力产生的压力,在中低速焊接时(焊接速度不超过 10 m/min)的近似分析中,一般忽略流体流动对压力平衡的影响。

(4) 焊缝的形成

在激光焊过程中,工件和光束做相对运动,由于剧烈蒸发产生的表面张力使匙孔前沿的熔化金属沿某一角度得到加速,在后面的近表面处形成如图 2.20 所示的熔流。此后,匙孔后方液态金属由于散热的原因,温度迅速降低,从而凝固形成连续的焊缝。

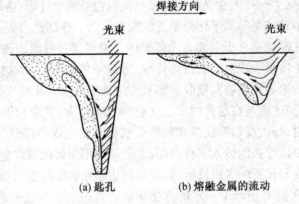

图 2.20　匙孔和熔融金属流动示意图

2.3　激光焊接工艺

激光按照光斑功率的差别可以分为传热焊和锁孔焊两种,按照激光器输出能量形式的不同,可以分为脉冲激光焊和连续激光焊。下面分别以脉冲激光焊与连续 CO_2 激光焊对激光焊接工艺及参数进行讨论。

2.3.1　脉冲激光焊

脉冲激光焊类似于点焊,其加热斑点很小,约为微米数量级,每个激光脉冲在金属上形成一个焊点,主要用于微型、精密元件和一些微电子元件的焊接。它是以点焊或者由点焊点搭接而成的缝焊方式进行的。常用于脉冲激光焊的激光源有红宝石、钕玻璃和 YAG 等。脉冲激光焊的四个主要参数包括脉冲能量、脉冲宽度、功率密度和离焦量。

1. 脉冲能量和脉冲宽度

脉冲能量决定了加热能量的大小,它主要影响金属的熔化量。脉冲宽度则决定了焊接时的加热时间,主要影响熔深及热影响区的大小。脉冲能量一定时,对于不同的材料,存在一个最佳的脉冲宽度,此时焊接熔深最大,如图2.21所示,钢的最佳脉冲宽度为$(5 \sim 8) \times 10^{-3}$ s。

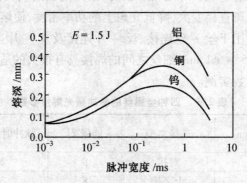

图 2.21 脉冲宽度与熔深之间的关系

脉冲能量主要取决于材料的热物理性能,特别是热导率和熔点。导热性好、熔点低的金属容易获得较大的熔深。脉冲能量和脉冲宽度在焊接时有一定的关系,并随着材料厚度与性质的不同而变化。

焊接时的激光平均功率 P 的计算公式为

$$P = \frac{E}{\tau} \tag{2.14}$$

式中　　P——激光功率,W;

　　　　E——激光脉冲能量,J;

　　　　τ——脉冲宽度,s。

为了维持一定的功率,脉冲能量增加,脉冲宽度必须相应增加,才能得到较好的焊接质量。

2. 功率密度

在功率密度较小时,焊接以传热焊的方式进行,焊点的直径和熔深由热传导决定。当激光功率达到一定值(10^6 W/cm²)以后,焊接过程中产生小孔效应,形成深宽比大于1的深熔焊点,这时金属虽有少量蒸发,但并不影响焊点的形成。但功率密度过大后,金属蒸发剧烈,导致汽化金属过多,形成一个不能被液态金属填满的小孔,难以形成牢固的焊点。

脉冲激光焊时,功率密度 P_d 的计算公式为

$$P_d = 4E/\pi d 2\tau \tag{2.15}$$

式中　　P_d——激光光斑上的功率密度,W/cm²;

　　　　E——激光脉冲能量,J;

　　　　d——光斑直径,cm;

　　　　τ——脉冲宽度,s。

3. 离焦量

离焦量是指焊接时焊件表面离聚焦激光束最小斑点的距离,激光束通过透镜聚焦后,有一个最小光斑直径,如果焊件表面与之重合,则 $F = 0$;如果焊件表面在它下面,则 $F > 0$,称为正离焦量;反之,若 $F < 0$,则称为负离焦量。改变离焦量可以改变激光加热斑点的大小和光束的入射状况。焊接较厚板时,采用适当的负离焦可以获得最大熔深。但是离焦量太大会使光斑直径变大,降低光斑上的功率密度,使熔深减小。

脉冲激光焊可以适用于丝 – 丝连接、丝 – 片连接及片 – 片连接。以丝 – 丝连接为例,脉冲激光焊对 $\phi0.05 \sim \phi1$ mm 细丝之间的焊接具有很大的适用性。表 2.3 是四种金属丝的脉冲激光焊接参数实例。

表 2.3　四种金属丝的脉冲激光焊接参数

材料	直径 /mm	连接类型	能量 /J	脉冲时间 /ms	强度 /N
不锈钢	0.38	对接	8	3	94.1
	0.38	十字接	8	3	110.7
	0.38	搭接	8	3	100.9
	0.38	端接	8	3	102.9
	0.76	对接	10	3.4	142.1
	0.76	平行搭接	10	3.4	150.9
Cu	0.38	对接	10	3.4	22.5
	0.38	十字接	10	3.4	0.196
	0.38	平行搭接	10	3.4	13.7
	0.38	端接	11	3.7	13.7
Ni	0.5	对接	10	3.4	53.9
	0.5	十字接	9	3.2	30.4
	0.5	平行搭接	7	2.8	70.6
	0.5	端接	11	3.6	55.9
Ta	0.38	对接	8	3.0	51.0
	0.38	十字接	9	3.2	41.2
	0.38	平行搭接	8	3.0	39.2
	0.33	端接	8	3.0	48.0

2.3.2　连续 CO_2 激光焊工艺

CO_2 激光器由于结构简单、输出功率范围大和能量转换率高而被广泛用于连续激光焊。连续 CO_2 激光焊的焊缝成形主要由激光功率及焊接速度确定。

1. 接头形式及装配要求

传统熔焊方法使用的绝大部分接头形式都适合激光焊接,但需要注意的是,由于激光焊接聚焦以后的光束直径很小,因而对装配的精度要求高,常见的 CO_2 激光接头形式如图 2.22 所示。

焊件焊前的良好装配非常重要,对接时,如果接头错边太大,会使入射激光在板角处

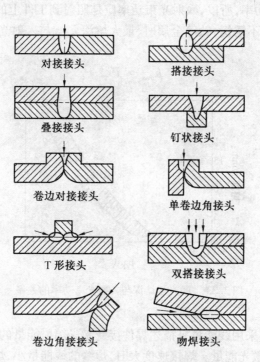

图 2.22 常见的 CO_2 激光焊接接头形式

反射,焊接过程不稳定。薄板焊接时,间隙太大,焊后焊缝表面成形不饱满,严重时形成穿孔。搭接板间间隙过大,容易造成上、下板的熔合不良。卷边角接接头具有良好的连接刚性。各类激光焊接接头的装配要求见表 2.4。

表 2.4 各类激光焊接接头的装配要求

接头形式	允许最大间隙 /mm	允许最大上、下错边量 /mm
对接接头	0.10δ	0.25δ
角接接头	0.10δ	0.25δ
T 形接头	0.25δ	—
搭接接头	0.25δ	—
卷边接头	0.10δ	0.25δ

在激光焊接过程中,焊件应该夹紧,以防止焊接变形。光斑在垂直于焊接运动方向上,对焊缝中心的偏离量应小于光斑半径。对于钢铁材料,焊前焊件表面除锈、脱脂处理即可。当要求较严格时,可能需要酸洗,焊前用乙醚、丙酮或四氯化碳清洗。

2.连续激光焊的工艺参数

连续激光焊的工艺参数包括入射光光束功率、焊接速度、光斑直径、离焦量和保护气体等。

(1)入射光束功率

入射光束功率主要影响熔深,当束斑直径保持不变时,熔深随入射光束功率的增大而变大。图 2.23 是根据对不锈钢、钛、铝等金属的试验而给出的激光焊熔深与入射光束功率的关系。由于光束从激光器到工件的传输过程中存在能量损失,作用在工件上的功率总小于激光器的输出功率,所以,入射光束功率应是照射到工件上的实际功率。在焊接速度一定的前提下,焊接不锈钢、钛等金属时,最大熔深 $h_{\max}$ 与入射光束功率 P 之间的关系为

$$h_{\max} \propto P^{0.7} \tag{2.16}$$

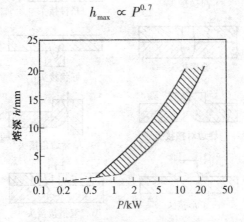

图 2.23　激光焊熔深与入射光束功率的关系

（2）焊接速度

激光焊接时,可以采用线能量来描述焊件接受激光辐射能量的情况。线能量定义为:单位长度焊缝接收的激光能量。焊接速度大时,焊缝的线能量小,熔深下降;反之,可以获得较大的熔深。试验表明,熔深随焊接速度的增加几乎呈线性下降,如图 2.24 所示。

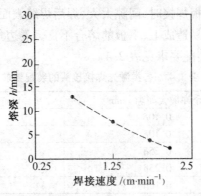

图 2.24　1Cr18Ni9Ti 不锈钢在 10 kW 功率下熔深随焊接速度的变化

（3）光斑直径

在入射功率一定的情况下,光斑尺寸决定了功率密度的大小。根据光的衍射理论,聚焦后最小光斑直径 d_0 可以通过下式计算:

$$d_0 = 2.44 \times \frac{f\lambda}{D}(3m + 1) \tag{2.17}$$

式中　　d_0——最小光斑直径,mm;

$\quad\quad\ f$——透镜的焦距,mm;

$\quad\quad\ \lambda$——激光的波长,mm;

$\quad\quad\ D$——聚焦前的光束直径,mm;

m—— 激光振动模的阶数。

对于一定波长的光束，$\frac{f}{D}$ 和 m 的数值越小，光斑直径越小。焊接时为了获得深熔焊缝，要求激光光斑上的功率密度高，锁孔型焊接需要激光焦点上的功率密度大于 $10^6 \ W/cm^2$。提高功率密度有两个方式：一是提高激光功率 P；二是减小光斑直径。通过减小光斑直径比增加功率的效果更明显。减小 d_0 可以通过使用短焦距透镜和降低激光束横模阶数，低阶模聚焦后可以获得更小的光斑。

（4）离焦量

离焦量 F 不仅影响焊件表面激光光斑的大小，而且影响光束的入射方向，因而对焊接熔深、焊缝宽度和焊缝横截面形状有较大影响。离焦量 F 很大时，熔深很小，属于传热焊；当离焦量 F 减小到某一值后，熔深发生跳跃式增加，此时标志小孔产生。

图 2.25 为离焦量对熔深、焊缝宽度和焊缝横截面积的影响。当焦距减小到某一值以后，熔深发生突变，即为产生穿透小孔建立了必要条件。激光深熔焊时，熔深最大时的焦点位置是位于焊件下方，此时焊缝成形最好。

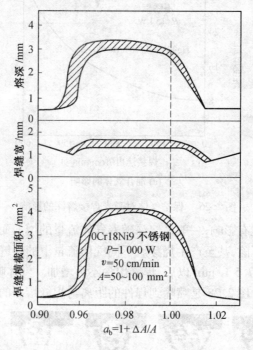

图 2.25　离焦量对焊缝熔深、熔宽和横截面积的影响

（5）保护气体

激光焊接时采用保护气体可以保护焊缝金属不受有害气体的侵袭，防止氧化污染，提高接头的性能；同时保护气体也可以影响焊接过程中的等离子体，抑制等离子云的形成。激光深熔焊时，高功率激光束使金属被加热汽化，在熔池上方形成金属蒸气云，其在电磁场的作用下发生离解形成等离子体，它对激光束起阻隔作用，影响材料对激光束的吸收。

采用高速喷嘴向焊接区喷送惰性气体，迫使等离子体偏移，同时还起到对熔化金属的保护作用。保护气体常用氩气或者氦气。氦气具有优良的保护和抑制等离子体的效果，焊接时熔深也比较大。也可以在氦气里面加入少量的氩气或者氧气，进一步增加熔深。图2.26给出了各种保护气体对激光焊接熔深的影响规律。

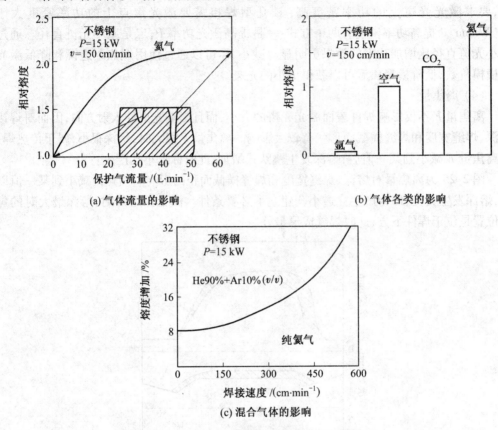

(a) 气体流量的影响   (b) 气体各类的影响

(c) 混合气体的影响

图 2.26 保护气体对激光焊接熔深的影响

气体流量对熔深也有影响，一般是熔深随着气体流量的增加而增大，但过大的气体流量会造成熔池表面的下陷，甚至产生烧穿。不同气体流量下的焊缝熔深对比如图 2.27 所示。当气体流量大于 17.5 L/min 以后，焊缝熔深不再增加。气体喷嘴与工件的距离变化也会引起熔深的变化。图 2.28 是喷嘴到焊件的距离与焊缝熔深的关系。

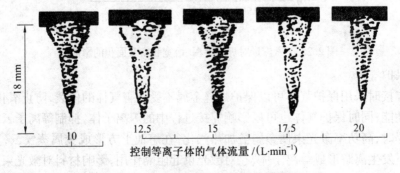

控制等离子体的气体流量 /(L·min⁻¹)

图 2.27 不同气体流量下的焊缝熔深对比

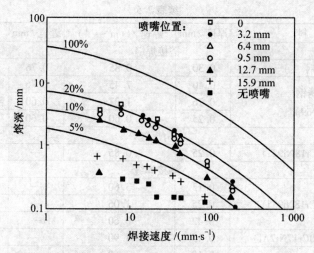

图 2.28　喷嘴到焊件的距离与焊缝熔深的关系($P = 1.7\ \text{kW}$,氩气保护)

不同保护气体作用效果不同,一般氦气的保护效果最好,但是有时焊缝中的气孔较多。连续 CO_2 激光焊的工艺参数见表 2.5。

表 2.5　连续 CO_2 激光焊的工艺参数

材　　　料	厚度/mm	焊速/(cm·s^{-1})	缝宽/mm	深宽比	功率/kW
对接焊缝					
321 不锈钢(1Cr18Ni9Ti)	0.13	3.81	0.45	全焊透	5
	0.25	1.48	0.71	全焊透	5
	0.42	0.47	0.76	部分焊透	5
17 – 7 不锈钢(0Cr17Ni7Al)	0.13	4.65	0.45	全焊透	5
	0.13	2.12	0.50	全焊透	5
	0.20	1.27	0.50	全焊透	5
	0.25	0.42	1.00	全焊透	5
302 不锈钢	6.35	2.14	0.70	7	3.5
(1Cr18Ni9)	8.9	1.27	1.00	3	8
	12.7	0.42	1.00	5	20
	20.3	21.1	1.00	5	20
	6.35	8.47	—	6.5	16
Inconel 镍合金 600	0.10	6.35	0.25	全焊透	5
	0.25	1.69	0.45	全焊透	5
镍合金 200	0.13	1.48	0.45	全焊透	5
蒙乃尔合金 400	0.25	0.60	0.60	全焊透	5
工业纯钛	0.13	5.92	0.38	全焊透	5
	0.25	2.12	0.55	全焊透	5
低碳钢	1.19	0.32	—	0.63	0.65

续表2.5

材 料	厚度/mm	焊速/(cm·s⁻¹)	缝宽/mm	深宽比	功率/kW
搭接焊缝					
镀锡钢	0.30	0.85	0.76	全焊透	5
302 不锈钢	0.40	7.45	0.76	部分焊透	5
(1Cr18Ni9)	0.76	1.27	0.60	部分焊透	5
	0.25	0.60	0.60	全焊透	5
角焊缝					
321 不锈钢(1Cr18Ni9Ti)	0.25	0.85	—	—	5
端接焊缝					
321 不锈钢(1Cr18Ni9Ti)	0.13	3.60	—	—	5
	0.25	1.06	—	—	5
	0.42	0.60	—	—	5
17 – 7 不锈钢(0Cr17Ni7Al)	0.13	1.90	—	—	5
	0.10	3.60	—	—	5
Inconel 镍合金 600	0.25	1.06	—	—	5
	0.42	0.60	—	—	5
镍合金 200	0.18	0.76	—	—	5
蒙乃尔合金 400	0.25	1.06	—	—	5
Ti – 6Al – 4V	0.50	1.14	—	—	5

2.4 激光焊接的应用

激光焊接的特点之一是适用于多种材料的焊接,其高的功率密度及高的焊接速度,使激光焊焊缝及热影响区窄,焊接变形小,用10 ~ 15 kW 的激光功率,单道焊缝熔深可达15 ~ 20 mm。下面对各种材料的激光焊接过程和特点进行讨论。

2.4.1 钢的激光焊

1. 碳素钢

焊接碳素钢时,随着含碳量的增加,焊接裂纹和缺口敏感性也会增加。目前,民用船体结构钢A、B、C级的激光焊接已趋成熟。国外对板厚在9.5 ~ 28.6 mm之间的三种民用船舶结构钢进行了激光焊接实验,激光功率为10 kW,焊接速度为0.6 ~ 1.2 m/min,焊后对试件进行拉伸、弯曲和冲击实验,结果表明:激光焊接接头性能良好。

2. 低合金高强度钢

低合金高强钢的激光焊只要选择的工艺参数适当,就可获得与母材力学性能相当的接头。例如,HY – 130 钢是一种经过调质处理的低合金高强钢,具有很高的强度和较高的抗裂性。采用常规焊接方法焊接,接头的韧性和抗裂性要比母材差很多,而且焊态下焊缝和热影响区组织对冷裂纹很敏感。

激光焊接后,在焊缝上切取拉伸试样,结果表明接头强度不低于母材,塑性和韧性比手工电弧焊和气体保护焊好,接头性能接近母材,焊接接头的冲击吸收功大于母材金属的冲击吸收功。HY – 30 钢激光焊接接头的冲击吸收功见表2.6。

表 2.6   HY－30 钢激光焊接接头的冲击吸收功

激光功率/kW	焊接速度/(cm·s⁻¹)	实验温度/℃	冲击吸收功/J	
			焊接接头	母材
5.0	1.90	－1.1	52.9	35.8
5.0	1.90	23.9	52.9	36.6
5.0	1.48	23.9	38.4	32.5
5.0	0.85	23.9	36.6	33.9

3. 不锈钢

对 Ni－Cr 系不锈钢进行激光焊接时，材料具有很高的能量吸收率和熔化效率。焊接奥氏体不锈钢时，在功率为 5 kW、焊接速度为 1 m/min、光斑直径为 0.6 mm 的条件下，光的吸收率为 85%，熔化效率为 71%。由于焊接速度很快，减轻了不锈钢焊接时的过热现象和线胀系数大的不良影响，焊缝无气孔、夹杂等缺陷，接头强度也可以和母材相当。不锈钢的焊接可以用于核电站中不锈钢管、核燃料包等的焊接，也可以用于石油、化工等领域的焊接。

4. 异种钢的激光焊

长春工业大学研究人员对 20G 钢和 20Cr2Ni4A 钢进行了异种钢接头的激光焊接，结果表明：激光焊接异种钢焊缝成形良好，符合工业应用要求，并且接头的抗拉强度超过母材本身的强度。

2.4.2   有色金属的激光焊

1. 铝及铝合金

铝及铝合金激光焊的主要困难是它对激光束的反射率较高，铝是热和电的良导体，高密度的自由电子使它成为光的良好反射体，起始表面反射率超过 90%。也就是说，深熔焊必须在小于 10% 的输入能量开始，这就要求很高的输入功率，以保证焊接开始时必需的功率密度。而小孔一旦形成，由于小孔的存在使得工件对激光的吸收率迅速提高，甚至提高到 90%，从而使焊接过程顺利地进行。

铝及铝合金的激光焊接时，随温度的升高，氢在铝中的溶解度急剧增加，溶解在其中的氢成为焊缝缺陷的源泉，因此焊缝中多存在气孔，深熔焊时根部可能出现空洞，焊道成形较差，因此必须提高激光的功率密度和焊接速度。铝及其合金对输入能量强度和焊接参数很敏感，焊接参数需严格选择，并且控制焊接过程中的等离子体。铝合金焊接时，用 8 kW 的激光功率可以焊透厚度 12.7 mm 的材料，焊透率大约为 1.5 mm/kW。

连续 CO_2 激光焊可以对铝及铝合金进行从薄板到板厚 50 mm 厚板的焊接，板厚 2 mm 的铝及铝合金 CO_2 激光焊的工艺参数见表 2.7。

表 2.7   铝及铝合金 CO_2 激光焊的工艺参数

材料	板厚/mm	焊接速度/(cm·s⁻¹)	功率/kW
铝及铝合金	2	4.17	5

2. 钛及钛合金

钛及钛合金由于具有许多独特的优良特性，如抗拉强度高、耐腐蚀性强及高比强度和比刚度，在航空航天领域应用比例不断扩大。由于钛合金表面吸收较多的氧和氮，因此其表面覆盖了一层氧化膜,在氧化膜的下面还有一些富含氧和氮的富气层。因此,激光焊前需要对焊件进行清理,将氧化膜与富气层除掉。清理的方法有机械方法和化学方法。用化学方法清洗时所用的酸洗液的成分及工艺见表2.8。

表2.8 钛合金激光焊前酸洗液的成分和工艺

编 号	酸洗液成分	侵蚀时间	
1	氢氟酸(为40%)4.5%,硝酸(为60%)17%,水(按照体积计算)78.5%	基体金属	焊丝
		3 min	1 min
2	盐酸(二级)200 mL/L,硝酸(二级)35 mL/L,氟化钠(二级)40 g/L	基体金属	焊丝
		7 min	3 min

由于钛合金激光焊接时接头区域的温度远远高于600 ℃,为避免接头脆化而产生气孔,钛合金激光焊接时必须采用惰性气体保护措施或将焊件置于真空室中。通常钛合金激光焊接多采用高纯氩气保护,钛合金板材对接焊时,为了更好地从激光加热处、焊缝后部高温区及焊缝背面进行保护,须设计专用夹具和气体保护拖罩。图2.29为钛合金激光焊接用夹具示意图。

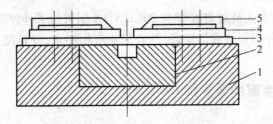

图2.29 钛合金激光焊接夹具示意图
1— 底板;2— 铜垫板;3— 钛合金板;4— 铜冷却板;5— 压板

铜垫板和冷却板起散热作用,焊接时在铜垫板的方形槽中通入氩气保护钛合金板的焊缝背面,而且应在焊前8 ~ 10 min预先使方形槽中充满氩气。气体保护拖罩如图2.30所示。拖罩的长度应该大于120 mm,以保证焊缝区处于氩气保护之内,宽度为40 ~ 50 mm。氩气由进气管导入,经气体均布管上端的排气孔导出,并将拖罩中的空气挤出,再经过气体透镜(100 目纯铜网)使氩气均匀地覆盖在接头区域。

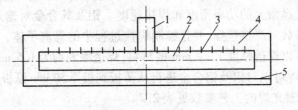

图2.30 气体保护拖罩示意图
1— 进气管;2— 气体均布管;3— 排气管;4— 拖罩外壳;5— 气体透镜

对焊缝正反面进行氩气保护时应该注意通入的氩气流速不能过大,否则出现紊流现象而使氩气和空气混合,反而造成不良后果。氩气保护效果好时,焊缝表面呈光亮的银白色,金属的塑性最好;氩气保护不良时,随着有害气体污染的加剧,焊缝表面的颜色由浅黄色向深黄色、浅蓝色、深蓝色和蓝灰色变化,接头塑性也相应降低。

对 Ti-6Al-4V 合金的 CO_2 激光焊研究表明,使用 4.7 kW 的激光功率,焊接厚度 1 mm 的 Ti-6Al-4V 合金,焊接速度可以达到 15 m/min,接头的屈服强度、拉伸强度与母材相当,塑性也不降低。值得注意的是,钛及钛合金激光焊时,氧气的溶入对接头性能有不良影响,因此使用了保护气体,焊缝中的氧含量就不会有显著变化。

3. 高温合金的激光焊

激光焊可以焊接各类高温合金,包括电弧焊难以焊接的含高铝、高钛的时效处理合金,一般焊接高温合金时采用 CO_2 连续或者脉冲激光发生器,功率为 1 ~ 50 kW。采用 2 kW 的快速轴向流动式激光器焊接 2 mm 厚的镍基合金,最佳的焊接速度是 8.3 mm/s,厚度为 1 mm 的镍基合金最佳焊接速度是 34 mm/s。

焊接过程中可以采用氦或者氦与少量氩的混合气体作为保护气体,使用氦气成本较高,但是可以抑制等离子云,增加焊缝熔深。高温合金激光焊接接头的力学性能较高,接头强度系数可以达到 90% ~ 100%,见表 2.9。

表 2.9 高温合金激光焊接接头力学性能

母材牌号	厚度/mm	状态	试验温度/℃	拉伸性能			强度系数/%
				抗拉强度 σ_b/MPa	屈服强度 $\sigma_{0.2}$/MPa	伸长率 δ_5/%	
GH141	0.13	焊态	室温	859	552	16.0	99.0
			540	668	515	8.5	93.0
			760	685	593	2.5	91.0
			990	292	259	3.3	99.0
GH3030	1.0	焊态	室温	714	—	13.0	88.5
	2.0	固溶+时效		729	—	18.0	90.3
GH163	1.0			1 000	—	31.0	100
	2.0			973	—	23.0	98.5
GH4169	6.4			1 387	1 210	16.4	100

4. 异种金属的激光焊接

铜-镍、镍-钛、铜-钛、钛-钼、黄铜-铜、低碳钢-铜、不锈钢-铜及其他一些异种金属材料,都可以采用激光焊接。例如,镍-钛异种材料焊接熔合区主要由微细组织和界面少量的金属间化合物组成。各种金属组合采用激光焊接的可行性见表 2.10。

表 2.10 各种金属组合采用激光焊的可行性

项目	Al	Mo	Fe	Cu	Ta	Ni	Si	W	Ti	Au	Ag	Co
Al	√					√		√		√		
Mo		√			√							
Fe			√	√	√							
Cu			√	√	√							
Ta		√	√	√	√							
Ni						√		√				
Si												
W						√	√	√				
Ti									√			
Au	√					√	√					√
Ag						√					√	
Co									√			√

注:√为焊接性良好;空白为焊接性差或者无报道数据

2.5 激光复合焊接新技术

激光焊接的优点和缺点都比较明显,为了既保留激光焊接的优势,又能够消除或减少其缺点,因此可以用其他热源的加热特性来改善激光焊接工件的条件,从而出现了一些其他热源与激光进行复合的焊接工艺,目前主要有激光与电弧、激光与等离子弧、激光与感应热源以及双激光束等焊接技术。

1. 激光与电弧复合焊接技术

激光深熔焊时,会在熔池的上方产生等离子体云,等离子体云的屏蔽效应(对激光的吸收和散射)将导致激光焊接能量的利用率明显降低,极大地影响激光焊接的效果,并且等离子体对激光的吸收与正负离子密度的乘积成正比。如果在激光束中附近引入电弧,将使得电子密度显著降低,减少对激光的消耗,提高工件对激光的吸收率。另一方面,可以有效地利用电弧能量,在较小的激光功率下获得较大的熔深。除此之外,由于激光焊接的热作用和热影响区较小,焊接端面接口容易造成错位和焊接不连续现象,在随后的快速冷却凝固时,容易产生裂纹和气孔。采用激光和电弧复合,可缓和对接口间隙的精度要求,并且可以利用电弧加热温度梯度小的特点,促进气体的排出,降低内应力,减少或消除气孔和裂纹。

激光与电弧的复合主要有两种:一种是激光 – TIG 复合,如图 2.31 所示;一种是激光 – MIG 复合,如图 2.32 所示。

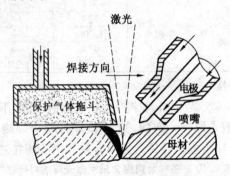

图 2.31　激光 – TIG 复合焊接技术示意图

日本三菱重工研制了 YAG 激光与电弧同轴复合焊接系统,如图 2.33 所示。激光 – TIG 复合焊接具有以下特点:

① 由于电弧增强激光的作用,可使激光器的功率密度明显降低。

② 可实现薄件的高速焊接。

③ 可增加焊缝熔深,改善焊缝成形,获得优质接头。

④ 可降低母材焊接端面的接口精度要求。

例如,当 TIG 电弧的电流为 90 A,焊接速度 2 m/min 的条件下,0.8 kW 的 CO_2 激光焊机相当于 5 kW 的 CO_2 激光焊机的焊接能力;5 kW 的 CO_2 激光束与 300 A 的 TIG 电弧复合,焊接速度为 0.5 ~ 5 m/min 时,获得的熔深是单独使用 5 kW CO_2 激光束焊接时的 1.3 ~ 1.6 倍。

激光 – MIG 复合焊接具有激光 – TIG 复合焊接的所有特点,并且还能够通过添加合

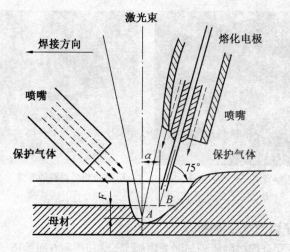

图 2.32　激光 - MIG 复合焊接技术示意图

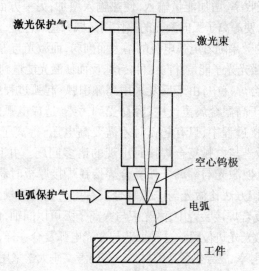

激光与空心钨极同轴复合原理

图 2.33　YAG 激光与电弧焊同轴复合焊接系统

金元素调整焊缝金属的化学成分来消除焊接凹陷。日本东芝公司使用 6 kW 的 CO_2 激光与 7.5 kW 的 MIG 电弧复合焊接,可以焊透 16 mm 的不锈钢板,焊接速度为 700 mm/min,焊缝的质量达到 RT1 级(JISZ3106)。可以说激光 - MIG 复合焊接技术是近年来激光电弧复合焊接的代表性方法,这种方法不但降低了激光的功率,而且通过 MIG 焊的送丝避免了在焊缝表面形成凹陷,仍然保留激光焊深熔、快速和低热输入的特点。激光 - MIG 复合焊接一般有两种组合形式:一是激光束垂直于工件,MIG 焊枪对于激光束则倾斜一定的角度,这种方式应用较为普遍;另一种是将激光和 MIG 的焊丝同轴合成在一个电极头中,充分发挥两种焊接方法各自的优点,但是实现起来技术难度相对较大。

　　激光 - MIG 复合焊接技术在汽车工业、船舶工业和车辆制造业中已经取得了成功应用,如图 2.34 所示。

(a) 焊接 VOLVO XC90 汽车顶蓬　　　　(b) 整合焊缝跟踪的激光 –MIG 焊接机头

图 2.34　激光 – MIG 复合焊接的应用

2. 激光与等离子弧的复合焊接

激光与等离子弧复合焊接的原理与激光电弧复合相近,一方面等离子弧扩大了热作用区,提高了工件对激光的吸收率,增加能量输入,使热输入增加;另一方面,激光对等离子弧有稳定、导向和聚焦的作用,使等离子弧向激光的热作用区域聚集。但是,激光与电弧复合时,电弧稀释光子等离子体云的效果随着电弧电流的增大而削弱,而激光与等离子弧复合焊接时的等离子体是热源,它吸收激光光子能量并向工件传递,反而使激光能量利用率提高。

在激光与电弧复合焊接中,由于反复采用高频引弧,起弧过程中电弧的稳定性相对较差,同时,钨极端头处于高温金属蒸气中,容易受到污染,造成电弧的稳定性下降。而在激光与等离子弧复合焊接过程中,只有起弧时才需要高电压,等离子弧稳定,电极不暴露在金属蒸气中,避免了激光与电弧复合焊接时出现的诸多问题。并且等离子弧较电弧具有更高的能量密度,可以使激光与等离子弧复合焊接在焊接厚板时获得较高的焊接速度,激光与等离子弧复合焊接方法比激光与电弧复合具有更广阔的前景。

激光与等离子体复合焊接装置中,激光束与等离子弧可以同轴,也可以不同轴,但等离子弧一般指向工件表面激光光斑位置。这种工艺与激光电弧复合一样,除了一般材料的焊接以外,比较适合焊接高反射率、高导热系数的材料。英国考文垂大学采用 400 W 功率的激光器加 60 A 的等离子弧对碳钢、不锈钢、铝合金和钛合金等金属材料进行焊接,均取得了良好的焊接效果。对薄板进行焊接时,在相同的熔深条件下,激光与等离子弧复合的焊接速度是激光焊接的 2 ~ 3 倍,允许对接母材端面间隙可达材料厚度的 25% ~ 30%。

除了上面两种典型情况以外,还有激光与高频感应电源的复合以及双激光束的复合焊接方式。这些方式都可以利用辅助手段对等离子云的有益作用,提高焊缝熔深,增加激光利用效率。

参考文献

[1]李亚江,王娟,夏春智.特种焊接技术及应用[M].北京:化学工业出版社,2004.

[2]陈彦宾.现代激光焊接技术[M].北京:科学出版社,2006.

[3]刘金合.高能密度焊[M].西安:西北工业大学出版社,1995.

第3章 电子束焊接

3.1 电子束焊接的基本原理

3.1.1 概　述

1. 电子束焊接的概念与特点

电子束焊接是利用高度会聚的高能电子流轰击工件接缝处所产生的热能,使材料熔合的一种焊接方法。

聚焦之后的电子束斑点直径 $d < 1$ mm,通常为 $0.1 \sim 0.75$ mm。电子束能量高度集中,能量密度可达 $10^6 \sim 10^9$ W/cm^2,为普通电弧或氩弧的 10 万 $\sim$ 100 万倍。如此高的能量密度,使得电子束焊接具有与传统熔化焊方法完全不同的特点。

① 功率密度高,束流穿透能力强,焊缝深宽比大,可不开坡口一次焊透大厚度的焊缝。一般焊缝的深宽比可达 20:1。采用脉冲束焊接,则深宽比更可达 50:1,被焊金属厚度范围为 $0.05 \sim 300$ mm,既能焊接超薄板接头,也能焊接超大厚度接头。

② 线能量小而焊接速度高,焊缝窄,热影响区小,焊件变形小。

③ 能量转换效率高,能耗低,同激光焊接相比,90% 的能量用于加热焊接。

④ 真空施焊,熔化金属化学成分纯净,保证了焊缝质量,也有利于焊接活性金属材料和真空冶炼的高纯度金属。

⑤ 焊接参数的再现性好,易于实现自动化,可提高焊接质量的稳定性。

⑥ 具有精确快速的可控性,可焊接可达性差的接头,通过控制电子束的偏移完成复杂接头的焊接,还可以通过电子束扫描熔池来消除缺陷。

除了上述优点,电子束焊接也有自身的局限性,在一定程度上限制了电子束焊接技术的推广应用,主要表现在以下几个方面:

① 设备复杂,价格昂贵,维护成本高。

② 焊缝对中精度高,焊件加工及装夹要求高。

③ 焊接过程不填丝,难以进行焊缝合金化,焊接过程中焊缝不能实现自清理,焊件焊前清理要求高。

④ 焊接在真空中进行,焊件的形状和尺寸受真空室大小的限制。

⑤ 电子束易受磁场干扰,影响焊接质量,焊接铁磁性材料时焊前需要作消磁处理。

⑥ 焊接时产生 X 射线,需严加防护,此外还需要做好高压防护。

2. 电子束焊接的分类

根据不同的分类标准,电子束焊接可有多种分类方法。

① 按照电子束加速电压,电子束焊接可分为低压电子束焊接(15 $\sim$ 30 kV)、中压电

子束焊接(40~60 kV)、高压电子束焊接(100~150 kV)和超高压电子束焊接(300 kV以上)。高压相比于中压和低压电子束焊接,工作距离更大,可达到 1 m;电子束斑直径更小,能量密度更高;电子束会聚角小,不易受到杂散磁场和电子束自身磁场的影响。

② 按照真空度不同,电子束焊接可分为高真空电子束焊接(10^{-3}~10^{-6} torr)、低真空电子束焊接(10^{-2}~0.5 torr)和非真空电子束焊接(大气中)。真空度会对焊接质量产生重要的影响,真空度降低,焊接熔深会减小,焊缝金属的保护效果也会变差,为了保证焊接质量,通常的电子束焊接都在高真空中进行。在特殊环境下,如野外作业时,可进行非真空电子束焊接,通常采用一个多级抽真空系统,在高真空条件下产生电子束并将它传送到大气中,或者在真空系统与气体环境之间加一等离子弧窗口,用以隔离大气与真空环境。

③ 按照焊件是否完全处于真空室内,电子束焊接可分为全真空电子束焊接和局部真空电子束焊接。全真空电子束焊接时焊件整体置于真空室中,其尺寸和形状会受到真空室尺寸的限制,而局部真空电子束焊接时,只保证接缝位置为真空环境,焊件大部分位于真空室外,这样焊件的尺寸不受真空室限制,具有很好的应用前景。

④ 按照功率大小,电子束焊接可分为大功率电子束焊接(60~100 kW)、中功率电子束焊接(30~60 kW)和小功率电子束焊接(30 kW 以下)。因为电子束焊接的能量利用率高,工业生产中以中小功率的电子束焊机较为多见。

⑤ 按照电子枪的特征,电子束焊接可分为定枪式和动枪式,直热式和间热式,二级枪和三级枪。定枪电子束焊接时电子枪固定在真空室中不能运动,通常在高压枪中应用;动枪电子束多应用于中低压电子束焊接,焊接时电子枪在真空室中运动,能提高真空室的利用率,可实现不同方位的电子束焊接,如平焊、横焊和立焊。直热和间热式电子束焊针对电子枪的阴极加热方式而言,阴极通常有直热和间热两种。二级枪只有阴极和阳极,而三级枪还配有控制极。

⑥ 按照焊接加热的特点,电子束焊接可分为普通电子束焊接和脉冲电子束焊接。普通电子束焊接时,束流连续轰击材料表面;而脉冲电子束焊接时,电子束流以脉冲形式作用于待焊材料表面。

3. 电子束焊接的应用

电子束焊接技术的以上优点,使它在以下几种情况获得了广泛的应用。

(1) 难熔金属的焊接

如钨、钼、钽、铌等。难熔金属由于具有高的熔点,传统熔化焊接方法难以实现。电子束焊接高的能量密度保证了其在焊接高熔点金属时的优越性。

(2) 活泼金属及高纯度金属的焊接

电子束焊接在真空气氛下进行,焊缝金属保护效果好,焊缝纯度高,因此非常适合活泼金属(如钛及钛合金、镁及镁合金)和高纯度金属的焊接。

(3) 通常熔化焊方法无法焊接的异种金属材料的焊接

电子束焊接焊缝深宽比大,可以最大限度地降低母材的熔化量,提高难焊异种金属的焊接,特别是焊缝中有脆性金属间化合物生成的异种金属接头。此外,电子束焊接热输入精确、快速、可控,也可以有效地对焊缝的最终微观组织进行控制。

（4）经淬火或加工硬化金属的焊接

电子束焊接热影响区小，接头焊后变形小，焊接淬硬性金属和加工硬化金属时裂纹倾向性小。

（5）紧靠热敏感性材料的零件的焊接

利用电子束焊接热影响区小、快速升降温的特点，焊接该类接头时可以最大限度地减小对热敏感材料的影响。

（6）电子束焊接焊缝成形质量好，焊接变形小

利用上述特点可以作为零件加工制造的最后一道工序，以实现对精加工到最后尺寸的零件的焊接。

（7）普通熔化焊接方法无法接近部位的焊接

传统的氩弧焊和气体保护焊受弧长的限制，要求焊炬接近焊接部位，而电子束焊接时的工作距离可以达到 1 m，且电子束的直径只有 1 mm 左右，因此可以实现焊接部位难以靠近的零部件优质焊接。

总之，电子束焊接技术从 20 世纪 40 年代末迄今经历了大半个世纪的发展，特别是材料制造加工技术、机械制造技术、真空技术、高压技术及电子控制技术的不断完善和发展，使得电子束焊接设备的制造水平得到不断提高。目前，电子束焊接技术已广泛应用于航空航天、原子能、汽车制造、仪表制造、齿轮加工以及深海探测等重要的工业和国防工业领域中，在国民建设中起到不可替代的作用。

3.1.2　电子束焊接的原理

1. 电子束的形成和聚焦

焊接用电子束的形成过程如图 3.1 所示。电子束从电子枪中引出之前主要经历三个阶段：① 阴极发射电子；② 电子在阴、阳极间形成的高压电场中被加速到 0.3 ~ 0.7 倍的光速；③ 电子束在聚焦电磁场被聚焦。在一些具备特殊功能的电子枪中，还会经历偏转磁场，对束流的路径进行控制，实现束流的多路径扫描和快速偏转。

向阴极施加一定的能量，如加热或粒子轰击，就会使阴极材料中自由电子的能量逐渐增加，当这个能量达到足以克服阴极金属的电子逸出功时，电子即逸出金属表面，在发射面周围形成电子云。给电子云所在区域施加一个电场，电子则会在电场力的作用被拉出并由低电位向高电位方向定向加速运动，并在电子枪内形成电子束。电子的被加速之后的速度及具有的动能与加速电场的电压有如下关系：

$$E = 1/2mv^2 = qU \tag{3.1}$$

式中　E——电子动能；

　　　v——电子运动速度；

　　　U——加速电场电压；

　　　m——电子质量，约为 9.109×10^{-31} kg；

　　　q——电子电荷，约为 1.602×10^{-19} C。

因此，把电子束加速到光速数量级，需要施加数万伏的加速电压。

电子束被加速之后，经过会聚才能用于焊接。通常采用静电透镜或磁透镜对电子束

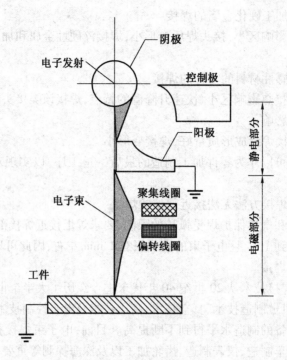

图 3.1　电子束的形成过程

流进行聚焦。

　　静电透镜的工作原理如图 3.2 所示,在两块平行极板的正中放有圆孔膜片,在膜片上加以不同的电压,就会造成电子流会聚与发散的现象。膜片电压低于自然电压时,圆孔附近的等位面为伸向低压空间的曲面,电子穿过时产生会聚作用。当膜片电压高于自然电压时,圆孔附近的等位面为伸向高压空间的曲面,电子穿过时产生发散作用。通过调节膜片电压,来实现对电子会聚和发散角度的调节,从而调整电子束焦点的位置。

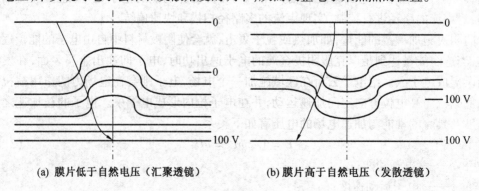

(a) 膜片低于自然电压（汇聚透镜）　　　　　(b) 膜片高于自然电压（发散透镜）

图 3.2　静电透镜的工作原理

　　磁透镜对电子束的会聚作用主要通过短磁透镜实现。电荷在磁场中运动,当电子的运动方向与磁力线方向完全垂直时,电子在磁场中做圆周运动。如果电子倾斜地进入均匀磁场,那么与磁场垂直的速度分量使电子做圆周运动,而水平速度分量使电子等速前进,结果电子轨迹就变成一螺旋线,这是长磁透镜对电子的作用情况。当螺管线圈的长度很短时,磁力线发生了弯曲,如图3.3所示。

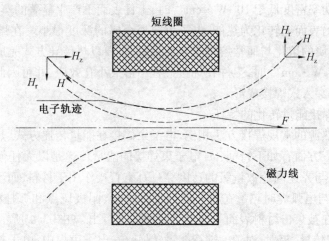

图 3.3　短磁透镜的磁场分布及电子轨迹

电子从透镜左方平行轴向进入磁场时,因 H_r 指向轴线,电子将受到指向纸外的作用力而向外旋转,电子产生旋转速度之后,便与轴向磁场 H_z 相作用而获得指向轴线的力。越靠近透镜中心,磁场的轴向分量越强,同时电子在运动过程中,旋转速度也在增大,故电子受到向轴的作用力在不断增大。电子在运动过程中一面向前行进,一面沿着顺时针方向旋转并向轴偏转。当电子进入透镜右半部时,径向磁场 H_r 的方向已变为相反。电子轴向速度与该磁场作用产生指向纸里的作用力,使电子逆时针方向旋转。但是电子在透镜中心部分时已获得相当大的顺时针旋转速度。逆时针作用力只能使电子顺时针旋转速度降低,而不能改变电子的实际旋转方向。该旋转速度与轴向磁场作用的结果,仍然是使电子受到指向轴向的作用力。可以看出,电子在整个运动过程中,都是受到向轴会聚的作用力。离开透镜后,电子做直线运动与轴交于 F 点。由此可见,短磁透镜的轴对称磁场对电子束具有聚焦成像的作用,这是电子枪中电子束聚焦汇聚的理论基础。

与静电透镜相比,短磁透镜具有以下优点:

① 短磁透镜不需要施加高压,容易实现绝缘,因此使用方便,便于安装。

② 短磁透镜便于调节电子束焦点,只需要通过调节通过线圈的电流来调节磁场强度,即可方便地对电子束的会聚角度进行调节,从而调节焦点位置。

③ 短磁透镜的电子光学图像质量高,像差小,调节精度高。

但在实际使用时,短磁透镜也有自身的缺点,如透镜质量大,工作时线圈电流会消耗电功率。在现代电子束焊接设备中,通常采用各种电、磁透镜的组合形式制作不同类型的电子枪,来实现电子束焊接时焦点位置的快速、准确调节。

2. 电子束焊接的能量转换

电子束焊接的功率密度高和精确、快速的可控性是其最大特点。电子束的功率密度高达 10^7 W·cm^{-2},极高的温度使焊缝金属局部熔化和汽化。同时,电磁场可以很容易控制电子束的运动轨迹,实现电子束偏转及扫描控制。

(1)电子束焊接焊缝形成的模式

根据电子束功率密度的大小,电子束焊缝的形成方式有熔化式和深穿入式两种模式。当束斑点的功率密度低于 $10^5 \, \mathrm{W \cdot cm^{-2}}$ 时,工件表面不产生显著的蒸发现象,电子束能量在工件较浅的表面上转化为热能,电子束穿透金属的深度很小。在熔化式电子束焊接过程中,焊缝金属的熔化与通常熔化焊方法相似,主要以热传导方式完成。当束斑点的功率密度大于 $10^5 \, \mathrm{W \cdot cm^{-2}}$ 时,工件在焊接过程中形成小孔效应,并可因此而获得很大的熔深,此时即为深穿入式焊接成形。

(2)电子束焊接能量转化的特征

与以电弧为热源的常规焊接方法相比,电子束焊接在能量传递方式、热量析出部位和能量转换机理这三方面有如下特征:① 电子束焊接的能量传递是以无任何化学属性的电子束作为载体,以与光速同一数量级的速度穿过真空直接作用于材料,而不需要经过电弧空间的气体。② 与电弧焊时热量在材料表面上方的阴、阳极斑点和弧柱处析出不同,电子束焊接时热量在被轰击材料表面下的电子穿透层下析出,如图 3.4 所示。③ 电弧热源主要通过热交换(传导、辐射、对流)进行能量转换。在电子束焊中,电子首先穿过电子穿透层,而不对其进行加热。电子进入材料内部后,动能首先转移到晶格电子上去,然后再传送振动能量到全部晶格,晶格振荡的振幅增加,从而使材料达到极高的温度,瞬间熔化和蒸发而形成小孔。因此电子束焊接中能量的转换过程为:电能 → 电子动能 → 晶格振动能 → 热能。

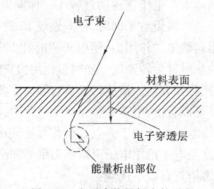

图 3.4 电子束能量析出的过程

3. 深穿入式电子束焊接焊缝的形成机制

深穿入式电子束焊接焊缝的形成过程可大致分为四个阶段:

① 首先高能电子束透过材料表面形成电子穿透层,在电子穿透层下方的局部区域内电子扩散受阻,由于动能→机械振动能→热能的能量转换结果,在材料表层下方形成一个梨形容积加热区,如图 3.5(a)所示。

② 加热区中的材料在极短的时间内达到熔点及过熔点温度,使材料汽化,形成金属蒸气流,材料表层破裂开槽,喷出高速蒸气流,如图 3.5(b)所示。

③ 在金属蒸气的反作用下,熔融的金属液体向四周排开,露出新的固体金属表面,形成一个内附有金属液体薄层的梨形容积空腔,图 3.5(c)所示。

④ 电子束重新作用于空腔底部的固体金属表面,形成新的梨形容积加热区,重复上述过程,就会形成一连串的梨形容积空腔,连接在一起即形成电子束的深穿匙孔,直至达

到一定穿入深度的动平衡为止,如图3.5(d)所示。

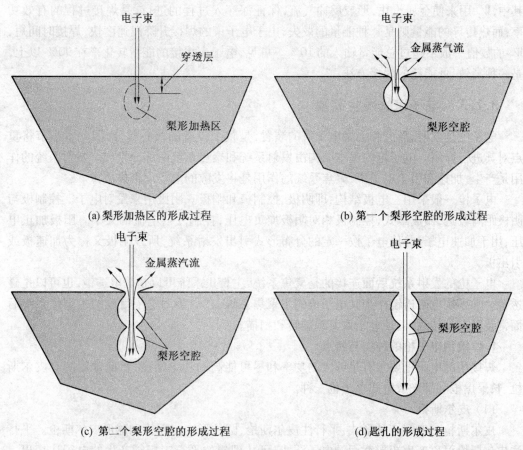

(a) 梨形加热区的形成过程

(b) 第一个梨形空腔的形成过程

(c) 第二个梨形空腔的形成过程

(d) 匙孔的形成过程

图3.5　电子束深穿入过程示意图

4. 电子束输入功率的分配

电子穿过电子穿透层时,材料内部会激发形成二次电子,被散射电子和X射线会消耗一部分能量。加热过程中的热传导和热辐射也会损失部分能量,其余的能量输入则用于材料的汽化和蒸发。因此,电子束输入功率的分配,可表示为

$$W_e = W_1 + W_2 + W_3 + W_4 \tag{3.2}$$

式中　W_e—— 电子束的输入功率;

　　　W_1—— 蒸发原子所带走的功率;

　　　W_2—— 热传导损失的功率;

　　　W_3—— 辐射产生的平均功率损失;

　　　W_4—— 激发和电离损失的功率。

电子束输入功率可以用加速电压和电子束束流的乘积来表示,对于100 W的电子束输入功率,W_3仅为小于1 W的数值,约为总功率的1%,可以忽略不计。W_4的值以加速电压为120 kV的损失率来计算,因激发和电离造成的全部损失约为1.5×10^{-4} W,也可以忽略不计。则有

$$W_e \approx W_1 + W_2 \tag{3.3}$$

其中，W_1 用来使金属汽化，形成反冲气流，保证深穿入过程的进行，是焊接过程的有效功率；而热传导的能量则是一种能量的散失，由于电子束的焊接升降温速度快，焊接时间短，W_2 的数值一般不超过总能量输入的 10%。可见，电子束焊接的能量转化率在 90% 以上，是一种高效、低能耗的焊接方法。

3.1.3　电子束的发生装置

电子枪是发射、形成和会聚电子束的装置，是整个设备的核心部分，因此本小节将重点对其进行介绍。电子枪的基本结构由发射系统和聚焦系统两部分组成。发射系统的作用是产生、加速和引出电子束；聚焦系统的作用是将发散的电子束聚焦成像。

电子枪一般采用三电极结构，即阴极、控制极和阳极。阴极用来发射电子。控制极与阴极距离较近，做成罩式，控制极相对阴极加负电压，控制发射电流的大小。阳极加正电压，用于加速电子，并使电子按一定的分布形式引出发射系统，所以阳极又称为加速极或引出极。

电子枪的发射系统后面连接的是聚焦系统，主聚焦系统可以是静电透镜，也可以是磁透镜。常采用电磁透镜作为其电子枪的主聚焦系统，在焊接用电子束枪的主聚焦系统后面常装置有偏转线圈，使电子束实现偏转和扫描。

1. 焊接用电子枪的种类与特点

焊接用的电子枪要求有足够大的功率和尽可能高的功率密度，目前常用的有皮尔斯枪、长聚焦枪和辉光放电式电子枪三种。

（1）皮尔斯枪

皮尔斯枪一般有三种形式：平行注皮尔斯枪、圆柱形皮尔斯枪和球形皮尔斯枪。平行注皮尔斯枪可以产生矩形截面的电子注，它可从理想的平行二极管产生的电子注切出。圆柱形皮尔斯枪产生圆柱形电子注，常用于微波电子器件中。球形皮尔斯枪由同心球状电极形成，产生锥形电子注，常用于电子束焊接设备中。皮尔斯枪的焦距一般为 50 ~ 200 mm。

（2）长聚焦枪

长聚焦枪除阴极和阳极外，还有空心的控制栅极。控制极上加有负偏压，其电场分布使电子束流具有较小的收缩能力。因此，电子束收敛很慢，焦距很长（500 ~ 1 000 mm），加速电压主要是高压，为 60 ~ 120 kV。电流和电压可分别单独调节。长焦距枪电子束功率密度高，焦距调节范围广。

（3）辉光放电式电子枪

电子枪阴极用铝制成球面，其半径近似于工件与阴极间的距离。阳极开有孔，工件对准阴极并与阴极电气接通，工作室充满氮气或氢气，气压为 2.66 ~ 13.3 Pa。当阴极加上负高压时，阴极与工件间即产生辉光放电，气体电离后，正离子向阴极运动引起阴极二次电子发射。由于每一离子可产生 5 ~ 10 个二次电子，即可在阴极形成强电流。同时阴极附近的电场使电子束成锥体，在工件上聚焦。其特点是没有热阴极，阴极对污染不敏感，因此寿命为热阴极的 10 倍，但该类型电子枪发射的电子束功率密度较低，电流控制靠气压进行调节。

2. 发射系统的调制特性

电子枪发射系统起电子束产生和引出的作用。因此,它是决定整个系统质量和性能的关键部件。在发射系统中,阴极电位一般为 0 V,控制极为几百伏至几千伏特,阳极为几千伏至几万伏。发射系统对发射电子的控制作用有两个方面:一方面是控制束流;另一方面是会聚阴极发出的电子流。

(1) 对束流大小的控制

当阳极电压 V_a 为定值时,可获得控制极电压 V_g 与阴极发射电流 I_k 之间的关系曲线如图 3.6 所示。当控制极电压为一定值 $-V_c$ 时,由控制极电压在阴极中心点上建立起的排斥场与加速极电压在该点建立的加速电场相互抵消,该点的合成电场为零。除该点外阴极的其余部分电场为负,不产生阴极电流,即电流 I_k 为零,处于截止状态,这时的控制极电压 $-V_c$ 称为截止电压,而 V_d 称为激励电压 $V_d = V_c - V_g$。

逐渐增大控制极电压 V_g,阴极发射电流 I_k 随之增大。当 $V_g > 0$ 时,出现栅流,电子束焊接时不选择该工作状态。在阴极 K 与阳极 A 之间放置加有负电位的控制极,可达到控制电子流的目的。

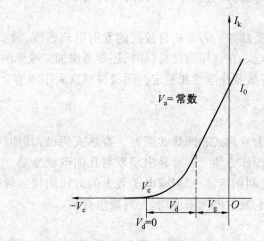

图 3.6 控制极电压 V_g 与阴极发射电流 I_k 之间的关系曲线

(2) 对电子束流的会聚

电子发射系统除了可以调节电子流外,还可以会聚阴极发射出的电子流。发射系统的轴上电位 φ、电位变化率 φ' 及二阶导数 φ'' 的分布曲线如图3.7所示。当电子从阴极发出后,通过阴极表面的近似均匀场 Ⅰ 区,形成抛物线运动,这时因电场的轴向分量作用,形成电子弯曲而收敛;在 Ⅱ 区,等位面向左弯曲,$\varphi'' > 0$,这时,电子受到强会聚作用,电子在这个强会聚作用下,形成最小截面圆或高密度层流形式;当电子进入加速极附近 Ⅲ 区时,等位面向右弯曲。这时,电子将受到一个发散作用,成为发散区。因此,电子从阳极引出后再度呈发散状。可见,发射系统对电子束流的会聚对焊接过程的实现是必不可少的过程。

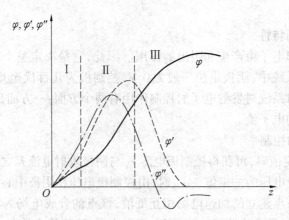

图 3.7　发射系统的电位 φ、电位变化率 φ' 及二阶导数 φ'' 的分布曲线

3.电子枪阴极设计

阴极是电子束的发射源,它是三极中最重要的部件。在电子枪的三极中,阳极和控制极通常用不锈钢制成。而阴极因其材料、形状和尺寸的稳定性要求非常高,它的结构、材料与设计又有其特殊性,因此此处着重介绍阴极的结构与设计。

(1) 阴极材料的选择

阴极是电子枪中的重要部件。若要获得较高的发射电流密度,就要求阴极材料具有较小的逸出功或较高的熔点。在选用阴极材料时,还要考虑加工成形的方便,高温时有足够的机械强度、足够长的寿命及化学性能稳定。阴极材料常采用难熔金属及其化合物,如钨、钽及六硼化镧等。

(2) 阴极加热方式

阴极的加热方式可分为直热式和间热式两种。直热式阴极,其加热方式是直接加热阴极,其特点是结构简单,操作方便。但容易出现发射几何形状变形、电子发射散乱的现象,对聚焦不利。间热式是利用传导、辐射或电子轰击的方法间接加热阴极,其特点是结构复杂,阴极表面是等位面,发射电流密度均匀,对聚焦有利。

(3) 阴极结构设计

阴极结构设计时,要考虑防止高温时的变形和下垂,保证发射区的加热温度均匀以及加热电流产生的磁场尽可能相互抵消。根据束流值的大小,阴极形状可做成点发射型或面发射型。钨加工成线、棒或块状比较容易。因此,一般可用钨丝绕制成直热式的发针状或盘状阴极。钨块及钨棒可制成间热式阴极。钽加工性能好,能轧制成片状,可制成直热式或间热式的面发射阴极。六硼化镧一般做成间热式阴极,产生的束流品质高。

3.2　电子束焊接工艺

3.2.1　接头结构设计

焊接接头是各种焊接结构元件的连接部分,同时又是结构传递和承受作用力的一部分。为了保证焊接结构的可靠性,应根据结构的形状、尺寸、受力情况、工作条件和电子束焊接特点合理地选用焊接接头的形式。常用的电子束焊接接头形式一般有对接、角接、T形接头、搭接接头和端接接头等,其中前两种形式应用最广,下面对其进行简要说明。

1. 对接接头

对接接头是电子束焊接常用的一种接头形式,它又可具体地分为多种形式,如图3.8所示。其中,图3.8(a)、(b)、(g)三种接头的准备工作简单,但需要装配夹具。不等厚的对接接头采用上表面对齐的设计优于台阶接头,后者在焊接时要用倾斜的电子束(图3.8(d))。带锁口的接头(图3.8(c)、(d)、(f))便于装配对齐,锁口较小时,焊后可避免留下未焊合的缝隙。图3.8(e)有自动填充金属的作用,焊缝成形得到改善。斜对接接头(图3.8(h))只用于受结构和其他原因限制的特殊场合。

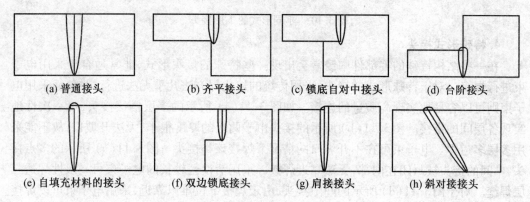

(a) 普通接头　　(b) 齐平接头　　(c) 锁底自对中接头　　(d) 台阶接头

(e) 自填充材料的接头　　(f) 双边锁底接头　　(g) 肩接接头　　(h) 斜对接接头

图3.8　电子束焊的对接接头

2. 角接接头

角接接头也是常用的接头形式,如图3.9所示。与对接接头相比,其差别在于对非破坏性试验的适用性和缺口的敏感性。图3.9(b)为熔透焊缝的角接头,留有未焊合的间隙,接头承载能力较差。图3.9(d)为卷边角接,主要用于薄板,其中一件需准确弯边90°。其他接头形式都易于装配对齐。

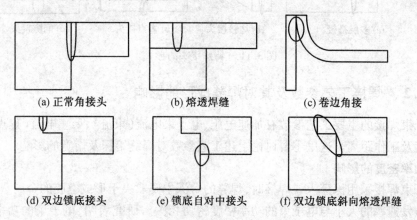

(a) 正常角接头　　(b) 熔透焊缝　　(c) 卷边角接

(d) 双边锁底接头　　(e) 锁底自对中接头　　(f) 双边锁底斜向熔透焊缝

图3.9　电子束焊的角接头

3. T形接头

T形接头的常见形式如图3.10所示。在航空及航天领域一些桁架结构和筋板结构中多用到不同形式的T形接头。电子束焊接这类接头时比传统熔化焊方法有显著的优势，如图3.10(a)所示的接头形式，平板厚度较厚，肋板则很薄，利用电子束焊缝宽度小、深宽比大的优势，可以一次焊成。其余形式的接头视厚度焊接1次或2次。

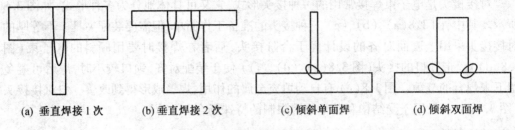

(a) 垂直焊接1次 (b) 垂直焊接2次 (c) 倾斜单面焊 (d) 倾斜双面焊

图3.10 不同形式的T形接头

4. 特殊形式接头

在一些结构特殊的零部件中经常会出现一些特殊的接头形式，非常适合于采用电子束进行焊接。对于特殊形式的接头，采用传统的熔化焊方法几乎无法进行焊接，而采用电子束则可以容易地实现高质量的连接。如图3.11(a)所示的多层搭接接头，可一次性地实现各层间的搭接。图3.11(b)所示的接头由于两板的厚度很小，无法开坡口，故不能采用多层多道焊。电子束可在不开坡口的情况下焊接该类接头。图3.11(c)所示的多点接头，中间的接头被封闭在内部，无法靠近焊接。采用活性区较长的电子束可一次性焊透三层焊缝。对于图3.11(d)所示的间隙接头，由于焊接部位难以靠近，采用电子束可以焊接工作距离大于间隙深度的该类接头。

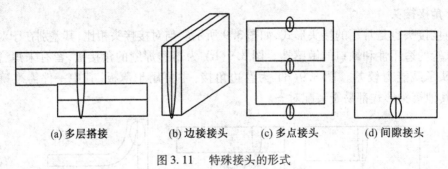

(a) 多层搭接 (b) 边接接头 (c) 多点接头 (d) 间隙接头

图3.11 特殊接头的形式

3.2.2 焊接工艺参数及其对焊缝成形的影响

电子束焊接的主要工艺参数有加速电压、电子束电流(束流)、聚焦电流(焦点位置)、焊接速度及工作距离。这里主要讨论上述工艺参数对焊缝熔深及熔宽的影响。

1. 功率密度的影响

电子束焊接采用深穿入式焊接时，焊缝的熔深主要取决于形成空腔的金属蒸发速率，而金属蒸发速率的大小与电子束的功率密度密切相关。研究表明，电子束的功率密度越大，则熔深增加，而焊缝宽度减小。

2. 加速电压的影响

加速电压增加，使得束斑点功率密度提高，从而使金属的汽化速率显著增加；同时，加速电压增加使得电子枪的电子光学聚焦性能改善,这也会导致束斑点功率密度的提高。综上所述,加速电压增加,则熔深增加,熔宽减小,深宽比增加。

3. 束流的影响

束流增加,将使得束斑点功率密度有所提高。但是束流增加的同时,又会使空间电荷扰动加剧,从而使电子枪的聚焦性能变差。综合作用的结果是,束流增加,熔深增加,熔宽也略微增加。

4. 聚焦电流的影响

通常电子束焊接均采用电磁透镜(线圈)对加速后的电子束流进行聚焦,通过聚焦线圈的电流称为聚焦电流。聚焦电流的大小决定了透镜对电子束的会聚程度,从而改变焦点的位置。因此聚焦电流对焊缝成形的影响主要通过改变焦点与材料表面的相对位置实现。

实际上,在电子束焦点附近,存在着一段束斑点大小变化不大,功率密度几乎相等的区域,称为活性区,焦点通常位于该活性区的中心,如图 3.12 所示。活性区的大小与电子枪的电子光学性能有关。

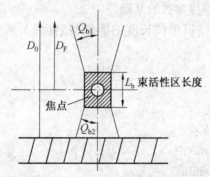

图 3.12 电子束活性区

图 3.12 中,D_0 也称为工作距离,即电子束出口距待焊材料表面的距离。D_F 为电子束焦点距离,把 D_0/D_F 的比值称为电子束的活性参数,以 a_b 表示。当 $a_b < 1$ 时,称为下聚焦;当 $a_b = 1$ 时,称为表面聚焦;当 $a_b > 1$ 时,称为上聚焦(散焦)。聚焦电流的变化,会影响到电子束活性区与工件作用位置及范围的改变,从而影响焊缝成形。电子束活性区对焊缝成形的影响如图 3.13 所示,可见在下焦点时,焊缝的深宽比最大。焦点位置对焊接熔深的影响由小到大的顺序为:上焦点、表面聚焦、下焦点。

从图 3.13 也可以发现,焦点位于材料表面以下一定距离内,焊缝的深宽比增大,超过一定的范围,下焦点的焊缝成形与上焦点趋于一致,通常在厚板焊接时,电子束焦点位于材料表面以下距离上表面 1/3 板厚的位置深宽比最大。

5. 焊接速度的影响

焊接速度增加,将使焊接线输入能量减少,从而使熔深及熔宽均减小。

6. 工作距离的影响

工作距离增加,为了实现深穿入式焊接,需减小聚焦电流,从而使焦距变大,导致电磁透镜的放大倍数增加,使聚焦性能恶化,从而束斑点功率密度会下降。这样,增加工作距离的结果,使得熔深减小,而熔宽增加。

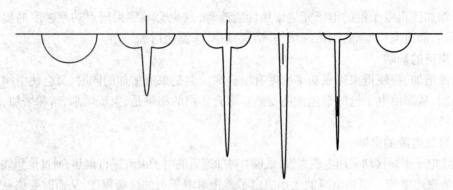

图 3.13 焦点位置变化对焊缝成形的影响

7. 对工艺参数的选择

对不同材料和厚度的零件进行电子束焊接时,为了获得一定焊透深度和宽度的焊缝,需要根据各工艺参数对焊缝成形的影响来对其进行选择。各工艺参数主要影响导向工件输入能量的多少,这是选择焊接参数的基础。

在焊接中,电子束的能量以单位长度的能量(线能量)来表示,单位为每焦耳厘米(J/cm),其公式为

$$q = \frac{60 U_b I_b}{v} \tag{3.4}$$

式中　q——线能量,J/cm;

　　　　U_b——加速电压,kV;

　　　　I_b——电子束束流,mA;

　　　　v——焊接速度,cm/min;

影响线能量的因素有加速电压、束流和焊接速度三个变量。我们要讨论的是对某一特定材料在不同的焊接速度下焊接,根据焊缝的深度要求输入多少线能量。

根据被焊工件的材料、厚度和服役要求等情况初步确定能量输入后,可以选择真空度、加速电压、电子束电流和焊接速度,使之相互协调。根据工作距离来选择聚焦电流的大小。

用不同的焊接设备焊接同一个零件,由于电子枪结构、加速电压和所能达到的真空度的差异,电子束的束流品质也不同,所采用的电子束焊接工艺参数也应该有所差异。即使对于同一台设备,焊接同一个零件也可能几组参数都适用。

对于同一台设备,加速电压一般固定不变,必需时也可作小幅调整。厚板焊接时,应采用下焦点焊接;薄板焊接时,应采用表面聚焦。

3.3　典型材料的连接

3.3.1　钢铁材料的电子束焊

1. 碳素钢

低碳钢由于含碳量以及合金元素的含量较少,焊接性能良好,焊接时不采用其他特殊

的工艺措施,只要选择合适的工艺参数即可获得优良的焊接接头。但在材料化学成分不合格,如含碳量、含硫量较高,或在低温条件下,也可能出现裂纹。

与传统电弧焊相比,电子束焊接接头的焊缝和热影响区的晶粒更加细小,接头性能更加优良。焊接沸腾钢时,需在对接面加入厚度为 0.2 ~ 0.3 mm 的铝箔,以消除气孔。半镇静钢焊接有时也会产生气孔,降低焊速,加宽熔池,有利于消除气孔。全镇静钢比较易于焊接。

中碳钢含碳量较高,焊缝易出现气孔和热裂纹,近缝区淬硬倾向大,易形成冷裂纹,焊后焊缝区硬度最高。为保证焊接质量,一般采取预热、缓冷或焊后后热等措施。

2. 低合金钢

非热处理强化钢含碳量较低,淬硬倾向小,易于进行电子束焊接,焊接时不需要进行预热和缓冷。

热处理强化钢和低合金高强度高,焊后淬硬倾向大,焊接时的主要问题是冷裂纹,且钢材强度越高,裂纹倾向越大。碳当量 $C_{eq} > 0.35$ 时,需要进行焊前预热和焊后后热。预热温度通常在 100 ℃ 以上,用散焦的电子束进行多次局部预热。

电子束焊接 45CrNiMoVA 钢时,预热温度控制在 100 ~ 150 ℃,焊后后热温度控制在 230 ~ 270 ℃,随炉冷却。

3. 不锈钢

(1) 奥氏体不锈钢

奥氏体不锈钢具有良好的焊接性能,但其焊接工艺选择不当,也可能出现热裂纹以及焊缝热影响区晶界析出碳化物而出现晶间腐蚀。奥氏体不锈钢采用电子束焊接时,由于冷却速度快,有助于抑制奥氏体中碳化物的析出,接头抗晶间腐蚀性能优良。

(2) 马氏体不锈钢

马氏体不锈钢由于在焊后形成硬的马氏体组织,淬硬倾向大,焊接裂纹敏感性高。为了降低焊接接头裂纹倾向,焊前需要进行散焦预热,预热温度为 200 ~ 400 ℃。

(3) 铁素体不锈钢

铁素体不锈钢不具有淬硬性,焊接性能良好。但靠近焊缝的金属会在焊接热作用下形成粗晶,使得接头常温时的延性和塑性下降。为了防止过热,铁素体不锈钢焊接时宜采用高焊速、小束流的工艺参数。

3.3.2 有色金属的电子束焊

1. 铝及铝合金

纯铝和非热处理强化铝合金非常适合于电子束焊接,由于能量集中,热影响区较窄,加热周期短,焊缝机械性能下降很小。

由于铝及铝合金表面的氧化膜中容易吸入水分和空气,电子束焊接时熔池结晶速度快而无法溢出,因此气孔是铝合金电子束焊接时的主要缺陷。此外在焊接热处理强化的铝合金时,也可能产生裂纹,接头性能有时会低于母材。

铝合金电子束焊接时,为避免气孔和裂纹缺陷的产生,通常采取以下措施。

① 焊前对工件用机械和化学方法进行除油和清除氧化膜处理,防止容易造成气孔或

夹渣的污物掺杂在焊缝金属中。

② 添加塑性较好的填充金属或具有抗热裂性能的填充金属。

③ 利用焊后固溶时效处理等热处理方法来恢复焊缝金属及热影响区的机械性能。

④ 选择最佳工艺参数,降低焊接速度,使焊缝尽量窄,减小热影响区宽度。

不同厚度的铝及铝合金板材真空电子束焊接工艺参数见表 3.1。

表 3.1　不同厚度的铝及铝合金板材真空电子束焊接工艺参数

板厚 δ /mm	加速电压 U /kV	束流 I_f /mA	焊接速度 v /(mm·s⁻¹)	板厚 δ /mm	加速电压 U /kV	束流 I_f /mA	焊接速度 v /(mm·s⁻¹)
1.3	22	22	3.1	19.1	40	180	16.9
3.2	25	25	3.3	25.4	50	250	23.3
6.4	35	95	14.7	50.0	30	500	1.6
8	60	33	8	60.0	30	1 000	1.9
10	55	76	8.3	152	30	1 025	0.3
12.7	26	240	16.7	300	100	300	4

2. 钛及钛合金

钛及钛合金的可焊性良好,只是容易在高温时吸收氢气、氧气和氮气,对熔化焊造成不利影响。电子束焊接在真空中进行,能够很好地避免上述问题,且钛合金电子束焊缝和热影响区窄,晶粒不会明显粗化,能够保证接头良好的性能。

为了提高焊接质量,钛合金电子束焊接时需要注意以下几点:

① 接头表面用浸酸法和超声波清洗,要尽量缩短从清洗到焊接的时间。

② 为了防止咬边,可在焊接端面边缘留有填料块,焊后用机械加工去掉。

③ 焊接工艺要合适,一般用散焦电子束流或偏转电子束流来修饰焊缝,消除咬边,为了较好地控制质量,防止晶粒长大,须采用高压、小束流。

不同厚度钛及钛合金板材电子束焊接工艺参数见表 3.2。

表 3.2　不同厚度钛及钛合金板材电子束焊接工艺参数

板厚 δ /mm	加速电压 U /kV	束流 I_f /mA	焊接速度 v /(mm·s⁻¹)	板厚 δ /mm	加速电压 U /kV	束流 I_f /mA	焊接速度 v /(mm·s⁻¹)
0.7	90	4	25.2	13	40	100	17.7
1.3	100	5	53.2	14	150	15.5	5
1.5	120	4.1	10	15	150	39	13.3
2	50	10	12	16	150	37	8.3
2.5	110	14	10	20	90	36 ~ 56	10 ~ 15
3	60	28	11.2	55	60	390 ~ 480	16.7 ~ 19.4
5	60	16	5.6	75	60	480	6.7
8.5	60	90	14	80	55	400	4.6
10	60	50 ~ 70	15.7 ~ 19.4	150	60	800	4.2

3. 铜及铜合金

铜及铜合金由于导热性好,液态时有较强的吸气性及一定的氧化性,且合金元素容易烧损,传统熔焊接头容易出现裂纹和气孔缺陷。电子束焊接时一般不加填充焊丝,冷却速度快,晶粒细小,热影响区小,且在真空环境中完全可以避免接头的氧化,焊缝的力学和物理性能可达到与母材同等水平。

电子束焊接含有 Zn、Sn、P 等低熔点元素的黄铜和青铜时,为了避免元素的烧损,应采用避免电子束直接长时间聚焦在焊缝处的焊接工艺,如采用上焦点焊接或采用摆动电子束的方法。

电子束焊接大厚度铜合金构件时,由于气体外逸而产生焊接飞溅、焊缝不成形等表面缺陷和气孔、裂纹等深度缺陷,可以采用散射电子束对焊缝成形进行修饰。焊接时,使电子枪与焊缝表面成一角度 α,使熔池表面略高于熔池底部来抑制焊缝金属的流动,从而降低焊接速度,加大熔深,提高焊接质量。

4. 镁及镁合金

由于镁合金的熔点低,且与沸点的温差小,焊接时在接头熔合区产生过热倾向,晶粒粗大,晶界存在一定数量的低熔点共晶体,从而削弱了接头的性能。电子束焊接时,由于能量密度高,镁容易蒸发,同时镁的蒸气压低,容易产生起弧现象,给焊接带来一定困难。含锌量大于 1% 的镁合金很难实现焊接。纯镁和镁合金电子束焊接接头的延伸率明显下降,焊缝处明显的脆化是镁合金电子束焊接需要解决的一个重要问题。

为了提高焊接质量,焊接时宜采用圆扫描或散焦束,使用相同合金作整体垫板或紧密配合的垫片。

AZ 系列镁合金电子束焊接时,Al 元素含量增加能提高焊缝的强度和显微硬度,但会降低韧性,这是因为熔合区内脆性的 γ 相($Mg_{17}Al_{12}$)含量增加,并由弥散分布变为聚集分布。对于三种 AZ 系列镁合金,接头最终强度(UTS)与最优焊接工艺参数大致有以下指数关系:

AZ31B:$UTS = 0.024U^{1.466}I_b^{1.507}/v^{0.854}$,

参数:50 kV/100 mA/60.6 mm/s 底部聚焦;

AZ61A:$UTS = 0.236U^{1.199}I_b^{1.092}/v^{0.676}$,

参数:50 kV/100 mA/60.6 mm/s 底部聚焦;

AZ91D:$UTS = 0.414U^{1.127}I_b^{0.944}/v^{0.533}$,

参数:40 kV/113 mA/73.3 mm/s 底部聚焦。

5. 高温合金

固溶强化型高温合金采用电子束焊接相对容易进行,对于沉淀强化型高温合金,电子束焊接时需要对工艺参数和工艺过程进行精确控制和设计。焊前状态最好为固溶状态或退火状态。

高温合金电子束焊接的主要缺陷是热影响区的裂化裂纹及焊缝中的气孔等。形成裂纹的概率与母材裂纹敏感性及焊接工艺参数和焊接件的刚度有关。

热影响区液化裂纹的产生主要是由于热影响区发生了 γ - γ′ 共晶反应,通过合金成分设计阻碍共晶反应的产生能够避免液化裂纹的产生。如在 TMS - 75 合金中加入 C 元素,能够改变初始结晶路径,有效阻碍 γ - γ′ 共晶反应的进行,所以 TMS - 75 + C 合金在电子束焊接时,裂纹敏感性明显低于 TMS - 75。在焊接工艺方面,用较小的焊接热输入,调整焦距,防止热影响区过热;控制焊缝形状,减小应力集中;添加抗裂性能好的焊丝也可以防止焊接裂纹的产生。

焊缝中的气孔形成与母材纯净度、表面粗糙度、焊前清理有关,在非穿透焊接时容易在根部形成长气孔。防止气孔的措施:加强铸件和锻件的焊前检验,在焊接端面附近不应有气孔、缩孔、夹杂等缺陷;提高对接面的加工精度;适当限制焊接速度;在允许的条件下,采用重复焊接的方法也可以消除气孔。

3.3.3　金属间化合物材料及复合材料的电子束焊

1. 金属间化合物材料

（1）钛铝化合物材料

现有钛铝金属间化合物能够用于实际应用的主要包括 TiAl 基和 Ti_3Al 基化合物材料。该种材料塑性较差,熔化焊时极易出现宏观裂纹,电子束焊接方法是焊接该种材料的最有前景的熔化焊方法。

TiAl 金属间化合物电子束焊接接头成形良好,焊道均匀,但焊后接头易出现宏观横向裂纹,其形貌如图3.14所示。裂纹形成的原因主要有两个方面:一方面 $\gamma - TiAl$ 本身滑移系少,位错运动和增殖困难,因而室温塑性低且变形能力差;另一方面是因为接头形成的铸造组织破坏了经合金化及热处理加工过的母材组织,并且焊后快速冷却造成大的结晶应力,导致开裂。

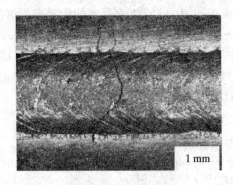

1 mm

图 3.14　TiAl 电子束焊接头裂纹形貌

采用一种复合控制电子束焊接方法能够得到无裂纹的 TiAl 金属间化合物接头。其具体步骤如下:采用添加隔热垫板、焊前逐级预热和随焊热处理的方式调控焊接热循环曲线,增加接头在高温区间的停留时间以改善组织;改变待焊试件的夹持方式以减小拘束,缓解和释放热致应力。

Ti_3Al 的电子束焊接工艺可采用 TiAl 电子束焊接的工艺过程。TiAl 和 Ti_3Al 电子束焊接接头都可以进行适当的热处理工艺,以改善接头组织,提高接头的综合力学性能。

（2）Ni_3Al 金属间化合物

Ni_3Al 基铸造、定向凝固高温合金电子束焊缝中存在焊接裂纹,包括宏观和微观两种形式,宏观裂纹包括横向裂纹和纵向裂纹;微观裂纹是存在于焊缝熔化区和熔化线附近的晶间热裂纹,如图 3.15 所示。

(a) 熔化区   (b) 熔合线附近

图 3.15　不同形式的微观裂纹

Ni_3Al 焊接裂纹可以从工艺方法的角度消除,其实质就是改善焊接时的应力因素,包括工艺规范、接头形式等。提高焊接速度和电子束的加速电压以及采用能量密度高的焦点焊接可减少焊缝的热输入,加快焊缝熔池的冷却速度,细化晶粒;另一方面,在焊缝中添加第三种金属,可以取得比焊缝金属抗裂性高的效果。

(3)Fe_3Al 金属间化合物

采用高能量输入电子束焊接 Fe_3Al 合金时,焊接过程中不产生热裂纹,焊后放置六个月无延迟裂纹和缺陷产生。

电子束焊接 $Fe-28Al-5Cr-0.5Nb-0.1C$ 合金熔化区组织细化,焊缝组织为典型的柱状晶,沿热传导方向生长,热影响区窄。控制焊接速度在 2 cm/s 以下,FA-124B、FA-127B 和 FA-129B 合金电子束焊接头均无裂纹出现。

2. 复合材料

电子束焊具有加热及冷却速度快、熔池尺寸小、存在时间短等特点,这对金属基复合材料的焊接特别有利。但由于熔池温度很高,焊接 SiC_p/Al 或 SiC_w/Al 复合材料时很难避免 SiC 与 Al 基体间的界面反应。

直接采用电子束焊接 $ZL101A/SiC_p/20p$ 颗粒增强铝基复合材料,难以获得好的焊缝成形,采用富 Si 非增强中间层,通过熔化中间层间接熔化两侧 SiC_p/Al,可以得到较理想的焊缝成形,焊接时应根据实际情况选取合理的中间层厚度、焊接速度、焊接电流及聚焦方式。但该方法的焊缝中容易产生气孔,快速焊接能使气孔形成受到部分抑制。

采用电子束焊接 $SiC_p/6061Al$ 复合材料时,界面容易反应生成 Al_4C_3 脆性相,镁元素汽化易形成气孔,采用低能量密度的焊接及对焊缝进行扫描有利于抑制脆性相和气孔的产生。

利用电子束焊接 Al_2O_3 颗粒增强的 Al-Mg 基或 Al-Mg-Si 基复合材料也可获得较好的效果。

3.3.4　难熔金属及非晶体材料的电子束焊

1. 难熔金属

难熔金属主要包括铼、钽、铌、钨和钼等,各自的熔点见表3.3。其中铼、钽、铌等容易用电子束进行焊接,而钼和钨则很难用电子束焊进行焊接,特别是在有拘束的条件下很容易出现裂纹。

表 3.3　部分难熔金属熔点

元　　素	铼	铌	钽	钼	钨
熔点 /℃	3 180	2 467	3 014	2 617	3 407

铌的熔点为 2 467 ℃,低于其他金属,因此最容易焊接,焊前不用预热,焊后可在真空炉内进行去应力退火来回复延性和韧性。

钽的熔点高,热传导性好,焊接性与铌相似,用电子束焊接钽时能得到优良的接头。在焊接 1.6 mm Ta-W12 合金时,接头力学性能有所下降,在电压 60 ~ 80 kV,束流 7 ~ 8 mA,焊接速度为 26.1 mm/s,采用单椭圆形扫描时,接头产生气孔缺陷,这主要是因为金属杂质的部分气化以及材料自己所含气体杂质共同形成的。适当调整工艺参数,采用高压电子束,在加速电压为 120 kV,束流为 10 mA,焊接速度为 18.6 mm/s,双椭圆形扫描时,接头中气孔缺陷消失,接头强度略低于母材强度。

钨的熔点高,对热冲击敏感,焊缝和热影响区室温下具有脆性,是难熔金属中最难焊接的,因此需要采取特殊的焊接工艺。焊前预热温度为 700 ~ 766 ℃,在加压状态下进行焊接,焊后松开夹具进行冷却,而后在 980 ~ 1 040 ℃ 去应力退火,采用比其他难熔金属稍宽的焊缝和稍低的焊接速度。电子束扫描频率为 60 Hz,振幅为 2.5 mm,有助于抑制晶粒长大。

钼的焊接性优于钨,焊缝金属由粗大的晶粒组成,从底部到顶部呈柱状晶体结构,热影响区晶粒度逐渐下降。焊前预热到 200 ℃ 或更高,焊后在 870 ~ 980 ℃ 去应力退火。

2. 非晶体材料

近年来已能用较低的冷却速度(1 ~ 100 ℃/s) 直接由熔体制取厚度 10 mm 的高玻璃形成能力的大块非晶合金。对于非晶材料的焊接,其重点在于防止焊缝和热影响区的晶化,从而丧失了非晶材料的优异性能。

在加速电压为 60 kV,电子束束流为 15 ~ 20 mA,焊接速度为 33 mm/s 的条件下,对 3.5 mm 厚的 $Zr_{41}Ti_{14}Cu_{12}Ni_{10}Be_{24}$ 非晶成功地进行了电子束焊接。热影响区和焊缝没有晶化,接头抗拉强度与母材相当,为 1 840 MPa。

对 $Zr_{50}Cu_{30}Ni_{10}Al_{10}$ 非晶材料进行电子束焊接时,为了得到较快的冷却速度以形成非晶态,焊接速度要控制在 100 mm/s 以上,束斑直径不能超过 1 mm。在加速电压为 70 kV,电子束流为 70 mA,焊接速度为 200 mm/s 时,焊缝和热影响区仍然保持非晶状态,接头最大强度达到 1 650 MPa,与母材相当。

3.3.5　异种材料的电子束焊

1. 可焊性及工艺

电子束焊接工艺的特点使得其在异种金属的连接中具有更大的优势。异种金属的电子束焊接性与进行焊接的两种金属的物理和化学性能差异有关,彼此能够形成固溶体的焊接性良好,彼此容易生成金属间化合物的则焊接性较差。各种常见异种金属组合采用电子束焊接的可焊性能见表3.4。

表 3.4　常见异种金属组合电子束焊接的可焊性

	Al	Au	Be	Co	Cu	Fe	Mg	Mo	Nb	Ni	Pt	Re	Sn	Ta	Ti	W	Zr
Ag	2	1	5	3	2	3	5	3	4	2	2	3	2	5	2	3	5
Al		5	2	5	2	5	2	5	5	5	5	4	2	5	5	5	5
Au			5	2	1	2	5	2	4	1	1	4	5	4	5	4	5
Be				5	5	5	5	5	5	5	5	5	5	5	5	5	5
Co					2	2	5	5	5	1	1	5	5	5	5	5	5
Cu						2	5	3	2	1	1	3	2	3	5	3	5
Fe							3	2	5	2	1	5	5	5	5	5	5
Mg								3	4	5	4	5	4	3	3	3	3
Mo									1	5	2	5	3	1	1	1	1
Nb										5	5	5	5	1	1	1	1
Ni											1	3	5	5	5	5	5
Pt												2	5	5	5	5	5
Re													5	5	5	5	5
Sn														5	5	3	5
Ta															1	1	2
Ti																2	1
W																	5

注:1～5表示焊接性的难易程度。1表示易于焊接,二者能完全互溶;5表示难以焊接,形成金属间化合物;2～4表示难易程度介于1～5之间

对于难以焊接的异种材料的电子束焊,主要采取以下两种工艺方法:

(1)过渡材料法

过渡材料法主要针对一些冶金上不相容的金属的连接,通过填充另一种(或几种)与两者皆相容的金属箔片(或金属丝)来改善接头的冶金性能,从而实现电子束焊接。添加过渡金属材料的方法可以通过机械镶嵌,也可以通过表面熔覆或者堆焊的方法。表3.5是电子束焊接异种金属接头常采用的过渡金属材料。

表 3.5　电子束焊接异种金属接头常采用的过渡金属材料

被焊异种金属	过渡层金属
镍合金(Ni) + 铌合金(Nb)	Pt
Mo + 钢	Ni
不锈钢 + Ti、Ni	V
硬质合金 + 钢	Co、Ni
黄铜 + 铅(Pb)	Sn
铝合金(Al) + 铜合金(Cu)	Zn、Ag
低合金钢 + 碳钢	10MnSi8
钢 + 钛合金(Ti)	Nb、青铜、V + Cu、Cu + Ni
紫铜(Cu) + 低碳钢	Ni、CuNi 合金
铝合金(Al) + 不锈钢	Ni、Ag
不锈钢 + CuNi 合金	镍基合金
Ta - W - Hf + W - Re - Mo	Mo
TZM(主要含 Mo) + Ni - Cr - W	Nb - Zr
钛合金(Ti) + 铼(Re)	Ti + Mo + Re 粉末熔覆

（2）能量精确控制法

能量精确控制法借助电子束焊接能量精确可控的特点,在焊接异种金属接头时控制能量在两侧金属的分布,从而控制两侧金属的熔化量。其主要控制方法包括偏束法和扫描轨迹控制法。偏束法指在焊接时通过焊枪的移动或偏转使电子束入射到某一侧母材上。扫描轨迹控制法则是通过控制线圈和扫描函数发生器,使电子束按照特定的轨迹扫描,从而控制能量的分布,如图3.16所示。

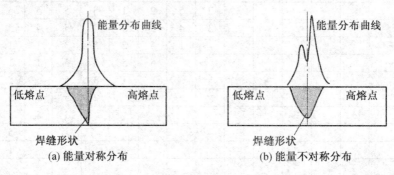

图3.16　接头两侧能量分布控制

对于熔点接近的两种材料,可将电子束指向接头中间,控制电子束扫描路径,使能量称对称分布。如果要求改变被焊材料的熔化量比,以改善接头组织性能时,也可采用偏束法或扫描轨迹控制法。

对于熔点差异较大的两种材料,为了防止低熔点材料的过分流失,可将电子束集中在熔点较高的母材一侧。

2. 异种材料电子束焊接实例

（1）同种金属不同系列

同种金属不同系列的合金由于添加合金元素的不同,在力学和化学性能上也表现出一定的差异,在某些场合下需要将不同系列的同种合金焊接起来以满足使用要求。

① 铝及铝合金。高纯铝在半导体集成电路制造业的溅射靶材的制造中有重要应用,但高纯铝成本高,细化晶粒难度大,为了节省制造成本,可以采用高纯铝与高强铝合金的焊接复合结构。

14 mm厚高纯AlCu0.5合金与6061合金进行电子束焊接,焊缝成形良好,通过合适的线能量输入,焊接接头具有较佳的显微组织和力学性能,能够满足实际需要。加速电压为68 kV,焊接过程采用圆形扫描方式。焊缝中没有发现Mg_2Si强化相的存在。接头拉伸断裂于AlCu0.5一侧,说明接头强度高于AlCu0.5母材。相对于纯铝,焊缝得到了强化。

纯铝1050与6061铝合金的电子束焊接,焊缝中出现裂纹,焊缝中的硅含量和镁含量分别与裂纹长度呈线性和抛物线关系。

② 镍基合金。镍基合金高温性能优良,主要用于航空发动机构件。航空发动机上的某些构件可通过线膨胀系数相差较大的异种高温合金的组合,使发动机在高速运转时完成主动间隙配合,从而提高发动机的性能。但在焊接时容易产生裂纹等缺陷。

镍基高温合金GH4169与铁基高温合金GH907电子束焊接时,焊接接头气孔缺陷不明显,主要的缺陷是液化裂纹。如不损失熔深,通常的调整参数方法不能消除钉尖缺陷。

液化裂纹的产生是由于奥氏体晶界存在连续的液化膜,这种液化膜主要来自于 GH4169 中的 NbC,GH907 中的富 Nb 及富 Si 的 Laves 相或 G 相。通过降低热输入,能够减少液化裂纹的产生。

③ 钢铁材料。碳钢与不锈钢焊接的主要目的是利用不锈钢的抗腐蚀性能,因此接头的抗腐蚀性是接头质量的重点。

690 钢与 SUS/304L 熔化焊焊缝的枝晶间包含细小的 TiN 沉淀和富 Ni-Cr 相。休氏试验发现,TiN 沉淀和富 Ni-Cr 相周围的基体是点蚀优先产生的区域。由于 EBW 过程中快速冷却,焊缝中形成的 TiN 沉淀和富 Ni-Cr 相相对较少,EBW 焊缝中只观察到有限的点蚀。此外,熔化区快速凝固不仅能抑制铬碳化物的析出,也能抑制晶界铬的损耗。结果表明,电子束焊缝的抗晶内腐蚀性和抗枝晶间腐蚀性明显优于 GTAW 焊缝。

此外,在空气和 0.01 mol/L 的 $Na_2S_2O_3$ 加上 1%(质量分数)NaCl 腐蚀环境中进行了低应变拉伸性能测试。拉伸断裂都位于熔化区。在腐蚀环境中的都低于空气中的抗拉强度和伸长率。断口形貌显示断裂模式由空气中韧窝断裂转变为腐蚀介质中的韧窝和断裂表面腐蚀面的混合。

铸铁能够实现近净成形,铸铁构件的形状几乎可以不受限制,因此将铸铁与其他钢焊接起来是减小构件尺寸的有效方法。然而铸铁焊接冷速较快时,容易生成大量的渗碳体,降低接头性能。

低碳钢 SS400 和球墨铸铁 FCD450 电子束焊接时,电子束打到铸铁表面铸铁熔化并快速冷却形成渗碳体,使得接头塑性下降。通过在对接面加入含大量 Ni 元素的铸铁薄片,能够阻止渗碳体的形成,接头抗拉强度可以达到 400 MPa,高于用 Fe-Ni 焊丝进行 MAG 焊时的 350 MPa。

④ 镁合金。异种镁合金电子束焊接时由于两种合金在熔池中的流动性不同而易产生微孔,从而使接头产生裂纹,与同种镁合金电子束焊接接头相比,强度和塑性都变差。Al 元素能够提高焊缝金属的流动性,从而有利于闭合微孔,对改善异种镁合金接头的强度和塑性有显著作用。

AZ31B-AZ61A、AZ31B-AZ91D 及 AZ61A-AZ91D 的电子束焊接时,铝元素含量高的组合,接头最终抗拉强度高,焊缝区域的显微硬度值也较高。

(2)能相互固溶的异种金属材料

对于能相互固溶的异种金属材料的电子束焊接比较容易实现。需要注意的是,焊接过程由于物理性能差异造成的焊接缺陷问题。为防止产生气孔与夹渣缺陷,焊前一般要进行酸洗或碱洗处理,清洗后,在真空箱中烘干,并在 24 h 内进行焊接。不同的合金要采用不同的酸洗或碱洗配方。

这一类异种金属的焊接最典型的就是钛合金与铌合金的焊接。钛和铌可形成固溶体组织,不会产生脆性金属间化合物。但两种合金的熔点差异大,热传导性能也有差别,两侧热输入相同时,会导致焊缝的几何尺寸不对称。因此,焊接时应减少钛合金一侧的能量输入,使电子束能量偏向熔点较高的铌合金一侧。

BT5-1 与 C-103 的电子束焊接时,扫描电子束在两侧采用不用的占空比控制两侧的热输入。在加速电压为 60 kV,聚焦电流为 496 mA,焊接速度为 8.72 mm/s,扫描幅值为 1.0 mm,C‑103 侧占空比为 0.9 时,接头熔合良好。

7715D 钛合金与铌合金 C‑103 进行电子束焊接时,为了补偿两种金属的物理性能差别,焊接时通过程序控制使电子束偏向铌合金一侧 0.25 mm,以达到良好的焊缝成形。接头显微组织为固溶组织,无金属间化合物生成。在焊接电压为 60 kV,束流为 35 ~ 40 mA,焊接速度为 25 ~ 30 mm/s 时,接头平均抗拉强度为 552 MPa,高于铌合金母材的强度,接头可弯曲 180° 而无裂纹出现。

(3)两种难以发生相互作用的异种金属材料

对于既不能形成金属间化合物,也不易形成固溶体的异种金属,由于物理性能的差异,焊接时容易形成焊接缺陷而导致开裂,且接头组织不均匀,因此对焊接工艺参数的精度要求更高。

这类合金焊接的典型是铜和钢的焊接,二者不易发生相互作用,但由于铜的膨胀系数和收缩率均很大,与钢焊接时热应力和组织应力较大,且两种金属在固相很难互溶,如果焊接时不能很好地控制母材的熔化量,极易在界面形成缺陷。同时,铜因其导热性极好而容易出现基材难以熔合、焊不透和表面成形差等缺陷。

Cu‑AISI304L、Cu‑AISI304 及 CuCrZr‑AISI 316L 进行电子束焊接,Cu 元素能够扩散进入钢奥氏体晶界,导致微裂纹产生,同时还有气孔出现。接头由两种非平衡的富铜相和含有 Fe、Cr、Ni 的奥氏体组成。优良的焊缝必须在精确优化的工艺参数下才能获得,包括热输入、焊道数目和焊接速度等。

采用焊前预热和铜侧偏束的方法对不等厚的 T2 紫铜(厚 34 mm)和 10# 钢进行电子束焊接。预热采用散焦电子束沿紫铜侧扫描进行。焊前多次预热,使紫铜温度达到 150 ~ 200 ℃,电子束偏 10 钢侧为 0.3 ~ 0.5 mm,在加速电压为 60 kV,电子束流为 50 ~ 100 mA,聚焦电流为 560 ~ 568 mA,焊接速度为 2 ~ 4 mm/s 的情况下,接头能够获得满意的焊缝成形。

采用钢侧偏束方法对等厚度的 QCr 0.8 和 1Cr21Ni5Ti 进行电子束焊接时,钢侧偏束量的大小对接头组织结构有显著影响,随着侧偏量的增加,接头组织趋向均匀。侧偏量的增大会使得铜侧焊缝成形变差,从而降低力学性能。钢侧偏量在 0.3 mm 左右最佳。从总体上看,该方法获得的接头强度总体水平还较低。采用电子束自熔钎焊对上述 QCr 0.8 和 1Cr21Ni5Ti 接头进行焊电子束接,调整电子束距对接面的距离可以改善接头的焊缝组织,在铜侧偏值达 0.8 ~ 1.0 mm 时,形成焊缝组织成分均匀,抗拉强度可达 330 MPa。

(4)形成金属间化合物等脆性相的异种金属材料

这类接头的两种金属间的物理及化学性能具有显著差异,这给熔焊带来了很大困难。焊接时易在接头区生成大量的金属间化合物等脆性相,给接头强度带来不利影响,甚至根本无法进行直接熔化焊接。

① 铝和钢。铝合金与钢焊接时易在接头区生成大量的 Fe‑Al 脆性金属间化合物,而且铝和钢熔点相差较大,得到成形良好的焊缝也比较困难。

通常采用加入 Cu、Ag 等中间层金属的方法来控制金属间化合物的生成,以改善接头的塑性。采用偏束的方法能够平衡铝钢物理性能的差异,也能改变两种金属的熔合比,改善接头组织和焊缝成形。

采用 100 μmCu 箔作为中间层对 2 mm 厚 LF2 铝合金和 Q235 钢进行电子束焊接时，Cu 对 Al/ 钢接头金属间化合物的抑制作用不明显。在电压为 55 kV，电子束流为 12 mA，焊接速度为 360 mm/min，聚焦电流为 2 500 mA 时，得到连接接头的强度为 75 MPa。

引入偏束焊技术对纯铝和 Q235 进行电子束焊接，偏束能够改变接头熔池的形状，对焊缝成形和接头组织都有一定的改善。在电压为 55 kV，电子束流为 16 mA，焊接速度为 660 mm/min，聚焦电流为 2 590 mA，并将束流偏向 Q235 钢一侧 0.5 mm 时，能获得的接头强度为 50 MPa，为母材纯铝的 70%。

② 铜和钛。对 QCr 0.8 和 TC4 进行电子束焊，焊缝中形成大量的钛铜金属间化合物，断裂发生在化合物层中，接头抗拉强度最大达到 82 MPa。采用偏束焊能够大幅度地提高二者的结合强度，在铜侧束偏量为 0.8 mm 时，接头塑性得到改善，接头强度达到 270 MPa。

由于 Cu 对钢的润湿铺展性较好，因此也可以考虑采用电子束自熔钎焊的方法对铜/钛异种金属接头进行焊接。

③ 钛和钢。由 Ti－Fe 相图可知，Fe 在 α－Ti 中的溶解度只有 0.04%，熔化焊接时接头中几乎全部由 Ti－Fe 金属间化合物组成，并在焊接热应力作用下发生开裂，无法实现连接。进行电子束焊接时可选用钒、铌或青铜作为中间材料，以改善接头组织。焊前严格清理被焊材料，可按焊接钛或钛合金的焊接参数选择工艺参数。焊接过程中也可采用偏束的工艺来改善焊缝成形和显微组织。

④ 钛和铼。铼属于稀有难熔金属，并具有较高的密度，良好的抗化学性能和稳定性，没有脆性转变温度，但非常昂贵且难以加工成形。钛合金与铼的复合结构在航空航天领域有很好的应用前景。

直接进行铼与钛合金的焊接，焊缝成形不良，在钛合金侧容易出现气孔，在铼侧出现裂纹。在铼侧容易出现 Ti_5Re_{24} 脆性相，而在钛侧则形成马氏体相，Re 含量超过 10% 时，焊缝中出现脆性的 ω 相，也会降低接头的塑性。为了改善接头性能，在焊接 Re 和 BT5－1 钛合金时，在 BT5－1 表面用电子束熔覆含有 Ti、Re 和 Mo 的粉末，然后采用焊前预热和焊后后热的方法对能量进行控制，接头成形良好，裂纹和气孔消除，Re、Mo、Ti 元素在接头中均匀变化。焊接束流的时序如图 3.17 所示。

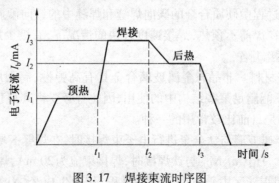

图 3.17　焊接束流时序图

（5）金属与陶瓷、化合物材料、非晶材料

① 金属与陶瓷。金属与陶瓷的真空电子束焊接是一种有效的焊接方法，在真空条件

下,能够防止空气的污染,有利于陶瓷与活性金属的连接,焊后气密性良好。陶瓷与金属的焊接接头容易在热应力作用下开裂,因此焊接时要注意减小焊接应力。

陶瓷与金属电子束焊接时要进行适当的焊前预热和焊后后热,以降低冷却速度,缓解残余应力。高纯 Al_2O_3 陶瓷与难熔金属(W、Mo、Nb、Fe-Co-Ni 合金)电子束焊接时,宜采用高压电子束焊机进行。

② 金属与化合物材料。

a. 钛铝与钛合金。钛铝金属间化合物由于塑性差,焊接时接头容易在热应力作用产生宏观裂纹,与其他金属焊接时注意控制焊缝及金属降温速率,以降低热应力,从而控制焊接裂纹的产生。

Ti-43Al-9V-0.3Y 与 TC4 电子束焊焊缝整体成形良好,两种材料熔化量略微存在差异,焊道弧纹均匀。TiAl 合金侧局部产生横向裂纹。焊缝中还常会形成气孔。焊缝区以 α-Ti_3Al 相为主。焊接速度的变化对接头抗拉强度的影响不大,而束流与抗拉强度的关系曲线存在峰值,在加速电压为 55 kV,束流为 22 mA,焊接速度为 400 mm/min 时,接头强度最高可达 210 MPa。

Ti_3Al 与 TC4 的焊接性优于 TiAl,电子束焊接接头无宏观焊接缺陷产生,焊接热输入通过影响晶粒尺寸而影响焊接接头强度,在保证熔深的情况下热输入越小,接头强度越高,接头最高抗拉强度为 831 MPa,达到 Ti_3Al 强度的 92%。

b. 钛铝与钢。γ-TiAl 和低合金钢的电子束焊接时,在热输入较大的情况下,由于热应力较大,焊缝出现固态裂纹,同时形成脆性相 TiC 和少量的 Ti_3Al 化合物。只有在焊接参数得到适当的控制,使得热应力减小或消除,才能得到无裂纹的接头,TiC 和 Ti_3Al 的形成才能减少到最低。

c. 钢与硬质合金。硬质合金与钢的连接可以解决其尺寸有限、形状简单、成本高、韧性差等不足。二者扩散焊时容易在界面处形成有害的 η 相(M_6C 形复合碳化物),使结合部位抗弯强度低。采用电子束焊接,由于冷却速度快,能在一定程度上控制元素的扩散,抑制有害相的产生。

YG30 硬质合金与 45 钢电子束焊接时,经焊前预热,采用较低焊接束流、较焊接速度慢的接头界面接合良好,没有焊接缺陷产生,但有 η 相生成。η 相在界面处聚集长大,厚度约为 10 μm。焊接过程中硬质合金的碳向焊缝和焊缝中的铁向硬质合金中的迁移是 η 相形成的主要原因。在焊前不预热,焊接速度较快的情况下,有极少量的 η 相生成,但接头容易产生裂纹等焊接缺陷。

③ 金属与非晶态材料。非晶态金属玻璃合金具有高弹性、高强度的特点,最大厚度可达几十毫米,但还不能满足某些结构中的使用,因此有必要将其与其他合金焊接起来。Zr 基非晶态金属玻璃是目前比较常用的一种。

将 Zr 基非晶态金属玻璃与钛合金进行电子束焊接时,在焊缝区域容易生成金属间化合物。5 mm 厚 $Zr_{41}Be_{23}Ti_{14}Cu_{12}Ni_{10}$ 与钛焊接时,焊接束流为 20 mA,焊接速度为 66 mm/s,接头没有缺陷产生,但焊缝区由于发生了结晶过程,从而生成 Zr_2Ni 金属间化合物,界面处有约 20 μm 的富 Ti 反应层,这主要是因为 Ti 的熔化量过大而导致的。弯曲破坏发生在界面处。采用非晶侧偏束的方法可以减少 Ti 的熔化量,从而可以避免晶界过程的发生。

在束流偏非晶侧 0.4 mm，相同参数下焊接 $Zr_{41}Be_{23}Ti_{14}Cu_{12}Ni_{10}$ 与钛，焊缝无缺陷，焊缝保持非晶状态，界面处存在约 10 μm 厚的 Ti、Zr 交互扩散层。弯曲发生在 Ti 侧。

电子束焊接 Ni、Zr 与 Zr 基非晶态金属玻璃时，也存在上述问题，采用偏束的方法也能实现可靠连接。

3.4 电子束焊接新技术

3.4.1 电子束钎焊

1. 原理和特点

真空电子束钎焊作为一种高质量、高效率、精确控制的焊接技术，对各种精密、复杂部件制造具有重要的意义。用电子束作为热源进行真空钎焊，就是用电子束高速扫描，使电子束由点热源转化为面热源，实现零件的局部高速均匀加热。该工艺具有普通真空钎焊无法比拟的优越性，如高温停留时间短、大大减少钎料对母材的溶蚀、输入能量精密可控、能量输入路径可任意编辑、焊接质量好、零件变形小、生产率高等。近年来，国外许多机构对此进行了较深入的研究，国内则随着电子束加工技术的日臻发展，也开始关注真空电子束钎焊的研究与应用。已通过电子束钎焊技术实现了镍基合金、陶瓷零件、碳－碳复合材料、立方氮化硼与碳化钨基体以及换热器管板结构的连接。

真空电子束钎焊的主要工艺参数包括束流、聚焦电流以及加热时间。其中束流和聚焦电流决定了热输入大小以及达到钎焊温度所用时间，即升温速率。

2. 温度测量与控制

真空电子束钎焊时需对电子束加热方式及钎焊温度、时间进行控制，特别是钎焊温度在线检测及闭环控制。

国内目前主要发展起来的一种控制系统组成如图 3.18 所示，该控制系统以工业控制计算机（IPC）为核心，通过接口电路将 PLC、红外测温仪、功率放大器和电子束偏转线圈与 IPC 连接起来，构成一个闭环的控制系统。受控电子束束流以特定路径对工件进行扫描加热，温度传感系统将检测数据反馈至工控机，工控机再根据反馈信号来调整电子束工

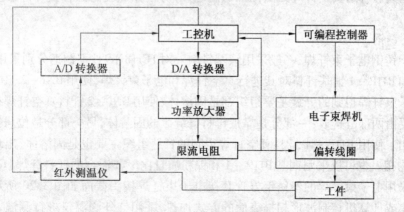

图 3.18　控制系统组成

艺参数,由此形成闭环控制系统。因此,本系统可看作由两个分系统组成,即电子束扫描分系统和电子束加热控制分系统。工业控制计算机作为上位机通过软件编程实现高层控制,主要的功能是设定电子束束流,加速电压,编辑电子束扫描路径(轨迹),通过 PLC 监控温度传感器测温数据,控制电子束焊接过程。在电子束钎焊过程中可以采用 PID 控制规律对钎焊温度进行闭环控制,只要适当选取 PID 参数,就可以得到满意的控制特性。图 3.19 是该系统得到的电子束扫描轨迹。

图 3.19   电子束扫描轨迹

3. 电子束钎焊实例

(1) 镍基合金

对镍基铸造高温合金 K465 进行了电子束钎焊,钎料选用镍基钎料 Bпp27 和 BNi – 2 两种,均为粉末状,用黏结剂将其调成膏状涂敷在试板中心位置,通过函数发生器使电子束扫描出圆形轨迹,对钎料周围进行加热。

电子束钎焊时束流对钎料的铺展面积影响最大,其次是时间,聚焦电流对钎料的铺展面积影响不大。采用 Bпp27 钎料对 K465 合金进行真空电子束钎焊时,在界面反应层中共生成五种产物:大量的镍基 γ 固溶体和 ($\gamma' + \gamma$) 共晶相,大量的富含 W 元素的 Ni_3B 和 CrB 相,以及少量的 NbC 相。化合物相以细小的块状弥散分布在镍基固溶体中。随着束流和加热时间的增加,接头抗剪强度呈现先增大再降低的趋势,当束流为 2.6 mA,加热时间为 560 s,聚焦电流为 1 800 mA 时,获得最大抗剪强度为 436 MPa 的钎焊接头。

该工艺具有普通真空钎焊无法比拟的优越性,有望在镍基高温合金叶片修复技术中得到应用。

(2) 不锈钢

对于不锈钢电子束钎焊,一般采用镍基钎料。对 1Cr18Ni9Ti 不锈钢分别采用 BNi – 2 镍基钎料和 BПP – 1 铜基钎料对其进行真空钎焊和电子束钎焊,使用 BNi – 2、BПP – 1 两种钎料电子束钎焊得到的钎缝主要组织都是固溶体;使用 BNi – 2 钎料真空钎焊得到的钎缝组织主要由两部分构成:一部分是靠近母材钎缝区的固溶体,另一部分是位居钎缝中心的化合物相。使用 BПP – 1 钎料真空钎焊得到的钎缝组织主要也是固溶体,出现部分脆性的化合物相。也可以采用铜基 BПP – 1 和镍粉质量比 3∶1 混合的钎料钎焊 1Cr18Ni9Ti 不锈钢。采用电子束钎焊的不锈钢方管套接电子束钎焊接头截面如图 3.20 所示。采用电子束散焦或计算机控制波形扫描表面的方式加热,并用红外测温仪进行测温。试验确定的钎焊温度为 1 140 ~ 1 200 ℃,在钎焊温度下保温一段时间后(2 ~ 3 min),采用真空室中缓冷的方式冷却到室温。为使熔化的钎料能够很好地流入接头间隙,以获得纵截面呈 L 形的焊缝,根据钎料和母材的特点以及接头形式等,确定钎焊间隙为 0.05 ~ 0.1 mm。从图 3.20 中可以看出,接头焊接良好,没有缺陷产生。

图 3.20　1Cr18Ni9Ti 不锈钢方管套接电子束钎焊接头截面

（3）钛合金 T 形接头电子束焊 – 钎焊复合焊

在飞机制造加工中,部分钛合金构件存在 T 形接头的结构形式,对于这种结构形式国内外多采用焊接技术进行拼焊,同整体数控加工相比,有加工成本低、周期短、生产效率较高、材料利用率高等优点。随着焊接技术的不断发展,俄罗斯、乌克兰及美国等国相继开展了电子束焊接钛合金 T 形接头技术的研究。但目前最新的研究方向是利用真空电子束焊与钎焊复合焊接技术焊接钛合金 T 形接头。其基本原理是电子束焊接前在平板与筋板之间,焊前安装适量钎料,利用电子束焊接时产生的热量对钎料进行加热,使其熔化、润湿、填充接头间隙并形成加强圆角。这是一种新型、先进的焊接技术,目前欧美发达国家已成功地将其应用到飞机壁板的制造中。该方法已经在压缩机叶轮的生产中得到应用。

3.4.2　电子束表面改性

近年来,利用电子束进行材料表面改性的方法发展得越来越迅速,主要包括电子束表面热处理、表面重熔、表面合金化和表面涂层等。

1. 电子束表面热处理

电子束表面热处理主要是对材料进行表面淬火,具体工艺过程是:用电子束直接轰击需要硬化的材料表面（0.1 ~ 2.0 mm 深度）,使表面温度迅速上升,达到相变温度以上后保持 0.5 ~ 1 s,切断电源使表面快速冷却,使材料表面获得具有压应力的马氏体组织,以提高表面硬度和耐磨性。

电子束淬火具有以下特点:

① 节能。对于汽车离合器凸轮的处理,电子束淬火只需要高频淬火能耗的一半以下,而对于 V8 发动机凸轮轴用电子束淬火,能耗仅为高频淬火的 1/6。

② 可选择表面淬火。由于电子束精确可控,可任意选择淬火部位进行加热,如深孔、复杂形状的局部、有台阶或倾斜的部位。

③ 表面硬度高。与高频淬火相比,虽然硬化层较浅,但可以获得相当高的硬度。

④ 工件变形小,可进行精加工后的表面淬火。

2. 电子束表面重熔

用电子束加热材料表面(0.1 ~ 0.3 mm 深度),使其达到材料的熔点以后,切断束流,使熔化的表面尽量快速凝固,从而改变表层金属的微观组织结构和性能。在急速冷却的情况下,甚至可以形成非晶态表层组织。

采用强流脉冲电子束对 316L 不锈钢表面进行重熔处理,可以有效地清除表层中的 MnS 夹杂物,使表层材料得到净化,界面电容下降,极化电阻升高,从而提高抗腐蚀性能。

在预涂有 C、Cr、Ti 或 TiN 粉末的铝和钢表面进行强流脉冲电子束重熔处理,材料表面预涂元素在热应力波的作用下扩散深度可达到 0.5 mm,从而显著提高了材料的摩擦疲劳性能。

采用低能高束流脉冲电子束对钛合金进行表面改性,可获得晶粒明显细化的表层熔化层和近表层热影响区。电子束脉冲电流和脉冲次数对表面熔化层厚度、区域大小、热影响区厚度以及晶粒尺寸起决定性作用,而对脉冲频率和加速电压影响较小。

3. 电子束表面合金化

用电子束加热材料表层和辅助材料到材料熔点以上,切断束流。随后的自淬火过程引起的快速凝固产生冶金过程,从而改变表层材料的化学成分、组织结构和力学性能。

利用强流脉冲电子束对 316L 医用不锈钢表面进行快速钛合金化时,将精细钛粉预涂在基体表面,然后用电子束进行后处理。电子束对表面快速加热熔化、混合,并产生增强扩散效应,钛融入基层表面形成一层富钛层,合金层由 α 相和 γ 相组成。经电子束表面钛合金处理后,该材料在模拟体液中的耐腐性能得到显著提高。

通过表面预涂 Si 粉,Ti + Si 粉的方法,对 TiAl 合金进行电子束表面合金化时,在表面形成以 Ti_5Si_3 为增强相,以 Ti_3Al、TiAl 为基体的表层改性层。Ti_5Si_3 相的数量及形态决定改性层的质量,Ti 粉的加入对应力缓解起到积极作用。经表面改性后,材料表层硬度显著提高,为基体的 2 ~ 3 倍。

对纯镁进行强流脉冲电子束表面铝合金化时,预先用气压喷枪将 200 目的铝粉均匀地喷涂在经超声清洗的纯镁表面。经强流脉冲电子束处理后,表层呈现胞状结构,形成富铝钝化膜,表面硬度提高,样品维钝电流密度减小两个数量级以上,抗腐蚀性能得到极大地提高。

4. 电子束表面涂层

用电子束加热材料表面及辅加材料达到两者的熔化温度以上,表层材料和辅加材料完全转化成液相,在随后的冷却过程中,在材料表面形成一层与基体化学成分、微观组织结构不同,并与基体牢固结合的涂层。

采用高能电子束重熔技术在 AZ91D 镁合金表面制备了 Al 涂层时,在电子束重熔过程中,Al、Mg 元素在涂层与基体间产生了明显的扩散,呈现交错的界面结合特征。涂层主要由熔覆区、合金化区和热影响区三部分组成,其中合金化层为典型的树枝晶结构。由于涂层中形成大量金属间化合物如 Mg_2Al_3、$Mg_{17}Al_{12}$,使硬度由基体的 70 ~ 80 $HV_{0.05}$ 提高到 220 $HV_{0.05}$。这些相的存在也显著地提高了 AZ91D 镁合金表面的耐蚀性能。

3.4.3 电子束快速成形及表面毛化

1. 电子束快速成形技术

快速成形技术（Rapid Prototyping Technology）是 20 世纪 80 年代中后期发展起来的一项新兴的先进制造技术，它集成了 CAD/CAM 技术、计算机数控技术、高能束技术、精密伺服驱动技术和新材料技术等现代科技成果，其核心思想是基于降维离散的方法，把任意复杂的三维实体通过切片处理，转换为二维平面的制造和沿成形方向做一维的层片叠加，实现物理原型的快速制造。

快速成形技术突破了"毛坯 → 切削加工 → 成品"的传统的零件加工模式，开创了不用刀具制作零件的先河，是一种前所未有的薄层叠加的加工方法。与传统的切削加工方法相比，快速成形加工具有以下优点：

① 可迅速制造出自由曲面和更为复杂形态的零件，如零件中的凹槽、凸肩和空心部分等，零件的复杂程度和生产批量与制造成本基本无关，大大降低了新产品的开发成本和开发周期。

② 属于非接触加工，不需要机床切削加工所必需的刀具和夹具，无刀具磨损和切削力影响。

③ 无振动、噪声和切削废料。

④ 可实现夜间完全自动化生产。

⑤ 加工效率高，能快速制作出产品实体模型及模具。

由于电子束的扫描速度很高，在同一层上材料的凝固几乎同时完成，因而成形件的内应力相应减小。用电子束进行快速制造不仅可用于零件的直接制造，还可以用来修复大的金属零件，因此得到了迅速的发展。

目前电子束快速成形技术主要包括电子束烧结快速制造技术和电子束实体自由制造技术。

电子束烧结快速制造技术利用金属粉末在电子束的轰击下部分熔化的原理实现分层扫描烧结，首先在铺粉平面上铺展一层粉末，然后电子束在计算机的控制下按照截面轮廓的信息进行有选择的烧结，金属粉末在电子束的轰击下被烧结在一起，并与下面已成形的部分黏结，如此层层堆积，直至整个零件全部烧结完成，最后去除多余的粉末便可得到所需的三维结构。图 3.21 为电子束烧结技术示意图。

利用电子束快速制造技术制备了 SiCp/A 复合材料，不仅可以发挥粉末冶金中颗粒组分可任意调节的特点，而且在真空环境下高能量密度的电子束液相烧结工艺可以使颗粒与基体的润湿性得到较大程度的改善，此外，无需工模具，能有效避免液态法制备复合材料浇注困难等缺点，成形件加工余量小，避免了脆性复合材料的二次加工。

利用电子束实体自由制造技术（Electron-Beam Freeform Fabrication，EBF）来制造具有高反射率的航空航天用合金，如镁合金和钛合金的结构件等。该技术利用聚焦电子束在金属基体上形成熔池，金属焊丝送入熔池中，如图 3.22 所示，可以精确地控制电子束的偏转和束流大小，因此能够很好地控制熔池的大小，并且使焊丝预热，到达熔池后再熔化。这种方法使原料几乎能达到 100% 的利用，能量的利用率也达到 95%。分别改变平移速度、送丝速度和电子束的能量这三个变量,可以得到不同的成形件。

图3.23所示为通过电子束实体自由制造技术制造的各种结构件。另外,电子束实体自由制造技术的应用领域还包括各种结构件的修复,特别是结构复杂或者高温金属构件,在一般条件下比较难成形,利用该技术可以节省时间、提高效率、节省材料和成本。

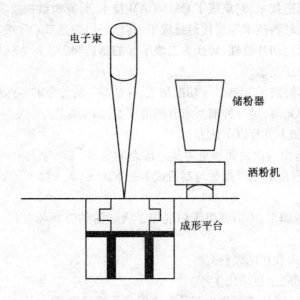

图3.21 电子束烧结技术示意图

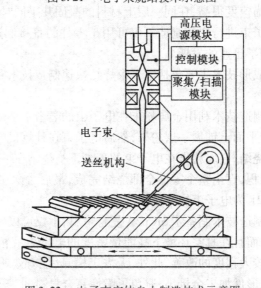

图3.22 电子束实体自由制造技术示意图

2. 表面毛化处理

英国焊接研究所(TWI)发明了一种工艺(Comeld™)来获得复合材料和金属的接头。该技术主要利用TWI的专利技术电子束表面毛化处理技术Surfi-Sculpt®来获得可靠的连接。

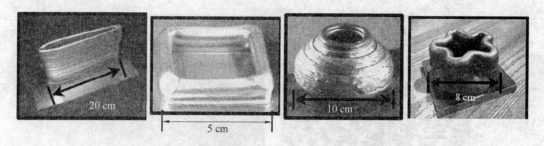

图 3.23 电子束实体自由制造技术制造的各种结构件

Surfi-Sculpt 是一种全新表面处理技术,工艺过程如图 3.24 所示。利用电磁快速聚焦线圈对电子束聚焦,并用偏转线圈对电子束进行快速偏转。高能电子束流作用到金属材料表面,金属表面熔化的同时电子束平移,熔化金属被束流推向熔池后方并隆起,熔池前方则形成凹坑。处理后的表面形貌如图 3.25 所示。

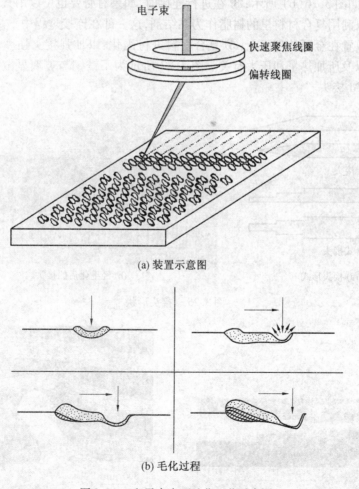

电子束

快速聚焦线圈

偏转线圈

(a) 装置示意图

(b) 毛化过程

图 3.24 电子束表面毛化工艺示意图

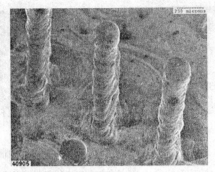

(a) 整体形貌   (b) 放大

图 3.25 电子束毛化表面形貌

    利用 Surfi-Sculpt 技术对金属和复合材料进行连接包括以下步骤:①金属接头部位要机械加工成图 3.26(a) 所示的形状样式;② 利用 Surfi-Sculpt 技术对接头加工部位进行表面毛化处理,如图 3.26(b) 所示;③ 在进行连接时,如果有必要也可以用其他的黏结剂进行黏结。可以利用复合材料里的树脂作为黏结剂,这一部在连接过程中不是必要步骤;④ 将复合材料放置在金属处理面上;⑤ 复合材料进行固化,以加强接头强度。固化工艺与采用的树脂以及所加热量和压力有关。图 3.27 所示为不锈钢与玻璃显微增强乙烯酯和聚酯的 Comeld 接头。

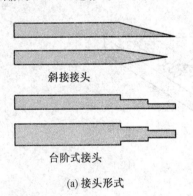

斜接接头

台阶式接头

(a) 接头形式

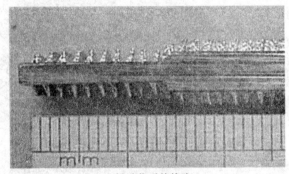

(b) 经毛化后的接头

图 3.26 接头形状

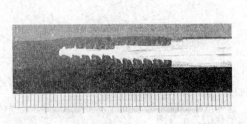

(a) 整体形貌

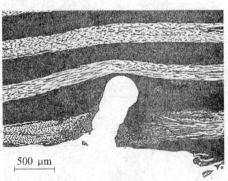

500 μm

(b) 界面放大

图 3.27 Comeld 接头形貌

利用该工艺还可以进行碳纤维增强塑料与铝合金和钛合金的连接。

拉伸结果与未经毛化处理接头进行了对比,玻璃纤维增强聚酯与不锈钢的 Comeld 接头强度明显提高,同时断裂吸收功也增加了 2 ～ 3 倍。对钛合金和碳纤维增强塑料的 Comeld 接头虽然强度没有提高,但断裂吸收功提高明显。断裂部位由原来的界面处变为复合材料内部。

3.4.4 非真空电子束焊接

非真空电子束焊在实际生产方面的应用已有几十多年的历史,能够解决真空电子束焊生产率较低和工件尺寸受真空室限制的缺陷,在工业生产中表现出了极大的优势。非真空电子束焊最初于1953年提出,随后于1954年在德国进行了演示试验。非真空电子束焊(NVEBW)最初被称作"常压电子束焊接(AEB)"和"真空外工件电子束焊接(WPOV)",焊接时将真空条件下产生的高能电子流在常压环境下轰击固定目标。这种工艺直接在常压下运用电子束,而不是像真空电子束工艺那样需要将工件放置在真空环境中。这样做不仅增强了电子束工艺的能力,使之适用于大批量生产的应用场合,而且也使之适用于大型和三维形状工件的焊接应用场合。

1. 非真空电子束焊接装置

目前,该方法主要采用一个多级抽真空系统(图 3.28),在高真空条件下产生电子束并将它传送到大气中。

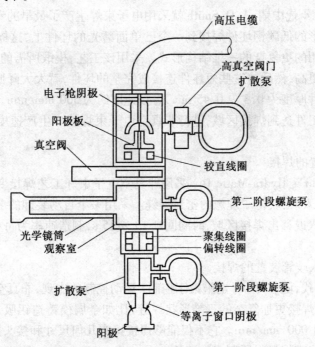

图 3.28　非真空电子束焊接装置示意图

差动抽动式非真空电子束焊的焊枪包括一个高真空电子束产生装置(采用一个三极管型焊枪生成电子束)和一系列独立的抽真空部件,这些部件用于提供给电子束一个分级的真空－大气传输路径。这样,当电子束产生后,它通过一系列气压不断增大的路径传输,再接入一组串列同心环形排列出射口,最终到达常压环境。沿着电子束传送路径分布的电磁聚焦和修正线圈,能够确保电子束从高真空到常压过程中完全穿过这些孔口。

在真空系统与气体环境之间加一等离子弧窗口,用以隔离大气与真空环境,这种方法的好处是可以不介入任何固体部件而实现隔离。这种等离子体窗口能够将3.85 bar的低压系统和九个大气压隔开。

电子束通过弧柱时,虽然电子束中的电子和弧柱中的气体分子会发生一些随机碰撞,但这些碰撞对电子束的影响不大,只是会造成电子束在传送过程中的能量损失和传送路径方向偏移。电子枪产生90%以上的电子束能量被传送到大气常压下。因此,一个非真空电子束焊系统的整个能量转换效率通常大于60%,这个值等于或大于大多数传统焊接方法的效率,也远远大于激光焊的效率。

差动抽运式NVEBW焊枪/弧柱系统横截面大约有18 in,长40 in,重约100 lb(包括所需的任何辐射屏蔽)。目前,这种系统能够安装在从垂直到水平的各种空间方位操作,且在操作过程中能够移动。它还可以在不利操作环境中进行可靠操作。

需要指出的是,虽然多年来研究了将电子束从真空传输至常压下的其他方法,但是这些方法对大多数在标准操作环境下进行批量工件操作生产应用来说都过于复杂。

2. 应用实例

(1)专用坯件的焊接

在20世纪60年代中期,A. O. Smith就采用电子束焊生产了最早的专用坯件。专用坯件焊接是将已成形的低碳钢坯件焊接到一个已单面磨光的坯件上,这样就能进一步深冲压成车架局部所用的更复杂的三维结构形式。采用该工艺,模锻所需的成形坯件更短,原材料的应用效率更高,然后将这些短坯件连接成完整的坯件,就大大降低了成品坯件的生产成本。焊接组件厚度为0.3～0.45 mm,焊接速度约为500 mm/min。采用一个传送带式夹具不断地将工件送到焊接区域,进行非真空电子束焊接。生产速度可以达到每小时焊接800个工件。

(2)变矩装置的焊接

GM Powertrain's Hydra-Matic Div采用非真空电子束好工艺焊接变矩装置的最终角焊缝,采用45°角人射,获得了理想的密封焊缝。采用一个自动装卸的多工位表盘索引传送装置将工件送入或移出焊接区域,时间间断13～15 s,制造速率为每小时235～275个工件。

(3)铸模吸入歧管装置的焊接

20世纪80年代,随着CNC(电脑数字控制)运动控制的出现,非真空电子束焊工艺也逐渐改进,适合于焊接更加复杂的三维形状焊缝,比如金属模铸造铝吸入歧管装置,焊接速度可达500～1 000 mm/min。它不仅能够焊接接头几何尺寸和接头路径复杂的工件,而且也能焊接一些难焊材料所制成的组件。

(4)催化转化器的焊接

另外一个难焊组件的例子是采用非真空电子束焊工艺制造催化转化器,对厚为0.12 mm,长度为125 mm的四层钢板,以大约750 mm/min的速度进行密封焊接。焊接时采用一个工装夹具,能产生 1 000 Pa 的压力,将工件的四层边缘紧紧挤压在一起,对每个边缘逐一进行了焊接。

参考文献

[1]李亚江,王娟,刘鹏. 特种焊接技术及应用[M]. 北京:化学工业出版社,2003.

[2]中国机械工程学会焊接学会. 焊接手册(第一卷):焊接方法及设备[M]. 2 版. 北京机械工业出版社,2001.

[3]SANDERSON A. Recent advances in high power non-vacuum electron beam welding proceedings[C]. 5th International Conference on Welding and Melting by Electron and Laser Beam,La Baule,1993.

[4]SCHULTZ H. Electron beam welding[M]. Cambridge:Abington Publishing,1994.

[5]MELEKA A H. Electron and laser beam welding:principles and practice[M]. London:Published for IIW by McGRAW-HILL,1986.

[6]王亚军. 电子束束流特性及其对焊缝成形影响的研究(一)[J]. 航空工艺技术,1996(1):9-12.

[7]POWERS D E. Nonvacuum electron beam welding enhances automotive manufacturing[J]. Welding Journal,1997,76(11):59-62.

[8]MLADENOV G,VUTOVA K,WOJCICKI S. Experimental investigation of the weld depth and thermal efficiency during electron beam welding[J]. Vacuum,1998,51(2):343-349.

[9]王之康,高永华,徐宾. 真空电子束焊接设备及工艺[M]. 北京:原子能出版社,1990.

[10]窦政平,谢志强,裴秋生,等. 45CrNiMoVA 钢真空电子束焊[J]. 焊接学报,2005,26(8):73-77.

[11]陈国庆. TiAl 金属间化合物电子束焊接接头组织及防裂纹工艺研究[D]. 哈尔滨工业大学,2007.

[12]毛智勇. 金属间化合物 Ni$_3$Al 的电子束焊接性研究[J]. 航空工艺技术,1999(增刊):34-37.

[13]郭绍庆,袁鸿,谷卫华,等. ZL101A/SiC$_p$/20p 电子束焊接工艺研究[J]. 材料工程,2004(12):16-21.

[14]余洋,郭鹏. Ta-W12 的真空电子束焊接工艺研究及缺陷分析[J]. 现代焊接,2003,32(3):15-17.

[15]金和玉. 电子束焊接钼及其合金[J]. 中国钼业,1994,18(4):21-25.

[16]KAGAO S,KAWAMURA Y,OHNO Y. Electron-beam welding of Zr-based bulk metallic glasses[J]. Materials Science and Engineering A,2004(375-377):312-31.

[17]SUN Z,KARPPI R. The application of electron beam welding for the joining of dissimilar metals:an overview[J]. Journal of Materials Processing Technology,1996(59):257-

267.

[18] 李少青, 张毓新, 王学东, 等. 基于电子束能量分布控制的异种金属连接[J]. 机械工程材料, 2005, 29(9): 35-38.

[19] 王亚军. 高温合金 GH4169/GH907 异种材料的电子束焊接[J]. 航空工艺技术, 1995,(2): 11-14.

[20] 王国庆, 张益坤. F151 和 1Cr18Ni9Ti 的电子束焊接[J]. 航天工艺, 1994(6):1-6.

[21] HATATE M, SHIOTA T, ABE N, et al. Bonding characteristics of spheroidal graphite cast iron and mild steel using electron beam welding process[J]. Vacuum, 2004(73):667-671.

[22] 胡振海, 朱铭德, 张建浩. 钛合金与铌合金的真空电子束焊接工艺研究[J]. 航天工艺, 2001(1): 10-15.

[23] MAGNABOSCO I, FERRO P, BONOLLO F, et al. An investigation of fusion zone microstructure in electron beam welding of copper-stainless steel[J]. Materials Science and Engineering A, 2006(224): 163-173.

[24] 张秉刚, 冯吉才, 吴林, 等. 钢侧束偏量对 QCr0.8/1Cr21Ni5Ti 电子束焊接头组织和性能的影响[J]. 焊接, 2004(6):14-19.

[25] 张秉刚, 何景山, 曾如川, 等. LF2 铝合金与 Q235 钢加入中间 Cu 层电子束焊接接头组织及形成机理[J]. 焊接学报, 2007, 28(6):37-41.

[26] 刘伟, 陈国庆, 张秉刚, 等. 铜/钛合金电子束焊接工艺优化[J]. 焊接学报, 2008, 29(5):89-93.

[27] YANG SHANGLEI, XUE XIAOHUAI, LOU SONGNIAN, et al. Electron beam welding of Re and BT5-1 titanium alloy[J]. Rare Metals, 2005, 24(3):293-297.

[28] 张秉刚, 陈国庆, 何景山, 等. Ti-43Al-9V-0.3Y/TC4 异种材料电子束焊接(EBW)[J]. 2007,28(4):41-45.

[29] 赵秀娟, 杨德新, 王浩, 等. 硬质合金与碳钢电子束对接焊接头的显微组织[J]. 机械工程材料, 2005,29(5):21-26.

[30] JONGHYUN K, KAWAMURA Y. Electron beam welding of the dissimillar Zr-based bulk metallic glass and Ti metal[J]. Scripta Materialia, 2007(56):709-712.

[31] JONGHYUN K, KAWAMURA Y. Electron beam welding of Zr based BMG/Ni joints: effect of beam irradiation pisition on mechanical and microstructural properties[J]. Journal of Materials Processing Technology, 2008(207):112-117.

[32] DILTHEY U, DORFMULLER J. Mircro electron beam welding[J]. Microsyst Technol, 2006(12): 626-631.

[33] 王学东, 李少青, 姚舜. 电子束钎焊温度场 PID 控制系统[J]. 材料科学与工艺, 2007,15(2):241-244.

[34] 王刚, 张秉刚, 冯吉才, 等. K465 镍基高温合金电子束钎焊润湿性及界面产物[J]. 焊接学报, 2008, 29(2):50-55.

[35] 解瑞军, 陈芙蓉, 刘军, 等. 不锈钢电子束钎焊和真空钎焊接头显微组织研究[J].

内蒙古工业大学学报,2008,27(1):39-43.

[36]李少青,张毓新,芦凤桂,等. 不锈钢管板接头电子束钎焊[J]. 焊接学报,2005,26(4):73-76.

[37]BROCHU M,WANJARA P. Transient liquid phase bonding of Cu to Cu-W composite using an electron beam energy source[J]. International Journal of Refractory Metals&Hard Materials,2007(25):67-71.

[38]李志远,钱乙余,张九海,等. 先进连接方法[M]. 北京:机械工业出版社,2000.

[39]朱效立,谢常青,赵珉,等. 电子束光刻制备 5000line/mm 光栅掩模关键技术研究[J]. 微细加工技术,2008(4):4-6.

[40]张可敏,杨大智,邹建新,等. 316L 不锈钢强流脉冲电子束表面改性研究[J]. 金属学报,2007,43(1):64-70.

[41]陈迎春,冯吉才. TiAl 合金电子束表面合金化层组织和性能研究[J]. 稀有金属材料与工程,2005,34(12):1969-1973.

[42]王广春,赵国群. 快速成形与快速模具制造技术及其应用[M]. 北京:机械工业出版社,2003.

[43]CORMIER D,HARRYSSON O,WEST H. Characterization of H13 steel produced via electron beam melting[J]. Rapid Prototyping Journal. 2004,10(1):35-41.

[44]WANJARA P,BROCHU M,JAHAZI M. Electron beam freeforming of stainless steel using solid wire feed[J]. Materials & Design. 2007(28):2278-2286.

[45]李晓娜. 非真空电子束焊五十年发展历程[J]. 现代焊接,2008(5):27-29.

[46]HERSHCOVITCH A. Non-vacuum electron beam welding through a plasma window[J]. Nuclear Instruments and Methods in Physics Research B,2005(241):854-857.

第4章　等离子弧焊接

等离子弧焊接(Plasma Arc Welding,PAW)是在钨极氩弧焊的基础上发展起来的一种焊接方法。这种方法在本质上是一种被压缩的钨极氩弧。由于等离子弧枪的喷嘴等外部拘束条件使得氩弧受到压缩,弧柱断面受到限制,使得弧柱的温度、能量密度显著提高,气体介质的电离更加充分,等离子流速也显著增大,这种被压缩的自由电弧称之为等离子弧。等离子弧既可用于焊接,又可以用于切割、堆焊及喷涂,在工业中有广泛的应用。

4.1　等离子弧的类型及等离子弧焊接的特点

4.1.1　等离子弧的类型

等离子弧是将自由钨极氩弧压缩强化之后获得的一种压缩电弧,其在物理本质上与自由电弧并无区别,仅仅是弧柱中电离程度有所不同。等离子弧具有能量集中(能量密度可达 $10^5 \sim 10^6 \, W/cm^2$)、温度高(弧柱中心温度可达 18 000 ~ 24 000 K)、焰流速度大(可达 300 m/s 以上)、刚直性好等特点。

等离子弧的压缩依靠水冷铜喷嘴的拘束作用来实现,等离子弧通过水冷铜喷嘴时受到下列三种压缩作用:

① 机械压缩。水冷铜喷嘴孔径限制了弧柱截面积的自由扩大,这种拘束作用就是机械压缩。

② 热压缩。喷嘴中的冷却水使喷嘴内壁附近形成一层冷气膜,进一步减小了弧柱的有效导电面积,从而进一步提高了电弧弧柱的能量密度及温度,这种依靠水冷使弧柱温度及能量密度进一步提高的作用就是热压缩。

③ 电磁压缩。由于以上两种压缩效应,使得电弧电流密度增大,电弧电流自身磁场产生的电磁收缩力增大,使电弧又受到进一步的压缩,这就是电磁压缩。

根据电源的连接方式,等离子弧分为非转移型电弧、转移型电弧及联合型电弧三种,如图4.1所示。非转移型电弧燃烧在钨极与喷嘴之间,焊接时电源正极接水冷铜喷嘴,负极接钨极,工件不接到焊接回路上(图4.1(a)),工作时依靠高速喷出的等离子气将电弧带出,适用于焊接或切割较薄的金属及非金属。

转移型电弧直接燃烧在钨极与工件之间,焊接时首先引燃钨极与喷嘴间的非转移弧,然后将电弧转移到钨极与工件之间,在工作状态下,喷嘴不接到焊接回路中(图4.1(b)),常用于焊接较厚的金属。

转移弧及非转移弧同时存在的电弧称为联合型电弧(图4.1(c))。联合型电弧在很小的电流下就能保持稳定,微束等离子弧采用了联合弧的形态,因此特别适合于薄板及超薄板的焊接。联合型等离子弧的获得方法:先获得非转移弧,然后产生转移弧,但是在转移弧产生的同时,不要切断非转移弧(不要切断喷嘴的正极电路),这样就可以得到非转移弧(也称为维持电弧)和转移弧(也称为工作电弧或焊接电弧)同时存在的联合弧。

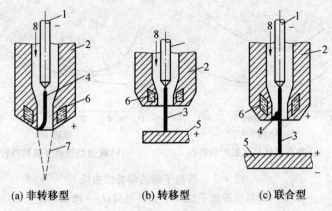

(a) 非转移型　　　　(b) 转移型　　　　(c) 联合型

图 4.1　等离子弧的类型
1— 钨极;2— 压缩喷嘴;3— 转移弧;4— 非转移弧;
5— 工件;6— 冷却水;7— 等离子弧焰;8— 离子气

4.1.2　等离子弧的静特性及对电源外特性的要求

1. 等离子弧的静特性

等离子弧的静特性曲线呈 U 形,如图 4.2(a) 所示,由于等离子弧受到强烈压缩,具有以下特点。

① 由于水冷喷嘴孔道的拘束作用使弧柱截面积受到限制,弧柱电场强度增大,电弧电压明显提高,U 形曲线的平特性段较自由电弧明显缩小。

② 喷嘴的形状和孔道的尺寸对静特性有明显影响。喷嘴孔径越小,U 形曲线的平特性段就越小,上升特性段的斜率增大,即弧柱的电场强度增大。

③ 离子气的种类和流量不同时,弧柱的电场强度将发生明显变化,因此等离子弧电源的空载电压应按所用离子气的种类而定。氮气作为离子气时对电源的空载电压的要求比氩气高。

④ 联合型等离子弧由于非转移弧为转移弧提供了导电通路,所以其静特性曲线下降特性斜率明显减少,如图 4.2(b) 所示。当非转移弧的电流 $I_2 \geq 1.5$ A 时,在焊接电流很小时已为平特性,因此小电流微束等离子弧应用联合型弧,以提高其稳定性。

2. 等离子弧对电源外特性的要求

等离子弧焊要求电源外特性与等离子弧的静特性配合,提供等离子弧稳定工作点和稳定的焊接参数,保证电弧稳定地燃烧,以及当弧长波动时,尽量使焊接参数变化小,特别是使焊接电流不能发生变化,因此要求电源应具有陡降或垂直下降的外特性。目前广泛采用具有陡降外特性的直流电源作为等离子弧焊接与切割的电源。微束等离子弧宜采用垂直下降特性电源。电源极性一般采用直流正极性。焊接铝及其合金等金属时采用方波交流电源。

为了使焊接过程稳定,要求电源具有较高的空载电压,空载电压的数值根据等离子弧

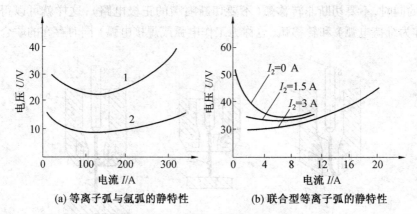

(a) 等离子弧与氩弧的静特性   (b) 联合型等离子弧的静特性

图 4.2　等离子弧的静特性曲线

1— 转移型等离子弧；2— 钨极氩弧；I_2— 维弧电流

的种类不同而有所不同。用纯氩作为离子气，电源空载电压为 65 ~ 80 V；用氢、氩混合气时，空载电压需 110 ~ 120 V。小电流微束等离子弧焊接时，维弧电源空载电压为 100 ~ 150 V，转移弧（主弧）电源空载电压约为 80 V。

3. 等离子弧焊接的特点

由于等离子电弧具有较高的能量密度、温度及刚直性，因此与一般电弧焊相比，等离子电弧具有下列优点：

① 熔透能力强，在不开坡口、不加填充焊丝的情况下可一次焊透 8 ~ 10 mm 厚的不锈钢板。

② 焊缝质量对弧长的变化不敏感，这是由于电弧的形态接近圆柱形，且挺直度好，弧长变化时对加热斑点的面积影响很小，易获得均匀的焊缝形状。

③ 钨极缩在水冷铜喷嘴内部，不可能与工件接触，因此可避免焊缝金属产生夹钨现象。

④ 等离子电弧的电离度较高，电流较小时仍很稳定，配用新型电子电源，焊接电流可以小到 0.1 A，因此可焊接微型精密零件。

⑤ 可产生稳定的小孔效应，通过小孔效应，正面施焊时可获得良好的单面焊双面成形。

等离子弧焊的缺点是：

① 可焊厚度有限，一般在 25 mm 以下。

② 焊枪及控制线路较复杂，喷嘴的使用寿命很低。

③ 焊接参数较多，对焊接操作人员的技术水平要求较高。

采用等离子弧可以焊接多种金属，如不锈钢、铝及铝合金、钛及钛合金、镍、铜、蒙耐尔合金等，可用钨极氩弧焊焊接的金属一般均可采用等离子弧焊进行焊接，这种焊接方法可用于航天、航空、核能、电子、造船及其他工业部门中。

4.2 双弧现象及防止措施

4.2.1 双弧现象

在等离子弧焊接过程中,正常的转移型等离子弧应稳定地燃烧在钨极和焊件之间。但有时会由于某些原因,在正常的转移弧之外又形成一个燃烧于钨极 – 喷嘴 – 焊件之间的串联电弧,这种现象称为双弧现象。如图 4.3 所示,从外部可以观察到两个电弧同时存在。

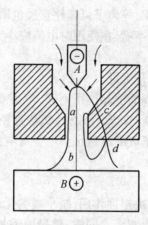

图 4.3 双弧现象

4.2.2 双弧的危害

焊接过程中一旦产生双弧,就可观察到电弧形态和焊接参数发生变化,其危害如下:

① 由于出现双弧,使主弧电流减小,电弧电压降低,减弱了等离子弧的穿透能力,从而严重影响焊缝成形。

② 破坏了等离子弧的稳定性,导致正常焊接过程的破坏。

③ 由于喷嘴成为串联电弧的电极,并导通串联电弧的电流,引起喷嘴过热,易导致喷嘴烧毁,造成等离子弧焊接过程中断。

因此,双弧现象的危害是很大的,分析双弧形成的原因以及防止产生双弧是非常重要的。

4.2.3 双弧产生的原因

关于双弧产生的原因有很多不同的假设,但是认识比较一致的是冷气膜的位障理论,即等离子弧稳定燃烧时,在等离子弧弧柱与喷嘴孔壁之间存在着由离子气所形成的冷气膜。这层冷气膜由于铜喷嘴的冷却作用,具有较低的温度和电离度,对弧柱向喷嘴的传热和导电都有较强的阻滞作用。冷气膜的存在,一方面起着绝热作用,可防止喷嘴因过热而烧坏;另一方面,冷气膜的存在相当于在弧柱和喷嘴孔壁之间建立起一个隔热绝缘的位障,使等离子弧稳定的燃烧在钨极和焊件之间,不会产生双弧。若在某种因素的影响下,冷气膜的位障被击穿,则隔热绝缘作用就会消失,双弧现象产生。根据电弧的最小电压原理可知,如果出现双弧现象,等离子弧导电通路 AB 之间的电压降必然大于串联电弧导电通路 $Ac - cd - dB$ 之间的电压降(图4.3)。

4.2.4　双弧的防止措施

双弧的形成主要由喷嘴结构设计不合理或者工艺参数选择不当造成。因此防止等离子弧产生双弧的主要措施有:

(1)正确选择电流

在其他条件不变时,增大电流,等离子弧弧柱直径也增大,使冷气膜厚度减小,故容易产生双弧。因此对于尺寸一定的喷嘴,在使用时电流应小于其许用电流,特别注意减少转移弧时的冲击电流。

(2)选择合适的离子气成分和流量

当离子气成分不同时,对电弧的冷却作用不同,产生双弧的倾向也不一样。例如,采用 $Ar + H_2$ 作为离子气时,由于氢的冷却作用强,弧柱直径减小,使冷气膜的厚度增大,因此不易产生双弧。同理,增大离子气的流量也会增强对电弧的冷却作用,从而减小产生双弧的可能性。

(3)喷嘴结构设计应合理

喷嘴结构参数对形成双弧起决定性作用,减小喷嘴孔径或增大孔道长度,会使冷气膜厚度减小而被容易击穿,故易产生双弧。同样,钨极内缩长度增加,也容易产生双弧。因此,设计时应注意喷嘴孔道不能太长;电极和喷嘴应尽可能对中,电极的内缩量也不能太大。

(4)喷嘴的冷却效果

如果喷嘴的水冷效果不良,必然会使冷气膜的厚度减小,从而容易引起双弧现象,因此喷嘴应该具有良好的冷却效果。

(5)喷嘴端面至焊件表面距离不能太小

如果此距离太小,则会造成等离子弧的热量从焊件表面反射到喷嘴端面,使喷嘴温度升高而导致冷气膜厚度减小,故容易产生双弧。

4.3　等离子弧焊的分类及设备组成

4.3.1　等离子弧焊的分类

根据所适用的焊接工艺,等离子弧焊可以分为穿孔型等离子弧焊、熔透型等离子弧焊、微束等离子弧焊、熔化极等离子弧焊、热丝等离子弧焊及脉冲等离子弧焊等。

(1)穿孔型等离子弧焊

穿孔型等离子弧焊又称为小孔型、锁孔型及穿透型等离子弧焊,如图4.4所示。它是利用等离子弧能量密度大、挺直性好、离子流冲击力大的特点,将工件完全熔透并产生小孔,离子流从背面小孔穿出。熔化金属在电弧吹力、液体金属重力、表面张力互相作用下保持平衡。当小孔随焊接速度向前移动时,在电弧的后方锁闭,形成完全焊透的焊缝。

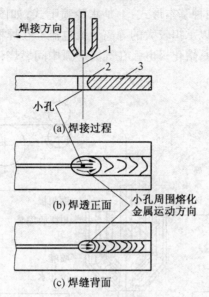

图 4.4　穿孔型等离子弧焊接

1— 等离子弧;2— 熔池;3— 焊缝金属

表 4.1 是等离子弧焊接一次可焊透的板材厚度。等离子弧的能量密度决定了可焊透板厚,由于等离子弧的能量密度有限,所以这种方法的适用性也受到一定程度的限制。

表 4.1　等离子弧焊接一次焊透的板材厚度

材料	不锈钢	钛及钛合金	镍及镍合金	低合金钢	低碳钢
焊接厚度 /mm	≤ 8 ~ 10	≤ 12	≤ 6	≤ 7	≤ 8 ~ 10

（2）熔透型等离子弧焊

熔透型等离子弧焊又称为熔入型、熔融型等离子弧焊,是离子气流量较小、弧柱压缩程度较弱的一种等离子弧焊。在焊接过程中,只熔化工件,没有小孔效应。焊缝成形过程与钨极氩弧焊类似,随着焊枪的向前移动,熔池金属凝固形成焊缝,因此适于单面焊双面成形和厚板多层焊。

（3）微束等离子弧焊

微束等离子弧焊又称为针状等离子弧焊,指电流在 30 A 以下的熔透型等离子弧焊接。为了提高等离子弧的稳定性,采用小孔径压缩喷嘴(直径为 0.6 ~ 1.2 mm)联合型等离子弧。采取相应措施后,焊接电流小于 1 A 仍能获得稳定的焊接电弧与焊接过程。微束等离子弧焊特别适合于薄板和细丝的焊接。焊接不锈钢时,最小厚度可以到 0.025 mm。但是熔点和沸点低的金属与合金,如铅、锌等不适合等离子弧焊接。

（4）熔化极等离子弧焊

熔化极等离子弧焊是等离子弧与熔化极电弧焊相组合的一种焊接方法。熔化极等离子弧焊的优点是焊丝受等离子预热,熔化功率大,焊接速度高。熔化功率和工件上的热量输入可以单独调节。熔化极直流电源采用直流反接时有去除氧化膜的"阴极破碎"作用，所以这种方法特别适用于焊接铝、镁及其合金。

熔化极等离子弧焊有两种基本形式：一是水冷喷嘴式，如图 4.5 所示，水冷喷嘴在强烈的直接水冷却条件下，可以承担较大的等离子弧电流。在焊枪体中间送入一熔化极，熔化极与工件间接一直流电源，熔化极电弧在等离子弧中间燃烧，等离子弧起到了预热焊丝的作用，熔敷效率很高。

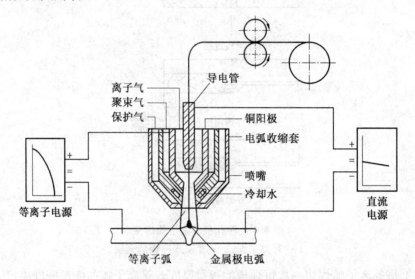

图 4.5 水冷喷嘴式熔化极等离子弧焊

图 4.6 为哈尔滨工业大学设计的熔化极等离子弧焊的水冷喷嘴式焊枪，并且采用热电偶测量穿过等离子弧的熔化极焊丝温度，发现等离子弧对焊丝的加热量可以占到总能量的 20%，等离子弧对焊丝的加热量与焊丝电阻热之和为常规 MIG 焊电阻热的 11 ~ 17 倍。这说明熔化极等离子弧焊接时，等离子弧对焊丝预热作用显著。与常规 MIG 焊相比，在相同送丝速度条件下等离子弧熔化极焊接的熔化系数较大，阳极产热较小，可以实现高的焊丝熔化速度。

图 4.6 水冷喷嘴式焊枪实物图

另外一种形式是钨极式熔化极等离子弧焊，如图 4.7 所示，也就是在钨极和工件之间接有直流电源和高频引弧器，等离子弧在钨极与工件之间燃烧。熔化极与工件之间接有直流电源,熔化极电弧在等离子弧中燃烧。在焊接导热性强的金属材料时,还可以在工件和喷嘴之间加一降压特性直流电源加热工件。

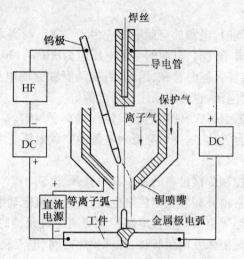

图 4.7 钨极式熔化极等离子弧焊

除上面四种以外,还有用单独平特性交流电源加热填充焊丝的热丝等离子弧焊以及将焊接电流调制成基值电流和脉冲电流的脉冲等离子弧焊。

4.3.2 等离子弧焊的设备组成

等离子弧焊接设备由焊接电源、等离子弧发生器(焊枪)、控制电路、供气回路及供水回路等组成。自动等离子弧焊接设备还包括焊接小车或其他自动工装。图 4.8 为典型手工等离子弧焊接设备的组成图。

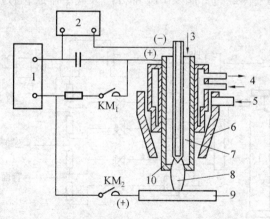

图 4.8 典型手工等离子弧焊接设备的组成图

1— 焊接电源;2— 高频振荡器;3— 离子气;4— 冷却水;5— 保护气;6— 保护气罩;
7— 钨极;8— 等离子弧;9— 工件;10— 喷嘴;KM_1、KM_2— 接触器触头

1. 弧焊电源

等离子弧焊接设备一般采用具有垂直外特性或陡降外特性的电源,以防止焊接电流

因弧长的变化而变化,获得均匀、稳定的熔深及焊缝外形尺寸。一般不采用交流电源,只采用直流电源,并采用正极性接法。与钨极氩弧焊相比,等离子焊所需的电源空载电压较高。

采用氩气作等离子气时,电源的空载电压应为60 ~ 85 V;当采用 Ar + H₂ 或氩与其他双原子的混合气体作等离子气时,电源的空载电压应为110 ~ 120 V。采用联合型电弧焊接时,由于转移弧与非转移弧同时存在,因此,需要两套独立的电源供电。利用转移型电弧焊接时,可以采用一套电源,也可以采用两套电源。

一般采用高频振荡器引弧,当使用混合气体作等离子气时,应先利用纯氩引弧,然后再将等离子气转变为混合气体,这样可降低对电源的空载电压要求。

2. 控制系统

控制系统的作用是控制焊接设备的各个部分按照预定的程序进入、退出工作状态。整个设备的控制电路通常由高频发生器控制电路、送丝电机拖动电路、焊接小车或专用工装控制电路以及程控电路等组成。程控电路控制等离子气预通时间、等离子气流递增时间、保护气预通时间、高频引弧及电弧转移、焊件预热时间、电流衰减熄弧、延迟停气等。

3. 供气系统

等离子弧焊接设备的气路系统较复杂,由等离子气路、正面保护气路及反面保护气路等组成,而等离子气路还必须能够进行衰减控制。为此,等离子气路一般采用两路供给,其中一路可经气阀放空,以实现等离子气的衰减控制。采用氩气与氢气的混合气体作等离子气时,气路中最好设有专门的引弧气路,以降低对电源空载电压的要求。图4.9为采用混合气体作等离子气时等离子弧焊接的气路系统图。引弧时,打开气阀 DF₂,向等离子弧发生器中通以纯氩气,电弧引燃后,再打开电磁气阀 DF₁,使氢气也进入储气筒中,此时等离子气为 Ar + H₂,通过针阀及电磁气阀 DF₆ 可实现等离子气衰减。当焊接终了时,DF₆打开,等离子气路中的气体经过针阀及 DF₆ 部分向大气中排放,通过调节针阀4可调节衰减速度。

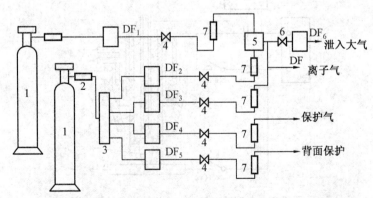

图4.9　采用混合气体作等离子气时,等离子弧焊接的气路系统图
1— 气瓶;2— 减压阀;3— 气体汇流筒;4— 调节阀;5— 储气筒;6— 针阀;7— 流量计;DF₁ ~ DF₆— 气阀

等离子气及保护气体通常根据被焊金属来选择。大电流等离子弧焊接时,等离子气及保护气体通常采用相同的气体,否则电弧的稳定性将变差。表4.2列出了大电流等离

子弧焊焊接各种金属时所采用的典型气体。小电流等离子弧焊接通常采用纯氩气作等离子气。这是因为氩气的电离电压较低,可保证电弧引燃容易。表 4.3 列出了小电流等离子弧焊时常用保护气体。

表 4.2　大电流等离子弧焊常用等离子气及保护气体

金属	厚度/mm	焊接技术	
		穿孔法	熔透法
碳钢	< 3.2	Ar	Ar
(铝镇静钢)	> 3.2	Ar	25% Ar + 75% He
低合金钢	< 3.2	Ar	Ar
	> 3.2	Ar	25% Ar + 75% He
不锈钢	< 3.2	Ar 或 92.5% Ar + 7.5% H_2	Ar
	> 3.2	Ar 或 95% Ar + 5% H_2	25% Ar + 75% He
铜	< 2.4	Ar	He 或 25% Ar + 75% He
	> 2.4	不推荐[①]	He
镍合金	< 3.2	Ar 或 92.5% Ar + 7.5% H_2	Ar
	> 3.2	Ar 或 95% Ar + 5% H_2	25% Ar + 75% He
活性金属	< 6.4	Ar	Ar
	> 6.4	Ar + (50% ~ 70%) He	25% Ar + 75% He

① 由于底部焊道成形不良,这种技术只能用于铜锌合金

表 4.3　小电流等离子弧焊时常采用的保护气体(等离子气为氩气)

金属	厚度/mm	焊接工艺	
		穿孔法	熔透法
铝	< 1.6	不推荐	Ar 或 He
	> 1.6	He	He
碳钢(铝镇静钢)	< 1.6	不推荐	Ar 或 75% Ar + 25% He
	> 1.6	Ar 或 25% Ar + 75% He	Ar 或 25% Ar + 75% He
低合金钢	< 1.6	不推荐	Ar、He 或 Ar + (1% ~ 5%) H_2
	> 1.6	25% Ar + 75% He 或 Ar + (1% ~ 5%) H_2	Ar、He 或 Ar + (1% ~ 5%) H_2
不锈钢	所有厚度	Ar、25% Ar + 75% He 或 Ar + (1% ~ 5%) H_2	Ar、He 或 Ar + (1% ~ 5%) H_2
铜	< 1.6	不推荐	75% Ar + 25% He 或 He 或 75% H_2 + 25% Ar
	> 1.6	He 或 25% Ar + 75% He	He
镍合金	所有厚度	Ar、25% Ar + 75% He 或 Ar + (1% ~ 5%) H_2	Ar、He 或 Ar + (1% ~ 5%) H_2
活性金属	< 1.6	Ar、He 或 25% Ar + 75% He	Ar
	> 1.6	Ar、He 或 25% Ar + 75% He	Ar 或 25% Ar + 75% He

4. 水路系统

由于等离子弧的温度在 10 000 ℃ 以上,为了防止烧坏喷嘴并增加对电弧的压缩作用,必须对电极及喷嘴进行有效的水冷却。冷却水的流量不得小于 3 L·min^{-1},水压不小于 0.15 ~ 0.2 MPa。水路中应设有水压开关,在水压达不到要求时,切断供电回路。

5. 焊枪

等离子弧焊枪是等离子弧发生器,对等离子弧的性能及焊接过程的稳定性起着决定

性作用。焊枪主要由电极、电极夹头、压缩喷嘴、中间绝缘体、上枪体、下枪体及冷却套等组成。最关键的部件为喷嘴及电极。

(1) 喷嘴

等离子弧焊设备的典型喷嘴结构如图 4.10 所示。根据喷嘴孔道的数量,等离子焊喷嘴可分为单孔型(图 4.10(a)、(c))和三孔型(图 3.10(b)、(d)、(e))两种。根据孔道的形状,喷嘴可分为圆柱形(图 4.10(a)、(b))及收敛扩散型(图 4.10(c)、(d)、(e))两种。大部分焊枪采用圆柱形压缩孔道,而收敛扩散型压缩孔道有利于电弧的稳定。三孔型喷嘴出了中心主孔外,主孔左、右还有两个小孔。从这两个小孔中喷出的等离子气对等离子弧有一附加压缩作用,使等离子弧的截面变为椭圆形。当椭圆的长轴平行于焊接方向时,可显著提高焊接速度,减小焊接热影响区的宽度。

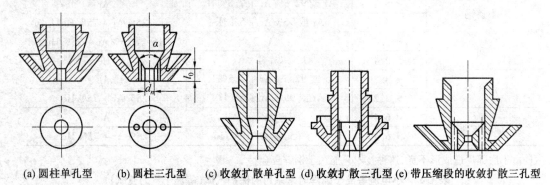

(a) 圆柱单孔型　(b) 圆柱三孔型　(c) 收敛扩散单孔型　(d) 收敛扩散三孔型　(e) 带压缩段的收敛扩散三孔型

图 4.10　等离子弧焊喷嘴的结构形状

d_n — 喷嘴孔径;l_0 — 喷嘴孔道长度;α — 压缩角

最重要的喷嘴形状参数为压缩孔径及压缩孔道长度。

① 喷嘴孔径 d_n。d_n 决定了等离子弧的直径及能量密度,应根据焊接电流大小及等离子气种类及流量来选择。直径越小,对电弧的压缩作用越大,但太小时,等离子弧的稳定性下降,甚至导致双弧现象,烧坏喷嘴。表 4.4 列出了各种直径的喷嘴所许用的电流。

表 4.4　各种直径的喷嘴所许用的电流

直径 /mm	0.6	0.8	1.2	1.4	2.0	2.5	2.8	3.0	3.2	3.5
许用电流/A	≤ 5	1 ~ 25	20 ~ 60	30 ~ 70	40 ~ 100	~ 140	~ 180	~ 210	~ 240	~ 300

② 喷嘴孔道长度 l_0。在一定的压缩孔径下,l_0 越长,对等离子弧的压缩作用越强,但 l_0 太大时,等离子弧不稳定。通常要求孔道比 $\dfrac{l_0}{d_n}$ 在一定的范围之内,见表 4.5。

表 4.5　喷嘴的孔道比及压缩角

喷嘴孔径 d_n/mm	孔径比 $\dfrac{l_0}{d_n}$	压缩角 α/(°)	等离子弧类型
0.6 ~ 1.2	2.0 ~ 6.0	25 ~ 45	联合型电弧
1.6 ~ 3.5	1.0 ~ 1.2	60 ~ 90	转移型电弧

③ 锥角 α。锥角 α 又称为压缩角,实际上对等离子弧的压缩影响不大,30°～180°范围内均可,但最好与电极的端部形状配合来选择,保证将阳极斑点稳定在电极的顶端,以

免等离子弧不是在钨极顶端引燃而是缩在喷嘴内。

（2）电极

等离子弧焊接一般采用钍钨极或铈钨极，有时也采用锆钨极或锆电极。钨极一般需要进行水冷，小电流时，采用间接水冷方式，钨极为棒状电极；大电流时，采用直接水冷，钨极为镶嵌式结构。

棒状电极端头一般磨成尖锥形或尖锥平台形，电流较大时还可磨成球形，以减少烧损。表 4.6 给出了棒状电极的允许用电流。镶嵌式电极的端部一般磨成平面形。为了保证电弧稳定，不产生双弧，钨极应与喷嘴保持同心，而且钨极的内缩长度 l_g 要合适（$l_g = l_0 \pm 0.2$ mm）。

表 4.6　不同直径棒状电极的许用电流

电极直径/mm	电流范围/A	电极直径/mm	电流范围/A
0.25	小于 15	2.4	150 ~ 250
0.50	5 ~ 20	3.2	250 ~ 400
1.0	15 ~ 80	4.0	400 ~ 500
1.6	70 ~ 150	5.0 ~ 9.0	500 ~ 1 000

4.4　等离子弧焊接工艺

等离子弧的高温、高能量密度和高穿透能力等特性，赋予了该热源在材料焊接与切割领域有特殊的应用优势，如穿孔型等离子弧焊接、微束等离子弧焊接、有色金属与不锈钢的切割等。

1. 穿孔型等离子弧焊接

穿孔型等离子弧焊是等离子弧焊接的主要形式。这种工艺最大的优点是不需衬垫等强迫成形手段，即可实现 100% 熔透的单面焊双面成形，穿孔型焊接只适用于单道焊接（或打底焊道）。

穿孔型等离子弧焊接和小孔效应需要足够大的电弧能量才能形成。为保证焊缝正反面成形均良好，穿孔焊接工艺参数的正确选择和精确控制是关键。主要工艺参数选择原则如下：

① 由材料和板厚选择焊接电流，再根据电流确定喷嘴孔径及喷嘴主要结构参数。焊接电流太小，小孔直径减小甚至不能形成小孔，难以保证完全熔透；电流过大，小孔直径太大，熔池金属可能失去平衡而流失，将不能实现焊接而可能是切割，还可能产生双弧，电极寿命降低。喷嘴结构参数一定时，实现稳定的小孔焊接存在一个适宜的电流范围，并且要与离子气的流量进行匹配，如图 4.11（a）所示。

② 离子气流量对提高电弧的刚度和穿透能力有重要影响，在与电流匹配条件下应足够大。但太大可能造成切割状态，太小则不能形成小孔效应。在 Ar 气中加入少量 H_2 或 He，可以增强电弧的穿透能力。

③ 焊接速度 v_w 应与焊接电流和等离子气流量相匹配，如图 4.11（b）所示，一般焊接速度与焊接电流、等离子气流量成正比。焊速过高，小孔会消失，并且出现未焊透缺陷，还

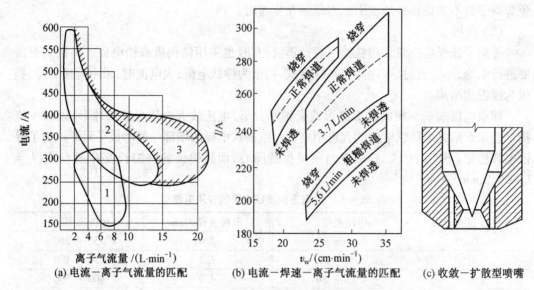

(a) 电流－离子气流量的匹配   (b) 电流－焊速－离子气流量的匹配   (c) 收敛－扩散型喷嘴

图 4.11　小孔焊接的参数匹配

可能引起焊缝两侧咬边和出现气孔。

④ 喷嘴高度一般取 3 ~ 5 mm,过高会降低穿透能力,过低会造成喷嘴上飞溅物聚集。

⑤ 保护气流量除了影响保护作用以外,还会对等离子弧的稳定性有一定的影响,应与离子气流量有一个恰当的比例。

应用穿孔型等离子弧焊接时,如果板厚大于表 4.7 所示的极限板厚,则需要开坡口进行焊接。如图 4.12 所示,可采用大钝边 V 形坡口,焊接时应该严格控制装配间隙、钝边高度及错边量等,采用填丝方式时可以适当降低装配精度。

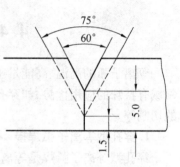

图 4.12　10 mm 厚不锈钢采用等离子弧焊(实线)与 TIG 焊(虚线)的坡口

表 4.7　小孔等离子弧焊不开坡口极限板厚

焊件材质	钛及钛合金	镍及镍合金	不锈钢	低碳钢	低合金钢
极限焊接板厚/mm	13 ~ 18	18	13 ~ 18	10 ~ 18	18

2. 熔入型等离子弧焊接

熔入型等离子弧焊接与穿孔型等离子弧焊接相比,具有焊接参数"软"(电流和离子气流量小,电弧穿透力较弱)、焊接参数波动对焊缝成形的影响较小、焊接过程稳定性高、焊缝成形系数较大、热影响区较宽、焊缝变形较大等特点。一般用于薄板、超薄板、角焊缝和多层焊的填充及盖面焊道焊接。

3. 微束等离子弧焊接

通常把焊接电流在 15 ~ 30 A 以下的熔入型等离子弧焊称为微束等离子弧焊接。由于喷嘴(孔径小于等于 1 mm)的拘束作用和采用联合型等离子弧,使小电流的细等离子弧(弧柱直径小于 1 mm)燃烧十分稳定,弧长可以达 30 mm 以上,已经成为焊接金属箔、细丝的首选方法。为了防止焊接变形和保证焊接质量,应注意设计合理的焊接接头形式和精密装卡。常用的微束等离子弧焊接工艺参数见表4.8。

表4.8 常用的微束等离子弧焊接工艺参数

材料	板厚/mm	焊接电流/A	焊接电压/V	焊接速度/(cm·s⁻¹)	离子气Ar/(L·min⁻¹)	保护气体/(L·min⁻¹)	喷嘴孔径/mm	备注
不锈钢	0.025	0.3		0.21	0.20	8(Ar+$H_2$1%)	0.75	卷边焊
	0.075	1.6		0.25	0.20	8(Ar+$H_2$1%)	0.75	
	0.125	1.6		0.63	0.28	7(Ar+$H_2$0.5%)	0.75	
	0.175	3.2		1.29	0.28	9.5(Ar+$H_2$4%)	0.75	
	0.250	5.0	30	0.53	0.50	7Ar	0.60	
	0.2	4.3	25	—	0.40	5Ar	0.80	对接焊(背面有铜衬垫)
	0.1	3.3	24	0.62	0.15	4Ar	0.60	
	0.25	6.5	24	0.45	0.60	6Ar	0.80	
	1.0	8.7	25	0.45	0.60	11Ar	1.20	
	0.75	10		0.21	0.28	9.5($H_2$1%+Ar)	0.75	
	1.2	13		0.25	0.42	7(Ar+$H_2$8%)	0.80	
镍合金	0.15	5	22	0.50	0.40	5Ar	0.6	对接焊
	0.56	4~6		0.25~0.33	0.28	7(Ar+$H_2$8%)	0.8	
	0.71	5~7		0.25~0.33	0.28	7(Ar+$H_2$8%)	0.8	
	0.91	6~8		0.21~0.29	0.33	7(Ar+$H_2$8%)	0.8	
	1.20	10~12		0.21~0.29	0.38	7(Ar+$H_2$8%)	0.8	
钛	0.75	3		0.25	0.2	8Ar	0.75	对接焊
	0.20	5		0.25	0.2	8Ar	0.75	
	0.37	8		0.21	0.2	8Ar	0.75	
	0.55	12		0.42	0.2	4.2Ar	0.90	
不锈钢丝	φ0.75	0.9~1.7		—	0.28	7(Ar+$H_2$15%)	0.75	搭接时间1 s
	φ0.75							端接时间0.6 s
镍丝	φ1.2	0.1			0.28	7Ar	0.75	搭接热电偶
	φ0.37	1.1			0.28	7Ar	0.75	
	φ0.37	1.0			0.28	7(Ar+$H_2$2%)	0.75	
钽丝与镍丝	φ0.5	2.5	—	焊一点0.2 s	0.20	9.5Ar	0.75	点焊
紫铜	0.025	0.3	—	0.21	0.28	9.5(Ar+$H_2$0.5%)	0.75	卷边
	0.075	0.10		0.25	0.28	9.5(Ar+He75%)	0.75	对接

4. 脉冲等离子弧焊

脉冲等离子弧焊一般采用频率为50 Hz以下的脉冲弧焊电源,脉冲电源的主要形式有晶闸管式、晶体管式及逆变式。与一般等离子弧焊相比,脉冲等离子弧焊的优点如下。

① 由于施加脉冲,焊接过程更加稳定。

② 焊接热量输入易于控制,能够更好地控制熔池,保证良好的焊缝成形。

③ 焊接热影响区小,焊接变形小。

④ 脉冲电弧对熔池具有搅拌作用,有利于细化晶粒,降低焊接裂纹的敏感性。

⑤ 可进行全位置焊接。

脉冲等离子弧焊接的工艺参数有脉冲电流(I_p)、基值电流(I_b)、脉冲频率(f)及脉冲宽度 $\dfrac{t_p}{t_p + t_b}$ 脉冲等离子弧焊适于管道全位置焊接、薄壁构件及热敏感性强的材料的焊接。典型脉冲等离子弧焊的工艺参数见表4.9。

表4.9　脉冲等离子弧焊的工艺参数

材料种类	试板厚度/mm	I_b/A	I_p/A	f/Hz	$\dfrac{t_p}{t_p + t_b}$	离子气流量/(L·min⁻¹)	焊接速度/(cm·s⁻¹)
不锈钢	3	70	100	2.4	12/21	5.5	0.67
	4	50	120	1.2	21/35	6.0	0.42
钛	6	90	170	2.9	10/17	6.5	0.34
	3	40	90	3	10/16	6.0	0.67
不锈钢波纹管膜片	0.05 + 0.05 (内圆)	0.12	0.5 ~ 1.2	10	2/5	0.6	0.75
	0.05 + 0.05 (外圆)	0.12	0.55	10	2/5	0.6	0.58

4.5　典型材料的等离子弧焊

4.5.1　高温合金的等离子弧焊

固溶强化和Al、Ti含量较低的时效强化高温合金等离子弧焊时可以填充焊丝,也可以不加焊丝,均可以获得良好质量的焊缝。厚板一般采用穿孔型等离子弧焊,薄板采用熔透型等离子弧焊。焊接时可以采用氩或者氩氢混合气体作为保护气体和等离子气,加入氢气可以增加电弧功率,提高焊接速度,氢气的加入量一般在5%左右。焊接时如果需要填充焊丝,焊丝的牌号选用与钨极惰性气体保护焊的选用原则一致。高温合金等离子弧焊的工艺参数与焊接奥氏体不锈钢的工艺参数基本相同,应该注意控制焊接热量输入。典型镍基高温合金等离子弧焊的工艺参数见表4.10,高温合金等离子弧焊接接头的力学性能较高,接头的强度系数一般大于90%。

表4.10　典型镍基高温合金穿孔法等离子弧焊接工艺参数

高温合金	厚度/mm	离子气流量/(L·min⁻¹)	焊接电流/A	焊接电压/V	焊接速度/(cm·s⁻¹)
76Ni-16Cr-8Fe	5.0	6.0	155	31	0.72
	6.6	6.0	210	31	0.72
46Fe-33Ni-1Cr	3.2	4.7	115	30	0.77
	4.8	4.7	185	27	0.68
	5.8	6.0	185	32	0.72

4.5.2　铝及铝合金的等离子弧焊

等离子弧焊接铝合金时可以采用直流反接或交流,矩形波交流焊接电源应用较广,一般采用氩气作为等离子气和保护气体。纯铝、防锈铝等离子弧焊的焊接性良好,硬铝的等离子弧焊接性尚可。为提高焊缝质量应注意以下几点。

① 焊前要加强对焊件、焊丝的清理,防止氢溶入产生气孔,还应加强对焊缝和焊丝的保护。

② 交流等离子弧焊的许用等离子气流量较小,流量大时等离子弧的吹力过大,铝液态金属杯向上吹起,形成凹凸不平或不连续的凸峰状焊缝。为了加强钨极的冷却效果,可以适当加大喷嘴孔径或选用多孔型喷嘴。

③ 当板厚大于 6 mm 时,要求焊前预热 100 ~ 200 ℃;当板厚较大时,用氦气作为等离子气或保护气可以增加熔深。

④ 需要的垫板和压板最好用导热性不好的材料制造(如不锈钢),防止散热过快。同时多道焊时,焊完前一道焊道后应用钢丝刷清理焊道表面至露出纯净的铝表面,然后再焊下一道。表 4.11 为纯铝交流等离子弧焊工艺参数。

表 4.11　纯铝交流等离子弧焊工艺参数

板厚 /mm	钨极为负极		钨极为正极		气体流量 /(L·min⁻¹)		焊接速度 /(cm·s⁻¹)
	焊接电流 /A	时间 /ms	焊接电流 /A	时间 /ms	等离子气	保护气	
0.3	10 ~ 12	20	8 ~ 10	40	0.15 ~ 0.2	2 ~ 3	0.70 ~ 0.83
0.5	20 ~ 25	30	15 ~ 20	30	0.2 ~ 0.25	2 ~ 3	0.70 ~ 0.83
1.0	40 ~ 50	40	18 ~ 20	40	0.25 ~ 0.3	3 ~ 4	0.56 ~ 0.70
1.5	70 ~ 80	60	25 ~ 30	60	0.3 ~ 0.35	3 ~ 4	0.56 ~ 0.70
2.0	110 ~ 130	80	30 ~ 40	80	0.35 ~ 0.4	4 ~ 5	0.42 ~ 0.56

4.5.3　钛及钛合金的等离子弧焊

厚度为 2 ~ 15 mm 的钛及钛合金板材采用穿孔型等离子弧焊可一次焊透,并可有效地防止产生气孔;熔透型方法适于厚板多层焊,但一次焊透的厚度较小,板厚 3 mm 以上一般需要开坡口。使用等离子弧焊接钛及钛合金,由于等离子弧的能量密度介于钨极氩弧和电子束之间,用等离子弧焊接钛及钛合金时热影响区较窄,焊接变形也容易控制。微束等离子弧焊已经成功地用于钛合金薄板的焊接,用 3 ~ 10 A 的焊接电流可以焊接 0.08 ~ 0.6 mm 的板材。单道氩弧焊焊接工件的厚度不超过 3 mm,同时由于钨极距离熔池较近,容易发生夹钨缺陷。而等离子弧焊接时,不开坡口就可以焊接厚度达 15 mm 的接头,并且没有焊缝渗钨现象。

表 4.12 是 TC4 钛合金等离子弧焊接与 TIG 焊接接头力学性能的对比。对焊接航天工程中应用的 TC4 钛合金高压气瓶的研究结果表明,等离子弧焊接的接头强度与氩弧焊相当,强度系数均为 90%,但塑性指标比氩弧焊接头高,可达母材的 75%。

表4.12　TC4钛合金等离子弧焊和TIG焊接接头力学性能

材料	抗拉强度/MPa	屈服强度/MPa	伸长率/%	断面收缩率/%	冷弯角/(°)
TC4钛合金	1 072	983	11.2	27.3	16.9
等离子弧焊接头	1 005	954	6.9	21.8	53.2
氩弧焊接头	1 006	957	5.9	14.6	6.5

注:氩弧焊的填充金属为TC3,等离子弧不填丝,拉伸试样均断裂在热影响区过热区

参考文献

[1]李亚江,王娟. 特种焊接技术及应用[M].3版. 北京:化学工业出版社,2011.

[2]英若彩. 焊接生产基础[M].北京:机械工业出版社,2006.

第5章　扩散连接

5.1　扩散方程

5.1.1　菲克第一定律

扩散过程是由于原子的无规则运动导致物质由系统的一部分传输到另一部分的过程。1855 年,阿道夫 – 菲克(Adolf-Fick)在实验的基础上总结了各向同性介质中扩散过程所遵循的规律:在单位时间内通过垂直于扩散方向单位截面积的物质流量(称为扩散通量)与该截面处的浓度梯度成正比,即菲克第一定律。设扩散沿 x 方向进行,则菲克第一定律的数学表达式为

$$J = - D \frac{\partial C}{\partial x} \tag{5.1}$$

式中　J——扩散通量,$kg/(m^2 \cdot s)$ 或原子数 $/(m^2 \cdot s)$;

　　　D——扩散系数,m^2/s;

　　　C——扩散组元的体积浓度,kg/m^3 或体积原子数 $/m^3$;

　　　$\frac{\partial C}{\partial x}$——扩散组元浓度沿 x 方向的变化率,称为浓度梯度。

负号表示扩散方向与浓度梯度方向相反,即扩散由高浓度区向低浓度区进行。

式(5.1)表示的菲克第一定律推广到三维空间时为

$$J = - D \left(\frac{\partial C}{\partial x} \boldsymbol{i} + \frac{\partial C}{\partial y} \boldsymbol{j} + \frac{\partial C}{\partial z} \boldsymbol{k} \right) = - D \nabla C \tag{5.2}$$

若体系扩散是各向异性的,则菲克第一定律可写为

$$J = - \left(D_x \frac{\partial C}{\partial x} \boldsymbol{i} + D_y \frac{\partial C}{\partial y} \boldsymbol{j} + D_z \frac{\partial C}{\partial z} \boldsymbol{k} \right) \tag{5.3}$$

式中　D_x、D_y、D_z——x、y、z 方向的扩散系数;

　　　$\boldsymbol{i}$、$\boldsymbol{j}$、$\boldsymbol{k}$—— 三个方向的单位矢量。

菲克第一定律主要应用于处理各类稳态扩散的问题($\frac{\partial C}{\partial x}$ 和 J 不随时间变化),对于各点浓度不随时间改变的一维稳态扩散,式(5.1)可以写为

$$J = - D \frac{dC}{dx} \tag{5.4}$$

对于多维稳态扩散常常需要复杂的计算,这里讨论一种空心圆柱体的简单情况。将一个纯铁制成的空心圆柱体置于加热炉中进行加热保温,并在柱体内通入渗碳气体,这样碳原子就会从柱体内壁渗进而从外壁逸出。经一段时间保温后,碳原子的扩散将达到稳

态。即沿圆柱体的横截面从内到外各点的浓度值不随时间变化（$\frac{\partial C}{\partial t} = 0$）。此时，单位时间通过圆柱壁的碳量$\frac{\mathrm{d}m}{\mathrm{d}t}$为一定值。假设圆柱体长度为$l$，则碳原子经过圆柱体半径为$r$处的扩散通量为

$$J = \frac{\mathrm{d}m}{\mathrm{d}t}\frac{1}{2\pi rl} \tag{5.5}$$

结合式（5.4）可得

$$\frac{\mathrm{d}m}{\mathrm{d}t} = -D2\pi rl\frac{\mathrm{d}C}{\mathrm{d}r}$$

或

$$\frac{\mathrm{d}m}{\mathrm{d}t}\frac{\mathrm{d}r}{r} = -2\pi lD\mathrm{d}C \tag{5.6}$$

当$r = r_1$时，$C = C_1$；当$r = r_2$时，$C = C_2$。将式（5.6）积分，有

$$\frac{\mathrm{d}m}{\mathrm{d}t}\ln\frac{r_2}{r_1} = -2\pi lD\mathrm{d}(C_2 - C_1) \tag{5.7}$$

显然，当扩散为稳态扩散时应用菲克第一定律相当方便，而实际上大多数扩散过程都是在非稳态条件下（$\frac{\partial C}{\partial x}$和$J$随时间变化）进行的，这样菲克第一定律的应用将受到限制。

5.1.2　菲克第二定律

对于各点浓度随时间变化的非稳态扩散，尽管菲克第一定律仍然有效，但用它来处理非稳态扩散问题很不方便。为此，在菲克第一定律的基础上，利用扩散物质质量平衡的原理导出了适于对此类扩散问题求解的菲克第二定律，其表达式为

$$\frac{\partial C}{\partial t} = \frac{\partial}{\partial x}\left(D\frac{\partial C}{\partial x}\right) \tag{5.8}$$

该式为一个描述一维扩散的二阶偏微分方程，若扩散系数D为常数，则可以简化为

$$\frac{\partial C}{\partial t} = D\frac{\partial^2 C}{\partial x^2} \tag{5.9}$$

将菲克第二定律推广到三维空间时为

$$\frac{\partial C}{\partial t} = \frac{\partial}{\partial x}\left(D_x\frac{\partial C}{\partial x}\right) + \frac{\partial}{\partial y}\left(D_y\frac{\partial C}{\partial y}\right) + \frac{\partial}{\partial z}\left(D_z\frac{\partial C}{\partial z}\right) \tag{5.10}$$

菲克第二定律以微分形式给出了浓度与位置、时间的关系。针对不同的扩散问题，通过对上述微分方程的求解，便可得到浓度与位置、时间之间的具体函数关系。这里以低碳钢渗碳处理为例说明菲克第二定律在半无限长物体中扩散的应用。

假设渗碳一开始，表面即达到渗碳气氛的碳浓度C_s并始终保持不变，那么其边界条件为$C(x = 0, t) = C_s$，$C(x = \infty, t) = C_0$，初始条件为$C(x, t = 0) = C_0$。

结合式（5.9）求其通解为

$$\frac{C_s - C_x}{C_s - C_0} = \mathrm{erf}\left(\frac{x}{2\sqrt{Dt}}\right) \tag{5.11}$$

式中　　C_0—— 原始浓度;

　　　　C_s—— 渗碳气氛浓度;

　　　　C_x—— 距表面 x 处的浓度;

　　　　$\mathrm{erf}\left(\dfrac{x}{2\sqrt{Dt}}\right)$ —— 误差函数, $\mathrm{erf}\left(\dfrac{x}{2\sqrt{Dt}}\right) = \mathrm{erf}(Z)$, 表 5.1 列出了它的部分数据。

假定将渗层深度定义为碳浓度大于某一值 C_c 处碳棒表层的深度。如图 5.1 所示, t_1、t_2、t_3 时定义的渗碳层深度分别为 x_1、x_2、x_3。此时 (5.11) 式可写为

$$\frac{C_s - C_c}{C_s - C_0} = \mathrm{erf}\left(\frac{x}{2\sqrt{Dt}}\right) \tag{5.12}$$

式 (5.12) 左边为定值, 表明对于任一定值 C_c 时, $\dfrac{x}{2\sqrt{Dt}}$ 为一定值, 这样可以获得渗层深度 x 与扩散时间 t 的关系为

$$x = K\sqrt{Dt} \tag{5.13}$$

式中　　K—— 常数。

由式 (5.13) 可知, 对于给定浓度的深层厚度 $x \propto \sqrt{t}$ 或 $t \propto x^2$, 也就是说, 若要使渗层厚度增加一倍, 则所需扩散时间应增加三倍。

表 5.1　误差函数表

Z	$\mathrm{erf}(Z)$	Z	$\mathrm{erf}(Z)$
0.00	0.000 0	0.70	0.677 8
0.01	0.011 3	0.75	0.711 2
0.02	0.022 6	0.80	0.742 1
0.03	0.033 8	0.85	0.770 7
0.04	0.045 1	0.90	0.796 9
0.05	0.056 4	0.95	0.820 9
0.10	0.112 5	1.00	0.842 7
0.20	0.222 7	1.20	0.910 3
0.25	0.276 3	1.30	0.934 0
0.30	0.328 5	1.40	0.952 3
0.35	0.379 4	1.50	0.966 1
0.40	0.428 4	1.60	0.976 3
0.45	0.475 5	1.70	0.983 8
0.50	0.520 5	1.80	0.989 1
0.55	0.563 3	1.90	0.992 8
0.60	0.603 9	2.00	0.995 3
0.65	0.642 0		

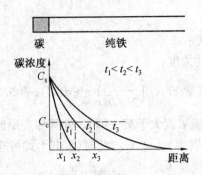

图 5.1　渗碳过程中碳浓度随时间和距离的变化规律

5.2　扩散的原子理论

5.2.1　无规则行走与扩散

由于扩散是大量原子做无规则跳动的结果,因此对扩散物质的宏观迁移过程,必须以大量原子的微观跳动的统计计算才能描述。设晶体中某个原子从初始位置出发,在 t 时间内跃迁了 n 次,每次的跃迁矢量分别为 r_1、r_2、$\cdots$、r_n,则 t 时间内的位移 R_n 为

$$R_n = r_1 + r_2 + \cdots + r_n = \sum_{i=1}^{n} r_i \tag{5.14}$$

为求得 $|R_n|$,将式(5.14)两边自行点乘得

$$R_n^2 = r_1 \cdot r_1 + r_1 \cdot r_2 + \cdots + r_1 \cdot r_n + r_2 \cdot r_1 + r_2 \cdot r_2 + \cdots + r_2 \cdot r_n + \cdots + r_n \cdot r_1 + r_n \cdot r_2 + \cdots + r_n \cdot r_n =$$

$$\sum_{i=1}^{n} r_i^2 + 2 \sum_{j=1}^{n-1} \sum_{i=1}^{n-1} r_i \cdot r_{i+j} \tag{5.15}$$

令 $\theta_{i,i+j}$ 为 r_i 与 r_{i+j} 之间的夹角,式(5.15)可写为

$$R_n^2 = \sum_{i=1}^{n} r_i^2 + 2 \sum_{j=1}^{n-1} \sum_{i=1}^{n-1} |r_i| \cdot |r_{i+j}| \cos \theta_{i,i+j} \tag{5.16}$$

若原子每次跃迁的距离相等,则有

$$R_n^2 = nr^2 + 2r^2 \sum_{j=1}^{n-1} \sum_{i=1}^{n-1} \cos \theta_{i,i+j} = nr^2 \left(1 + \frac{2}{n} \sum_{j=1}^{n-1} \sum_{i=1}^{n-1} \cos \theta_{i,i+j} \right) \tag{5.17}$$

将式(5.17)两边取平均值,得

$$\overline{R_n^2} = \overline{nr^2} \left(1 + \frac{2}{n} \overline{\sum_{j=1}^{n-1} \sum_{i=1}^{n-1} \cos \theta_{i,i+j}} \right) \tag{5.18}$$

由于原子每次跃迁方向与前一次无关,即每次跃迁的方向是完全随机的,因此 $\cos \theta_{i,i+j}$ 正负值出现的概率相同,因而有 $\overline{\sum_{j=1}^{n-1} \sum_{i=1}^{n-1} \cos \theta_{i,i+j}} = 0$,这样式(5.18)可写为

$$\overline{R_n^2} = nr^2 \tag{5.19}$$

式(5.19)表明,大量原子在 n 次跃迁后,其位移平方的平均值等于每个原子跃迁数 n 与每次跃迁距离平方的乘积。

令 Γ 为平均每个原子单位时间内跃迁到其他相邻位置上的次数,即跃迁频率,t 为跃迁时间,则 $n = \Gamma t$,将其代入式(5.19)中可得

$$\overline{R_n^2} = \Gamma r^2 t \qquad (5.20)$$

5.2.2 原子跃迁频率与扩散系数

由前面结果已看出,宏观上发生的扩散乃是大量热原子运动的统计结果。为将宏观上发生的扩散与原子在晶体中的热运动联系起来,考虑图 5.2 所示的扩散点阵中两相邻原子面(1 与 2)间扩散组元的迁移。

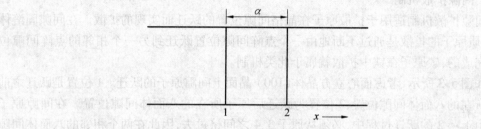

图5.2 两个相邻晶面及其间距

令 P 为平均每个原子在做一次跃迁时,由晶面1(晶面2)跃迁到晶面2(晶面1)上的概率,n_1 与 n_2 分别为晶面1和晶面2上单位面积的原子数;Γ 仍表示跃迁频率,则在 δt 时间内由晶面1(晶面2)跃迁到晶面2(晶面1)上的原子数分别为

$$N_{1\to 2} = n_1 P \Gamma \delta t \qquad (5.21)$$

$$N_{2\to 1} = n_2 P \Gamma \delta t \qquad (5.22)$$

假设 $n_1 > n_2$,则在晶面 2 上净增加的原子数为

$$N_{1\to 2} - N_{2\to 1} = (n_1 - n_2) P \Gamma \delta t \qquad (5.23)$$

由此得

$$J = \frac{N_{1\to 2} - N_{2\to 1}}{\delta t} = -(n_2 - n_1) P \Gamma \qquad (5.24)$$

因相邻界面间距 α 很小,晶面 2 处的体积浓度可以表示为

$$C_2 = C_1 + \frac{\partial C}{\partial x} \alpha \qquad (5.25)$$

式中 C_1——晶面 2 处的体积浓度;

$\dfrac{\partial C}{\partial x}$——垂直于晶面方向($x$ 方向的)浓度变化率。

利用体积浓度与面密度之间 $C = n/\alpha$ 的关系,式(5.25)转化为

$$\frac{n_2}{\alpha} - \frac{n_1}{\alpha} = \frac{\partial C}{\partial x} \alpha \qquad (5.26)$$

或

$$n_2 - n_1 = \alpha^2 \frac{\partial C}{\partial x} \qquad (5.27)$$

由式(5.24)和(5.27)可得

$$J = -\alpha^2 P\Gamma \frac{\partial C}{\partial x} \tag{5.28}$$

将式(5.28)与 Fick 第一定律相比较得

$$D = \alpha^2 P\Gamma \tag{5.29}$$

由于 Γ 对温度极为敏感，α、P 均与晶体结构密切相关，因此晶体中原子的扩散明显受温度及晶体结构的影响。

5.2.3　扩散的微观机制

1. 间隙扩散机制

间隙扩散机制适用于扩散原子在晶格间隙位置的跃迁而实现的扩散。在间隙固溶体中，溶质原子的扩散是通过不断地由一个点阵间隙位置跃迁到另一个相邻的点阵间隙位置而完成的，碳原子在铁中扩散就属于此类机制。

如图 5.3 所示，考虑面心立方晶体(100)晶面上间隙原子的跃迁。1 位置是跃迁之前原子所在的八面体间隙位置，2 位置为跃迁后原子所在的八面体间隙位置。在间隙原子完成由 1→2 的跃迁过程中，必须从原子 3、4 之间挤过去，因此在两个相邻的八面体间隙位置之间必然存在一个能垒。设在 1 位置与 2 位置间隙原子的自由能为 G_1，在原子 3、4 之间位置的自由能为 G_2，则间隙原子由 1 位置跃迁到 2 位置所要克服的能垒 $\Delta G = G_2 - G_1$，如图 5.4 所示。显然，只有那些自由能高于或等于 G_2 的间隙原子才能克服这一能垒而实现跃迁。

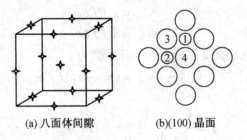

(a) 八面体间隙　　　　(b)(100) 晶面

图 5.3　面心立方结构的八面体间隙及(100)晶面

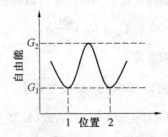

图 5.4　原子的自由能与其位置的关系

间隙原子发生跃迁时除了满足上述能量条件外，还需要满足一定的结构条件，即间隙原子跃迁之前在它的周围必须存在可供跃迁且未被其他原子占据的间隙位置。由于晶体结构类型不同，其间隙位置的种类、数量及分布也不相同，从而使原子跃迁概率不同。下面根据原子跃迁的能量条件和结构条件，确定扩散系数的表达式。

根据麦克斯韦－玻尔兹曼分布定律，在 T 温度时，N 个间隙原子中自由能大于或等于 G_2 的原子数为

$$n(G \geqslant G_2) = Ne^{-G_2/kT} \tag{5.30}$$

自由能大于或等于 G_1 的原子数为

$$n(G \geqslant G_1) = Ne^{-G_1/kT} \tag{5.31}$$

两式中的 k 均为玻尔兹曼常数。由于 G_1 近似为间隙原子的最低自由能，所以可以认为 $n(G \geqslant G_1) \approx N$。这样在 T 温度下，N 个间隙原子中能够跨越能垒进行跃迁的原子分数为

$$\frac{n(G \geqslant G_2)}{N} = \frac{n(G \geqslant G_2)}{n(G \geqslant G_1)} = e^{-(G_2-G_1)/kt} = e^{-\Delta G/kT} \tag{5.32}$$

若 Z 表示一个间隙原子最近邻的间隙位置数（间隙配位数），且假定这些位置都未被占据；v 表示间隙原子朝向其中一个位置振动的频率，则间隙原子的跃迁频率为

$$\Gamma = Zve^{-\Delta G/kT} \tag{5.33}$$

将式（5.33）代入式（5.29）可得

$$D = \alpha^2 PZve^{-\Delta G/kT} \tag{5.34}$$

在等压等容条件下，$\Delta G = \Delta H - T\Delta S \approx \Delta E - T\Delta S$，因此式（5.34）可以写为

$$D = \alpha^2 PZve^{\Delta S/k}e^{-\Delta E/kT} = D_0 e^{-\Delta E/kT} \tag{5.35}$$

式中　　D_0——$D_0 = \alpha^2 PZve^{\Delta S/k}$，可视为与温度无关的间隙扩散常数；

　　　　ΔE——间隙原子完成跃迁时所需要增加的内能，称为原子跃迁激活能。

在置换固溶体中，由于间隙原子的形成能较高，平衡态下间隙原子浓度较低，因而间隙扩散机制的作用较小。但在非平衡态下，如晶体经受辐照或塑性变形后，某些原子有可能脱离正常位置而进入间隙位置，此时间隙扩散对整个扩散的贡献将增大。然而，由于这种间隙原子的半径和处于平衡位置原子的半径相当，因而它们很难和前述间隙固溶体中的间隙原子一样从一个间隙位置直接跃迁至另一个间隙位置，通常是将相邻点阵上的原子挤入另一间隙位置，而后自己占据相应的点阵位置。

实验观察和理论计算表明，在置换固溶体中间隙原子除占据间隙中心的位之外，还可能有其他两种组态。一种组态是所谓的哑铃状对分间隙组态，即一个间隙原子迫使另一个处于平衡位置的原子偏离平衡位置，并以原来的平衡位置为中心成对排列，形成一个哑铃状的原子对。这种哑铃状的原子对有两种可能的跃迁方式：一种是绕结点转动；另一种是其中之一跃迁到一个临近位置，和其他原子构成新的哑铃原子对，而另一个原子回到平衡位置。另一种组态是挤列组态，即沿密排方向 $n + 1$ 个原子挤占 n 个位置。这种挤列组态沿挤列方向上的运动就导致扩散。值得指出的是，在高温下挤列组态将向哑铃对分间隙组态转化。

2. 空位扩散机制

在置换固溶体或纯金属中,由于扩散原子的半径比间隙半径大得多,因而很难进行间隙扩散。起初,人们曾设想这类扩散以直接交换机制进行,即原子的扩散被认为是通过两个原子交换位置而进行的,如图 5.5(a) 所示。按照这种机制,两个原子在交换位置时必然要求相邻原子让出足够的空间,在此过程中将产生严重的晶格畸变而消耗很多能量。因此这种直接交换机制在实际中较难实现。后来 Zener 为了解释铜自扩散的实验结果,于 20 世纪 50 年代提出了环形旋转换位机制,即同一晶面上距离相同的 n 个原子同时轮换位置而实现扩散。图 5.5(b) 是面心立方晶格(100) 面上四个原子环形换位的示意图,由图可见,这样的换位所需的激活能应比直接换位机制小得多。然而,扩散按这种机制进行时,需要晶体中若干个原子同时做规则的运动。在固态金属与合金中这种行为发生的概率很小,这将使该种形式的扩散较难实现。此外,扩散按这种机制发生时,溶质和溶剂两种不同原子的扩散通量应相等,然而该结果与下述的柯肯达尔效应是矛盾的。

(a) 直接交换机制　　　(b) 环形换位机制　　　(c) 空位机制

图 5.5　置换扩散机制示意图

柯肯达尔效应实验如图 5.6 所示。将一块纯铜和纯镍对焊起来,在焊接面上嵌上几根细钨丝作为标记。将试样加热到接近熔点的高温进行长时间保温扩散后冷却。分析结果发现,经扩散后,惰性钨丝向纯镍一侧移动了一段距离。由于惰性的钨丝不可能通过扩散发生移动,而镍原子和铜原子的直径相差不大,也不可能因为它们向对方等量扩散时因原子直径差别而使界面两侧的体积产生如此大的差别。唯一的解释是镍原子向铜一侧扩散得多,铜原子向镍一侧扩散得少,从而导致铜一侧伸长,镍一侧缩短。

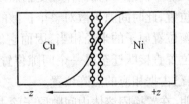

图 5.6　柯肯达尔效应

基于柯肯达尔效应所反映的置换型原子不等量扩散及实际晶体结构中存在空位的事实,有人提出了空位扩散机制,如图 5.5(c) 所示。由于该机制能较好地揭示置换型固溶体的扩散现象,因此目前该机制被人们普遍接受。

从热力学角度考虑,在绝对零度以上晶体中总是存在一定浓度的空位,其平衡浓度为

$$C_V = e^{\Delta S_V/k} e^{-\Delta E_V/kT} \tag{5.36}$$

式中　　ΔE_V——空位形成能;

ΔS_V—— 空位形成熵；

k—— 玻尔兹曼常数；

T—— 绝对温度。

设 Z 为所考虑晶体的配位数，则任一原子近邻的空位数为 $Ze^{\Delta S_V/k}e^{-\Delta E_V/kT}$，再以 v 表示原子朝 Z 个近邻位置中任一个的振动频率，则原子的跃迁频率可以写为

$$\Gamma = Zve^{\Delta S_V/k}e^{-\Delta E_V/kT}e^{\Delta S/k}e^{\Delta E/kT} = Zve^{(\Delta S+\Delta S_V)/k}e^{-(\Delta E+\Delta E_V)/kT} \tag{5.37}$$

根据式(5.29)，扩散系数 D 为

$$D = \alpha^2 PZve^{(\Delta S+\Delta S_V)/k}e^{-(\Delta E+\Delta E_V)/kT} = D_0 e^{-(\Delta E+\Delta E_V)/kT} \tag{5.38}$$

式中，$D_0 = \alpha^2 PZve^{(\Delta S+\Delta S_V)/k}$，称为空位扩散常数。与间隙扩散相比，空位扩散时所需的能量除原子跃迁激活能 ΔE 外，还包括空位形成能 ΔE_V。

5.3　扩散的热力学理论

5.3.1　扩散激活能

前面的分析已经表明，晶体中的原子扩散时不论是按间隙机制、交换机制还是空位机制进行，均需要为克服能垒所必需的额外能量，才能实现原子从一个平衡位置到另一个平衡位置的基本跃迁，这部分能量称为扩散激活能，一般以 Q 表示。

引入扩散激活能后，式(5.35)与(5.38)可用一个统一的形式给出，即

$$D = D_0 e^{-Q/RT} \tag{5.39}$$

式中　D_0—— 扩散常数；

R—— 气体常数。

对于间隙式扩散，$Q = N_A\Delta E$，对于空位扩散，$Q = N_A(\Delta E + \Delta E_V)$，其中 N_A 为阿伏加德罗常数。表 5.2 中给出了某些扩散体系中的扩散常数 D_0 与扩散激活能的近似值。从表中可以看到，C、N 原子在 $\alpha-Fe$ 与 $\gamma-Fe$ 中扩散时，其扩散激活能明显低于其他金属原子，这表明间隙固溶体中间隙原子的扩散容易发生。

表 5.2　一些扩散系统中的扩散常数 D_0 与扩散激活能 Q 的近似值

扩散元素	基体金属	$D_0/(m^2 \cdot s^{-1})$	$Q/(J \cdot mol^{-1})$
C	$\gamma-Fe$	2.0×10^{-5}	14 000
N	$\gamma-Fe$	0.33×10^{-5}	14 400
C	$\alpha-Fe$	0.20×10^{-5}	8 400
N	$\alpha-Fe$	0.46×10^{-5}	7 500
Fe	$\alpha-Fe$	1.9×10^{-5}	23 900
Fe	$\gamma-Fe$	1.8×10^{-5}	27 000
Ni	$\gamma-Fe$	4.4×10^{-5}	28 300
Mn	$\gamma-Fe$	5.7×10^{-5}	27 700
Cu	Al	0.84×10^{-5}	13 600
Zn	Cu	2.1×10^{-5}	17 100
Ag	Ag(晶内扩散)	7.2×10^{-5}	19 000
Ag	Ag(晶内扩散)	1.4×10^{-5}	9 000

式(5.39)具有一定的普遍性,在材料中发生的许多重要过程的速度与时间之间的关系与此相似,这类方程统称为 Arrhenius 方程。

将式(5.39)两边取自然对数得

$$\ln D = \ln D_0 - \frac{Q}{R}\frac{1}{T} \tag{5.40}$$

通过实验测出 $\ln D$ 随 $1/T$ 变化的对应值,可获得如图5.7所示的线性关系,由图中的截距可求得 D_0,由斜率可求得 Q。

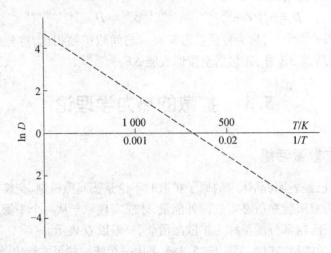

图 5.7　金在铅中的扩散系数与温度的关系

5.3.2　影响扩散激活能的因素

扩散激活能受很多因素的影响,如固溶体类型、晶体结构类型、化学成分、晶体缺陷等。固溶体类型对其影响前面已进行了讨论,这里仅讨论晶体结构、化学成分以及位错、晶界等晶体缺陷等对扩散激活能的影响。

1. 晶体结构的影响

对具有同素异构的金属,晶体结构发生变化时,扩散原子的激活能将发生变化。通常密排晶体结构中扩散原子的激活能要比非密排结构大。从表5.2可以看出,同种扩散源在 $\gamma-Fe$ 中的扩散激活能比在 $\alpha-Fe$ 中高得多。正是这种晶体结构对扩散激活能的不同影响,导致同种原子在不同晶体结构中扩散系数有很大差异。例如,在527 ℃时,N在$\alpha-Fe$中的扩散系数比在 $\gamma-Fe$ 中约高1 400 倍。

晶体的各向异性在扩散激活能方面也表现出来。在不同晶向上,由于原子排列的情况及其间距不同,扩散激活能也有一定差别。例如,在六角晶系的 Zn 中,垂直于(0001)面方向与平行于(0001)面方向相比,前者的扩散激活能明显高于后者,这种差异随着温度的升高而减小。

2. 化学成分的影响

在前面对扩散方程求解时,已经涉及扩系数随浓度改变的情况,实际上,浓度对扩散系数的影响也可归因于浓度改变时扩散激活能发生了改变。

　　若扩散组元浓度的增加使固溶体熔化温度升高,则增大其扩散激活能,从而使扩散组元的扩散系数随着浓度的增加而减小。若扩散组元浓度的增加降低了固溶体的熔化温度,则减小其扩散激活能,从而使扩散组元的扩散系数随浓度的增加而增大。

　　扩散组元本身性质及晶体中其他组元的性质对原子的扩散激活能均有影响。产生这种影响的原因在于扩散组元原子之间及其他组元原子之间结合力的不同。很显然,原子间的结合力越强,扩散激活能应越高。对于某些金属中的自扩散,激活能和表征原子间结合力大小的熔化潜热间的关系为

$$Q \approx 16.5L_m \text{ kJ/mol} \tag{5.41}$$

　　与纯金属的自扩散相似,在某些固溶体中也存在着溶质元素熔点越高、扩散激活能越大的规律。

　　二元合金中加入某些第三组元时会对扩散组元的激活能产生影响。如在钢中加入W、V、Nb、Ti、Mo、Cr等强碳化物形成元素时,因其与碳有很强的亲和力,因而能显著增大碳在 γ-Fe 中的扩散激活能。而当加入Co等非碳化物形成元素时,由于Co在基体中产生了大的晶格畸变,减小了碳的扩散激活能,从而使碳的扩散系数增大。对于碳化物形成能力较弱的Mn元素等,对碳在钢中的扩散激活能改变不大,因而对碳的扩散几乎没有影响。

3. 位错的影响

　　晶体中含有大量的位错,即使在充分退火的金属中,位错密度仍可达到 10^{10} ~ $10^{11}/m^2$。这些位错的存在对晶体中的扩散有明显的促进作用,并且随着位错密度的增加,晶体中的扩散速率加快。晶体中位错对扩散的这种影响与在塑料中镶嵌铝丝后对其热传导的影响非常相似。位错加速扩散的作用也在于对扩散激活能的影响。表5.3是几种金属沿位错自扩散的激活能。从表5.3中可以看到,沿位错扩散的激活能比晶格内小得多。在有些情况下,其值甚至不到晶格扩散时的一半。因此,当原子沿位错扩散时称为短路扩散。

表5.3　几种金属沿位错扩散的激活能

金属	点阵扩散激活能 /eV	位错扩散激活能 /eV	柏氏矢量
Ag	0.93	0.74	$\alpha[100]$
Ni	2.95	1.76	$\alpha/2[100]$
		1.08	$\alpha[100]$
		1.6	$\alpha/2[110]$
Al	1.26	0.85	$\alpha/2[110]$

　　然而,当间隙原子被吸附而形成柯氏气团之后,再令其跃迁以脱离这些缺陷,原子的扩散激活能会很大,因此其扩散将受到阻滞。

4. 晶界的影响

　　对于多晶体而言,晶界处的原子排列较为松散,处于较高的能量状态,因而具有较低的扩散激活能和较高的扩散速率。但有些实验表明,晶界对扩散的这种作用仅在温度较低及晶粒较细的情况下才充分显示出来。随着温度的升高,晶界对扩散的促进作用减弱。图5.8是实验测得的单晶银和多晶银的自扩散系数随温度的变化。当温度高于

700 ℃时,多晶银和单晶银的自扩散系数几乎没有什么差别;而当温度低于700 ℃时,前者扩散系数明显高于后者,并且随温度的降低,两者之间的差距增大,说明低温下晶界扩散的显著作用。

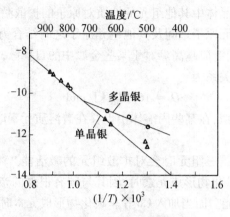

图 5.8　银的自扩散系数

5.3.3　扩散系数的热力学解释

1. 扩散驱动力

在各类扩散现象中,比较多的是由高浓度区向低浓度区的扩散,这种扩散称为下坡扩散,前面讨论中所涉及的都是这类扩散。但在许多实际问题中会发现溶质原子由低浓度区向高浓度区的所谓上坡扩散。合金中某些溶质原子会向晶界处偏聚,这实际上就是由于发生了溶质原子由低浓度区向高浓度区的上坡扩散而形成的。

上坡扩散现象表明,浓度梯度并不是造成扩散的根本原因。从热力学角度分析,化学位梯度才是扩散的真正驱动力。

在 i、j 二元固溶体中,若 1 mol 的 i 组元由化学位较高的 A 点移动到化学位较低的 B 点,假定由 A 至 B 的方向为 x 轴正方向,则体系的自由能降低为

$$\Delta G = \mu_i A - \mu_i B = -\frac{\partial \mu_i}{\partial x}\mathrm{d}x \tag{5.42}$$

式中　$\dfrac{\partial \mu_i}{\partial x}$——化学位梯度;

$-\dfrac{\partial \mu_i}{\partial x}$——由于化学位变化而作用于 1 mol 的 i 原子上的化学力,该力即为 i 原子扩散的驱动力。令 N_A 阿伏加德罗常数,则作用于 1 个 i 原子上的扩散驱动力为

$$f_i = -\frac{1}{N_A}\frac{\partial \mu_i}{\partial x} \tag{5.43}$$

式(5.43)可用于任意多组元体系。若某一组元存在化学位梯度,则该组元的原子就要受到扩散驱动力的作用,该力的大小与化学位梯度成正比,方向与化学为梯度方向相反。

2. 扩散系数的热力学表达式

扩散原子在基体中沿一定方向扩散时,除受驱动力作用外,还要受到基体中原子对它

的阻力,并且这种阻力随着扩散速率的增加而增大,最终两力将达到平衡而使扩散原子以一恒定速率扩散。显然,扩散原子受到驱动力越大,所达到的恒定扩散速率就越大,将两者之间的关系写成一个等式,则有

$$\nu_i = B_i f_i = -B_i \frac{1}{N_A} \frac{\partial \mu_i}{\partial x} \tag{5.44}$$

式中 B_i —— 比例系数,称为原子的迁移率,其意义是单位驱动力下原子所达到的恒定扩散速率。

由 $J_i = C_i \nu_i = -D_i \frac{\partial C_i}{\partial x}$ 及式(5.44)可得

$$D_i = \frac{B_i}{N_A} \frac{\partial \mu_i}{\partial \ln C_i} \tag{5.45}$$

由于 $\mu_i = G_i + RT \ln \alpha_i$, $\partial \mu_i = RT \partial \ln \alpha_i$, 式(5.45)可以写成

$$D_i = \frac{B_i}{N_A} RT \frac{\partial \ln \alpha_i}{\partial \ln C_i} \tag{5.46}$$

式中 $\alpha_i = \gamma_i X_i$, $C_i = \rho X_i$;

α_i —— i 组元的活度;

γ_i —— i 组元的活度系数;

X_i —— i 组元的摩尔分数;

ρ —— 体系的密度。

若体系的密度不因 i 种原子的扩散而发生改变,则有

$$D_i = B_i kT \left(1 + \frac{\partial \ln \gamma_i}{\partial \ln X_i}\right) \tag{5.47}$$

式中 $1 + \frac{\partial \ln \gamma_i}{\partial \ln X_i}$ —— 热力学因子。

当 $1 + \frac{\partial \ln \gamma_i}{\partial \ln X_i} > 0$ 时,$D_i > 0$,此时将发生下坡扩散。当 $1 + \frac{\partial \ln \gamma_i}{\partial \ln X_i} < 0$ 时,$D_i < 0$,此时将发生原子从低浓度区向高浓度区的上坡扩散。

对于理想溶体和稀溶体,$\frac{\partial \ln \gamma_i}{\partial \ln X_i} = 0$,所以

$$D_i = B_i kT \tag{5.48}$$

此式进一步表明,在相同的温度下,原子的迁移率越高,扩散系数越大。

5.3.4　反应扩散

所谓反应扩散,是指在固态扩散过程中伴有相变发生的扩散。扩散相变时生成的新相多为中间相,也可能是固溶体。在钢的化学热处理、热浸镀铝、镀锌等很多方面会发生反应扩散。下面以纯铁渗氮为例加以简要说明。

将纯铁在 520 ℃ 进行充分长时间氮化后,由表及里出现的相层及成分分布如图 5.9 所示。最外层为 ε 相结构为密排六方,分子式为 Fe_2N,氮的质量分数为 7.8% ~ 11.0%。次表层为面心立方结构的 γ′ 相,分子式为 Fe_4N,氮的质量分数为 5.7% ~ 6.1%。最内层

含氮量很低的 α 固溶体,其氮的质量分数低于 0.1%。

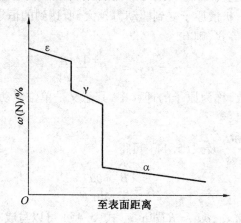

图 5.9　纯铁渗氮后表层组织与氮浓度的关系

反应扩散过程中各相层之间不存在两相区,并且相界面的成分是突变的,例如图 5.9 中的 ε 相与 γ' 相之间,γ' 相与 α 相之间均是如此。产生这种现象的原因可以从热力学角度得到很好的解释。假设在渗层的 ε 相与 γ' 相之间出现了 $\varepsilon + \gamma'$ 两相区,则其化学位的分布如图 5.10 所示。由于氮原子在 ε 相区的化学位高于 $\varepsilon + \gamma'$ 两相区,因而不断有氮原子由 ε 相区扩散到 $\varepsilon + \gamma'$ 两相区,与此相反,由于氮在 γ' 相区的化学位低于 $\varepsilon + \gamma'$ 两相区,氮原子将不断地由 $\varepsilon + \gamma'$ 两相区向 γ' 单相区扩散。因为在 $\varepsilon + \gamma'$ 两相区内化学位相等,即 $\frac{\partial \mu}{\partial x} = 0$,上述进入或离开两相区的氮原子间将不能通过两相区的扩散得到疏散和补充,从而导致 ε 和 $\varepsilon + \gamma'$ 界面右移,$\varepsilon + \gamma'$ 和 γ' 界面左移,最终使得 $\varepsilon + \gamma'$ 两相区消失。

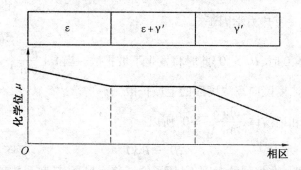

图 5.10　假设存在 $\varepsilon + \gamma'$ 两相区时化学位随位置的变化

在一定温度下反应扩散的速率取决于形成新相的化学反应速率和扩散速率这两个因素。当反应扩散速率受化学反应速率控制时,新相层厚度与时间呈线性关系,反应扩散速率基本恒定。当反应扩散速率受原子扩散速率控制时,新相层厚度与时间呈抛物线关系,反应扩散速率随时间呈曲线变化。通常在反应扩散开始阶段,由于新相层很薄,扩散组元的浓度梯度很大,原子扩散可充分保证化学反应的进行,此时反应扩散速率主要受控于化学反应速率。随着新相层厚度的增加,扩散组元的浓度梯度减小,原子扩散将逐渐成为反应扩散的控制因素。

5.4 扩散连接的特点及分类

5.4.1 扩散连接的特点

扩散连接是指在一定的温度和压力下,在真空环境或保护气氛条件下被连接表面相互靠近、相互接触,通过局部发生微观塑形变形,或通过被连接表面产生的微观液相来扩大被连接表面的物理接触,然后通过连接层原子的相互扩散形成可靠接头的连接过程。扩散连接在广义上属于固相连接。

扩散连接特别适用于采用传统的熔焊焊接性较差的异种金属材料、先进陶瓷、金属间化合物、非晶态及单晶等先进材料的连接。目前,这种方法已在航空、航天、仪表及电子等领域获得了广泛应用,并逐步扩展到机械、化工、汽车制造等领域。

与其他材料连接技术相比,扩散连接技术有以下优点:

① 与熔焊相比,连接区(焊缝)无凝固组织,一般不产生气孔及宏观裂纹等缺陷。

② 实现同种材料的连接时,可获得与被焊母材性能相同的接头,且接头区域无残余应力。

③ 可以实现难焊材料的连接,对于塑性差、熔点高的同种材料,或对于液相互不溶解或熔焊时会形成脆性化合物的异种材料(包括金属和陶瓷),扩散连接是唯一一种可靠的连接方法。

④ 精度高、变形小,属于精密连接。

⑤ 可以实现大面积板材以及圆柱的连接。

⑥ 对于热膨胀系数及弹性模量差别较大的异种材料之间的扩散连接,可采用中间层缓解接头应力。

同时,扩散连接具有以下缺点:

① 较难进行连续式批量生产。

② 扩散时间长,成本高。

③ 对连接面要求严格,对于复杂形状的接头扩散连接较难实现,且连接工件尺寸受扩散连接设备的限制。

④ 高温长时间保温对连接母材组织和性能影响较大。

5.4.2 扩散连接的分类

可根据不同的准则对扩散连接进行分类,一般可以分为直接扩散连接和添加中间层的扩散连接;从是否产生液相角度,又可分为固相扩散连接和液相扩散连接;从连接环境上,还可分为真空扩散连接和保护气氛环境下的连接;另外,根据工艺特点,还有超塑性成型 - 扩散连接以及热等静压扩散连接等方法。图 5.11 所示为常见的扩散连接方法分类。

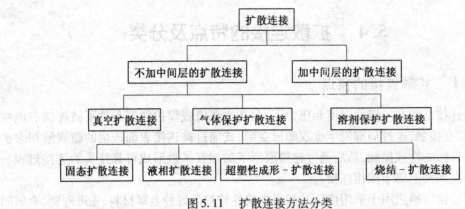

图 5.11　扩散连接方法分类

5.5　固相扩散连接原理

5.5.1　接头形成的过程

扩散连接过程大致可以分为物理接触、接触表面的激活、扩散及接头形成三个阶段，图 5.12 所示为扩散连接三阶段示意图。第一阶段为物理接触阶段，在连接件加热升温过程中，微观不平的表面在外加压力的作用下，局部接触点首先发生塑性变形，持续压力的作用使接触面积逐渐增大，最终整个连接面达到可靠接触。第二阶段是接触面原子激活、扩散和反应阶段，在温度和压力的作用下，紧密接触的界面上发生元素的扩散、晶界迁移和化学反应，使界面处微孔数量减少并形成新的扩散层或反应层，实现牢固地结合。第三阶段是扩散层或反应层的长大阶段，在该阶段，通过扩散形成的扩散层或反应层逐渐向体积方向长大，微孔消除并形成可靠的接头。在实际的扩散连接过程中，上述三阶段相互交叉进行，最终在连接界面处由于微观塑性变形、扩散、再结晶等生成固溶体扩散层或化合物反应层，形成可靠的连接接头。

5.5.2　扩散连接过程中的物理接触

材料在扩散连接时表面应达到一定的表面粗糙度，以实现表面良好接触及克服表面氧化膜对扩散连接的影响。在扩散连接过程中，连接面的吸附层和氧化膜必须清除才能形成实际的接触。从工艺角度来看，连接前和连接过程中能否将氧化膜清除彻底，对于高质量接头的获得至关重要。

1. 物理接触及氧化膜去除

扩散连接一般在真空条件下进行，被连接面在真空中加热时，吸附层中的油脂逐渐分解、挥发，蒸气和各种分子被解吸下来。经过机械加工和腐蚀清洗的母材表面在空气中很快会形成氧化膜，虽然可以通过真空加热使氧化膜分解，但在很多情况下还是难以彻底消除氧化膜。扩散连接过程中氧化膜的去除主要通过以下几种途径实现。

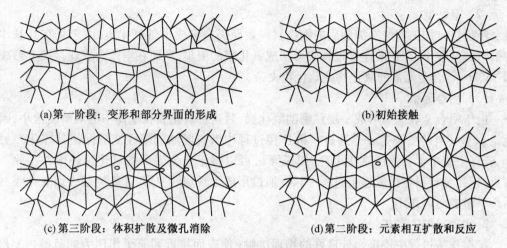

(a)第一阶段：变形和部分界面的形成　　　　(b)初始接触

(c)第三阶段：体积扩散及微孔消除　　　　(d)第二阶段：元素相互扩散和反应

图 5.12　扩散连接三阶段示意图

（1）解吸

在真空加热过程中，Ag、Cu、Ni 等金属的氧化膜可以解吸下来，升高温度可以使氧化膜结构发生变化，提高真空度可以降低氧化膜解吸的临界温度。

（2）蒸发及升华

当氧化膜的饱和蒸气压高于高氧化物在气相中的蒸气分压时，氧化膜可以升华。而当加热温度接近金属熔点时，会发生强烈的蒸发。但实际上紧密接触的连接面大大降低了升华及蒸发的可能性。

（3）溶解

由于界面间的相互作用，扩散连接过程中界面的氧化膜会向基体中发生溶解，或者与基体中的一些合金元素发生还原反应。氧化膜在基体中的溶解速度取决于连接温度和氧元素在该基体中的溶解度与扩散速率。例如，与铁、铝等金属相比，氧在钛中的扩散速率和溶解度要大 1 ~ 2 个数量级，因此在扩散连接钛合金时，可以利用这一特点来去除钛合金表面的氧化膜。

（4）化学反应

真空系统中残留的 H_2O、CO_2、H_2、O_2 等活性气体，会与被连接材料的发生氧化还原反应，然而同样由于紧密接触的连接面，这种反应发生的可能性较小。

（5）表面变形去膜

在连接面已紧密接触的条件下，若连接材料的塑形、硬度、热膨胀系数等性能相差较大，即使微小的变形也会破坏氧化膜的整体性，使其龟裂成碎片而被去除。

常见金属材料的扩散连接过程中的去膜机制分为以下三种。

（1）钛镍型

这类材料在扩散连接过程中，主要通过氧化膜向母材基体中的溶解来实现氧化膜的去除，钛镍类金属表面形成的氧化膜非常薄，一般仅有 3 ~ 8 nm，这样的氧化物在高温条件下可以很快地溶入母材，不会对接头质量造成影响。

（2）钢铁型

经过机械加工和酸洗清理后的钢铁材料表面仍会形成少量氧化膜，由于氧在其基体中的溶解度较小，在扩散连接过程中会形成氧化膜的聚集，从而在空隙内或连接面上形成Al、Si、Mn等合金元素的氧化物或硫化物夹杂。

（3）铝合金型

由于铝合金表面会形成一层致密的氧化膜，且这种氧化膜在基体中的溶解度很小，因此铝合金材料的去膜主要是通过扩散连接过程中微观区域的塑性变形促使其碎化。另外，若真空室中含有强还原性元素（如镁等），可以将铝合金表面的氧化膜还原并去除。可见，铝合金材料在扩散连接过程中只有通过形成微观塑性变形，才能克服表面氧化膜对后续扩散的阻碍作用。

2. 物理接触的形成

扩散连接过程中连接面处良好的物理接触（使表面接近到原子作用力的范围内）是元素扩散及接头形成的必要条件。只有当被连接材料之间形成良好的物理接触，界面处才能发生原子的扩散、电子的相互交换以及扩散层或反应层的形成。物理接触面积，即表面凸凹变形的接触面积受材料自身性质及连接压力影响较大。

扩散连接过程中的物理接触依靠一种或两种连接材料在界面处的微观塑性变形来实现，实际接触面积的增加一般可以分为变形、流动和实际接触面积继续增加几个阶段。压力作用初期，仅在个别点上产生接触，其接触面积不到总面积的1% ~ 2%。当接触点上的应力超过材料的屈服强度时，在该点发生微观塑性变形，如图5.13所示。经几秒的加压后，变形量相应地降低了2 ~ 3个数量级，并转入不稳定流动阶段，此时，界面区的塑形变形量取决于连接温度和连接压力，实际的接触面积可以达到名义接触面积的40% ~ 75%。

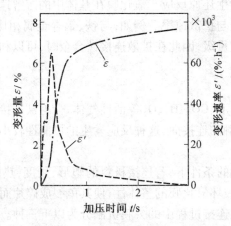

图 5.13　加压时间与表层变形量以及变形速率之间的关系

实际接触面积的继续增加与材料稳定的流动过程有关，通过材料流动激活能的比较，可以粗略地估计出材料流动的倾向性。除材料自身塑性变形能力外，连接温度和压力决定了形成实际接触的时间，经过几分钟到几十分钟不等时间可能使实际接触面积达到了总面积的90% ~ 95%。剩余的未接触区域将在后续的扩散过程中被填满。实际上，在这一过程中,实际接触面积的增加可以认为是通过材料的蠕变实现的。

为了合理地解释扩散连接过程中的物理接触过程,研究工作者基于材料的高温弹塑性变形建立了多种模型进行模拟。一般认为,高温条件下材料的塑形变形主要是通过材料的局部屈服实现的,而异种材料扩散连接时,在相同的温度和压力下,变形能力好的材料起主导作用。

5.5.3　扩散连接过程中的界面行为

1.原子的相互作用

接触面形成时,所产生的结合力不足以产生表面原子的牢固连接。为了获得原子之间的牢固结合(形成金属键、共价键、离子键),就必须激活表面上的原子。金属在外力作用下产生的切应力和正应力引起金属表面吸附层的塑形变形和流动,塑形变形会使结晶组织中的缺陷(位错和空位)发生振荡、迁移和离开表面,温度越高,位错和空位迁移的密度和速度增加得越大。

在扩散连接的前期,物理吸附和化学吸附比较重要。被连接材料在外界压力作用下,连接界面的元素应首先靠近并达到一定距离,才会形成范德华力作用的物理吸附。一般来讲,物理吸附的离子间距 $R_1 \approx 2 \sim 4$ nm,能量 $E_1 \approx 0.04 \sim 0.4$ kJ/mol。而化学吸附时 $R_2 \approx 0.1 \sim 0.3$ nm, $E_2 \approx 2 \sim 3 \times 10^2$ kJ/mol。实验研究表明,是否能在异种金属形成原子键,首先取决于异种金属中较硬表面的激活程度,也取决于所施加压力的大小;其次,也应考虑材料间相互作用的物理化学特性、晶体类型、原子和离子半径的差别、互溶性、弹性模量比值等。虽然这些因素不会妨碍建立原子键,但对连接过程的发展变化有影响,会使表层的原子产生应力。在扩散连接的后期,被连接金属表面已被激活的原子间产生各种相互作用。

2.扩散时的化学反应

在异种材料特别是金属与非金属材料连接时,界面将发生化学反应。首先在局部形成反应源,而后向整个连接界面扩展,当整个界面都发生反应时,则形成良好的连接。产生局部化学反应的萌生反应源与连接过程的连接参数(温度、压力和时间)有密切关系。扩散连接压力对反应源的数量起决定性影响,压力越大,反应源的数量越多;连接温度和时间主要影响反应源的扩散程度,它们对反应源数量的增长影响不大。

(1)反应类型

界面进行的化学反应主要有 $AO + BO = ABO_2$ 的化合反应和 $AO + B = BO + A$ 的置换反应两种。化合反应开始由局部发生,而后逐渐扩展到整个表面,并形成一定的化合物层,有时在界面上可能形成一个很宽的难熔的化合物层。当一种反应层在反应界面之间形成时,反应过程将受到产物层中各元素扩散速度的影响。而实际的相互作用,显然要比化学计量方程所描述的复杂,因为在连接界面区多组元分子接触可以形成固溶体、氧化物和某一反应剂的还原物。

置换反应与化合反应不同,当活性金属铝、镁、钛、锆等及其合金与玻璃或陶瓷材料连接时,则按一定的反应速率形成置换反应。当在界面上形成大面积的反应区时,反应速度并不减缓。因反应物可以逐渐溶解在被结合的金属中,反应产物逐渐积聚。如果金属零件的尺寸有限,则被溶解的物质可能达到饱和浓度而析出和分解后形成新相。如图 5.14 所示,铝与二氧化化硅在界面上相互作用时,发生置换反应,二氧化硅中的硅被铝置换,还原为硅原子溶解于铝中。当达到饱和浓度后,则在固溶体中析出含硅的新相。但过度的反应可能降低接头的性能,这是扩散连接所不允许的。如以铝作中间层连接石英玻璃,铝置换二氧化硅中的硅,生成 Al_2O_3 和 Si。由于硅和氧化铝的塑形较低,界面新相与母材的线膨胀系数不匹配,造成接头内存在热应力,从而使接头力学性能显著下降。

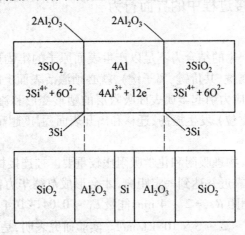

图 5.14　扩散连接过程中 Al 与 SiO_2 的置换反应

（2）反应的热力学计算

在扩散连接条件下,局部化学反应的进行可以用热力学来分析。以陶瓷与金属的扩散连接为例,在扩散过程中,各相之间的化学反应在热力势为负值时能够进行,可以用吉布斯 – 泽尔曼方程式（5.49）进行计算。

$$\Delta G_{298}^0 = \Delta H_{298}^0 - T\Delta S_{298}^0 \tag{5.49}$$

式中　ΔH_{298}^0，ΔS_{298}^0——反应的原始产物和最终产物的标准生成热和标准熵的变化。

在已知材料热容量变化 ΔC_p 的条件下,可以按照式（5.50）和（5.51）计算,而高温下的吉布斯 – 泽尔曼热力势可以用式（5.52）求解。

$$H_T^0 = H_{298}^0 + \int_{298}^T \Delta C_p \mathrm{d}T \tag{5.50}$$

$$S_T^0 = S_{298}^0 + \int_{298}^T \frac{\Delta C_p}{T} \mathrm{d}T \tag{5.51}$$

$$\Delta G_T^0 = \Delta H_{298}^0 - T\Delta S_{298}^0 + \int_{298}^T \Delta C_p \mathrm{d}T - \int_{298}^T \frac{\Delta C_p}{T} \mathrm{d}T \tag{5.52}$$

式中　ΔG_T^0 为某一温度下的吉布斯 – 泽尔曼热力势。

（3）反应产物

无论是化合反应还是置换反应,界面大多生成无限固溶体、有限固溶体和反应层。对于异种金属来说,反应层一般为金属间化合物;而对于陶瓷和金属来讲,反应产物比较复杂,可生成各类化合物。

5.6 液相扩散连接原理

液相扩散连接自20世纪50年代以来,在弥散强化高温合金、纤维增强复合材料、异种金属材料以及新型材料的连接中得到了大量应用。该方法也称瞬时液相扩散连接,通常采用比母材熔点低的材料作为中间夹层,在加热到连接温度时,中间层熔化,在结合面上形成瞬时液膜,在保温过程中,随着低熔点组元向母材的扩散,液膜厚度逐渐减小直至消失,再经过一定时间的保温而使成分均匀化,如图5.15所示。图5.15中,C_i为中间层成分,$C_{P.M}$为母材成分,C_L为液相线,C_S为固相线成分,T_{mi}为中间层熔点,T_{mb}为母材熔点,T_B为连接温度,$C'_{P.M}$为接头成分。与一般的固相扩散连接相比,液体金属原子的运动较为自由,且易于在母材表面形成稳定的原子排列而凝固,使界面的紧密接触变得容易,可大幅度降低连接压力。

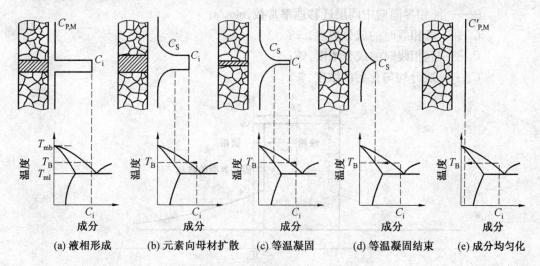

图5.15 瞬时液相扩散连接过程示意图

液相扩散连接大致可以分为以下三个阶段:

(1) 液相的生成

将中间扩散夹层材料夹在被连接表面之间,施加一定的压力(0.1 MPa左右),或依靠工件自重使其相互接触。然后在无氧化或无污染的条件下加热,当加热到连接温度 T_B 时,形成共晶液相。

(2) 等温凝固过程

液相形成并充满整个焊缝缝隙后,应立即开始保温,是液固相之间进行充分的扩散,由于液相中使熔点降低的元素大量扩散至母材内(图5.15(b)),母材中某些向液相中溶解,使液相的熔点逐渐升高而凝固,凝固界面从两侧向中间推进,随着保温时间的延长,接头中的液相逐渐减少,最后形成接头。

等温凝固过程实际上是液相向母材迁移或两侧固相向中间液相夹层迁移的过程,界面迁移模型如图5.16所示。等温凝固所需要的时间可以通过式(5.53)计算求得。其中

元素浓度 C 是距离 x 和时间 t 的函数,其边界条件为

$C(x,0) = C_B(x > W、t = 0)$,

$C(\infty,t) = C_B(x 无穷大、0 < t < t_F)$,

$C(x,t) = C_S(x = W + 0、0 < t < t_F)$,

$C(x,t) = C_L(x \leqslant W + 0、0 < t < t_F)$

$$t_F = \frac{h^2}{4D\beta^2} \tag{5.53}$$

$$\frac{C_S - C_B}{C_L - C_S} = -\sqrt{\pi}\beta \exp\beta^2 \mathrm{erfc}(\beta) \tag{5.54}$$

式中　t_F—— 等温凝固时间,s;

D—— 扩散系数,mm^2/s;

h—— 液相厚度,mm;

β—— 液相界面向中间层迁移速率常数,mm/s;

C_L—— 液相线时的成分浓度,%;

C_S—— 固相线时的成分浓度,%;

C_B—— 成分均匀化后的浓度,%。

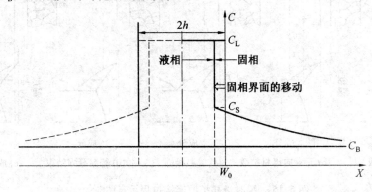

图 5.16　等温凝固过程中固液界面移动模型

（3）成分均匀化

等温凝固形成的接头,成分很不均匀。为了获得成分和组织均匀的接头,需要继续保温扩散（图 5.15(e)）。这个过程可在等温凝固后继续保温扩散一次完成,也可以在冷却以后另行加热分段完成。均匀化过程的温度与时间可根据对接头性能的要求选定。成分均匀化过程的浓度变化如图 5.17 所示,任意时刻的成分 C_P 由解析式(5.55)给出。

$$C_P = (C_0 - C_B)\mathrm{erfc}\left(\frac{h}{2\sqrt{Dt}}\right) + C_B \tag{5.55}$$

其边界条件为

$C(x,t) = C_0(x \leqslant |h|)$;

$C(x,0) = C_B(x \geqslant |h|)$;

$C(\infty,t) = C_B$。

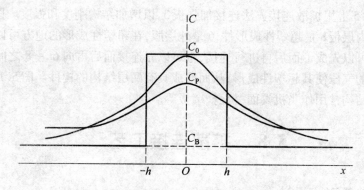

图 5.17　成分均匀化过程及元素的浓度分布变化

5.7　超塑性成形扩散连接原理

超塑性是指在一定的温度下,对于等轴细晶粒组织,当晶粒尺寸、材料的变形速率小于某一数值时(如钛合金晶粒尺寸小于 3 μm,变形速率为 $10^{-3} \sim 10^{-5}/s$),拉伸变形可以超过 100%,甚至达到数千倍,这种行为称为材料的超塑性行为。材料的超塑性成形和扩散连接的温度在同一温度区间,因此可以把成形与连接放在一起进行,从而构成超塑性成形扩散连接工艺。用这种新的热加工方法可以制造钛合金薄壁复杂结构件(如飞机大型壁板、翼梁、舱门、发动机叶片等),并已经在航天、航空领域得到应用,如波音 747 飞机上有 70 多个钛合金结构件就是应用这种方法制造的。用这种方法组成的结构件,与常规方法相比质量小,刚度大,可减轻质量 30%,降低成本 50%,提高加工效率 20 倍。

超塑性成形扩散连接的典型结构如图 5.18 所示。图 5.18(a)是单层加强结构件,即

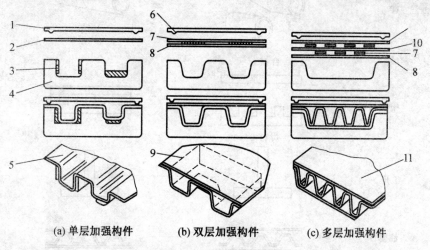

(a) 单层加强构件　　(b) 双层加强构件　　(c) 多层加强构件

图 5.18　超塑性成形扩散连接的典型结构

1—上模密封压板;2—超塑性成形板坯;3—加强板;4—下成形模具;5—超塑性成形件;
6—外层超塑性成形板坯;7—不连续涂层区;8—内层板坯;9—超塑性成形的两层结构件;
10—中间层板坯;11—超塑性成形的三层结构件

在超塑性成形件 5 上用扩散连接方法连接加强板 3,以增加结构刚度和强度。图 5.18(b)是双层板结构,内层板 8 是超塑性成形件,6 是外层版,在超塑性成形的地方可以出现扩散连接,这种方法可以先成形而后再进行连接,也可以先连接而后再向 6 ~ 8 之间通入惰性气体,通过均匀的气压使其超塑性成形,从而形成具有两层结构的构件。图 5.18(c) 为多层板结构,这种结构常用作飞机翼面、机身、壁板等。

5.8　扩散连接工艺

5.8.1　接头形式设计

扩散连接的接头形式比熔化焊类型多,可进行复杂形状的接合,如平板、圆筒、管、中空、T 形及蜂窝结构均可进行扩散连接。在实际生产中常用的接头形式如图 5.19 所示。

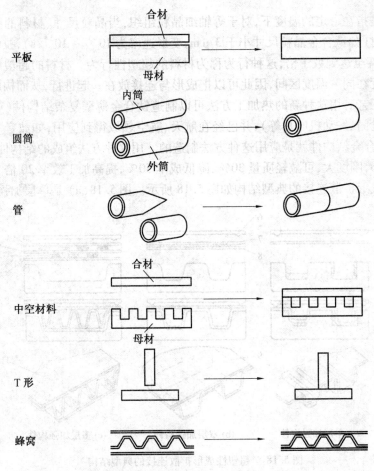

图 5.19　扩散连接常见的接头形式

5.8.2　扩散连接工艺参数的选择

扩散连接参数主要有温度、压力、时间、气氛环境和试样的表面状态,这些因素之间相互影响、相互制约,在选择焊接参数时应综合考虑。此外,扩散连接时还应考虑中间层材料的选择。

1. 连接温度

连接温度 T 越高,扩散系数越大,金属的塑形变形能力越好,连接表面达到紧密接触所需的压力越小。但是,加热温度受到再结晶、低熔点共晶和金属间化合物生成等因素的影响。因此,不同材料组合的连接温度,应根据具体情况,通过实验来选定。从大量实验数据来看,连接温度大都在 $(0.5 \sim 0.8)T_m$ (母材熔化温度) 范围内,最适合的温度一般为 $0.7T_m$。对瞬时液相扩散连接温度,常选择在可生成液相的最低温度附近,温度过高将引起母材的过量溶解。

固相扩散连接时,元素之间的互扩散引起化学反应,温度越高,反应越激烈,生成反应相的种类越多。同时,在其他条件相同时,随着温度的增加,反应层厚度越厚。图 5.20 是 SiC/Ti 界面的反应层厚度与时间、温度的关系。从图 5.20 中可以看出,连接时间相同时,提高温度可以大幅度增加接头反应层的厚度。

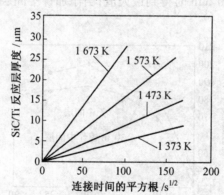

图 5.20　SiC/Ti 反应层厚度与连接温度及连接时间的关系

接头强度是多方面因素综合的结果,是由各反应层本身的强度、各反应层间界面强度以及反应层与母材之间的界面强度所决定。在其他条件一定时,连接温度与接头强度存在最佳值。图 5.21 所示为连接温度对锡青铜与钛扩散连接接头强度的影响,当温度在 1 073 K 以下,即使施加很大的压力,接头强度仍然很低,主要原因是温度过低,界面处于活化状态的原子少,无法形成良好的接合界面。连接温度在 1 073 ~ 1 093 K 范围内,接头强度随温度的上升而增加,在 1 093 K 时达到 165 MPa 的最大强度值。但连接温度进一步增加,接头强度逐渐下降。由断口分析可知,接合界面出现了脆性的金属间化合物,该化合物层随温度的增加而变厚,从而降低了接头强度。

2. 扩散连接时间

扩散连接时间 t 也称为保温时间,主要决定原子扩散和界面反应的程度,同时也对所连接金属的蠕变产生影响。连接时间不同,所形成的界面产物和界面结构也不同。扩散

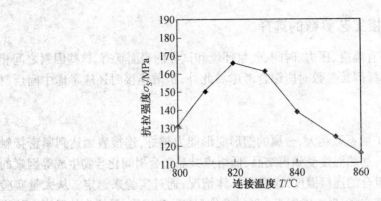

图 5.21　连接温度对钛／锡青铜接头强度的影响

连接时,要求接头成分均匀化的程度越高,连接时间就将以平方的速度增长。在实际扩散连接工艺中,连接时间从几分钟到几小时,甚至达到几十小时。但从提高生产率考虑,连接时间越短越好。若缩短连接时间,必须相应地提高温度与压力。

接头强度一般是随连接时间的增加而上升,而后逐渐趋于稳定。接头的塑形,伸长率和冲击韧度与扩散连接时间的关系也与此相似。图 5.22 是铜与钢的接头强度与连接时间的关系,在连接时间为 20 min 时得到最大值;当添加镍中间层时,接头强度有所提高,但变化趋势相同。

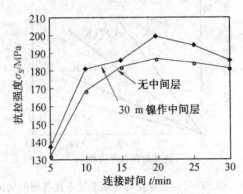

图 5.22　连接时间对铜／钢接头抗拉强度的影响

与金属之间的连接相比,陶瓷与金属扩散连接所用的时间较长。连接时间的选择必须考虑到连接温度的高低。在连接温度一定时,连接时间越长,反应层越厚。同时,受反应层厚度的影响,接头性能也随连接时间的增加而发生变化。如图 5.23 所示,SiC/Ti 扩散连接接头在反应层厚度为 5 μm 时,接头抗剪强度达到 160 MPa 的最大值;而对于 SiC/Cr 接头,反应层厚度为 2 μm 时,接头强度最大。SiC/Nb 的接头强度也随反应层厚度而变化,但没有出现明显的下降。

3. 连接压力

扩散连接时单位面积上的压力 p 主要为促使连接表面产生塑性变形及达到紧密接触状态,使界面区原子激活,加速扩散与界面孔洞的弥合及消失,防止扩散孔洞的产生。压力越大,温度越高,紧密接触的面积也越多。但不管压力多大,在扩散连接的初期不可能

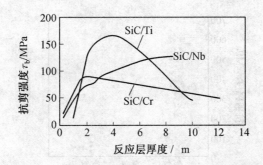

图 5.23 SiC/金属接头强度与反应层厚度的关系

是连接表面达到100%的紧密接触状态,总有一小部分演变成界面孔洞。目前,扩散连接规范中应用的压力范围很宽,最小只有 0.04 MPa(瞬时液相扩散连接),最大可达 350 MPa(热等静压扩散连接),而一般压力为 10 ~ 30 MPa。

压力较小时,增大压力可以使接头强度提高和伸长率增大。图 5.24 是用 Cu 或 Ag 连接 Al_2O_3 陶瓷,用 Al 连接 SiC 时的变化趋势。与连接温度和时间的影响一样,压力也存在最佳值,在其他规范参数不变的条件下,最佳压力时接头可以获得最佳强度。另外,压力的影响还与材料的类型、厚度及表面氧化状态有关。

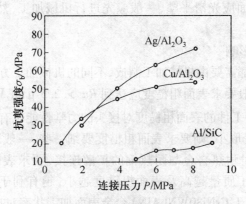

图 5.24 连接压力对接头抗弯强度的影响

4. 环境气氛

扩散连接一般在真空、非活性气体或大气气氛环境下进行。一般来说,真空扩散连接的接头强度高于在非活性气体和空气中连接的接头强度。真空中的材料在温度升高时,气体会从零件和真空室内壁中析出。计算和实验结果表明,真空室内的真空度在常用的规范范围内($(5.33 ~ 1.33) \times 10^{-3}$ Pa),就足以保证连接表面达到一定的清洁度,从而确保实现可靠连接。

图 5.25 是用 Al 作中间层连接 Si_3N_4 时环境条件对接头强度的影响,真空连接接头强度最高,抗弯强度超过 500 MPa,接头呈交叉断裂在 Al 层和陶瓷中,Al 层中的断口为塑性,陶瓷中的断口为脆性。在氩气保护下的接头强度虽然分散度较大(330 ~ 500 MPa),但平均强度超过 400 MPa。而在大气中连接时强度低,只有 100 MPa 左右,断口分析发现,接头沿 Al/Si_3N_4 界面脆性断裂,这是由于连接时界面发生氧化反应生成 Al_2O_3 氧化膜,导致接头强度降低。

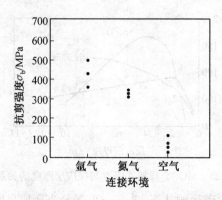

图 5.25　连接环境对 $Si_3N_4/Al/Si_3N_4$ 接头抗弯强度的影响

在 1 773 K 的高温下直接扩散连接 Si_3N_4 陶瓷时,由于高温下 Si_3N_4 陶瓷容易分解形成孔洞,因此在氮气中连接可以抑制陶瓷的分解,氮气压力高时,接头抗弯强度较高。例如,在 1 MPa 氮气中连接的接头抗弯强度在 380 MPa 左右,而在 0.1 MPa 氮气中连接的接头,抗弯强度下降了 1/3,只有 220 MPa。

5. 表面状态

扩散连接材料的表面应光滑平整,一般应先进行机械加工,然后再去除加工表面的油、绣及表面氧化膜。

(1) 表面粗糙度的影响

几乎所有的焊接件都需要由机械加工制成,不同的机械加工方法,获得的粗糙等级不同。扩散连接的试件一般要求表面粗糙度应达到 $Ra > 2.5\ \mu m(\nabla 6)$ 以上。

扩散连接时,被连接工件的表面粗糙度对接头的力学性能也有影响,高温下不易变形的材料,连接时的塑性变形小,则要求表面粗糙度要细一些,一般来讲,工件表面粗糙度 Ra 在 $0.63\ \mu m$ 左右。对耐热合金与耐热钢的扩散连接,要求表面粗糙度应达到 $Ra = 0.32\ \mu m$ 以上。表面加工质量越高及表面粗糙度越小,越有利于接合面之间的紧密结合。图 5.26 是 893(相当于 CrNi80WNbAlN)合金表面加工状态对扩散连接接头强度的影响(连接压力 $p = 20$ MPa),研磨加工币车削加工能够获得更高的接头强度。同时,适当增加扩散连接材料的横向膨胀率,也使接头强度增加。

Si_3N_4 陶瓷与金属连接时,表面粗糙度对接头强度的影响十分显著,粗糙的表面会在陶瓷中产生局部应力集中而容易引起脆性破坏。接头表面粗糙度对 Si_3N_4 – Al 接头抗弯强度的影响如图 5.27 所示(试件的连接温度 $T = 1\ 073$ K,压力 $P = 0.05$ MPa,连接时间 $t = 10$ min)。从图 5.27 可知,表现粗糙度为 $0.1\ \mu m$ 时,接头强度比母材强度稍低,当表面粗糙度由 $0.1\ \mu m$ 变为 $0.3\ \mu m$ 时,接头抗弯强度从 470 MPa 降低到 270 MPa。

机械去膜是去除表面氧化膜和锈蚀的最简单的方法,除机械加工外,还可以用锉刀、刮刀和砂布打磨,也可用金属丝刷、金属丝轮和砂轮去膜。对形状复杂或表面大的部件,可用喷砂或喷丸去膜,喷砂后的零件,还应作去除沙砾的的补充处理。

(2) 表面清理

待连接零件在扩散连接前的加工和存放过程中,被连接表面不可避免地形成氧化物、

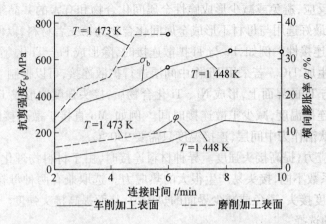

图 5.26　镍基合金接头抗弯强度与表面粗糙度及接头变形率的关系

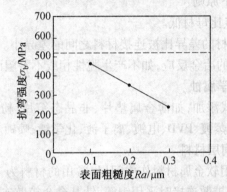

图 5.27　表面粗糙度对 $Si_3N_4/Al/Si_3N_4$ 接头抗弯强度的影响

覆盖着油脂和灰尘等。在连接前需经过脱脂、去除氧化物及气体处理等工艺过程。

6. 中间层选择

扩散连接时,中间层材料非常主要,除了能够无限互溶的材料以外,异种材料、陶瓷、金属间化合物等材料多采用中间夹层来进行扩散连接。中间层材料不仅在固相扩散连接时使用,而且在液相扩散连接中的应用也比较广泛。

（1）中间层的作用

中间层在扩散连接时主要起以下作用:

① 改善表面接触,减小扩散连接时的压力。对于难变形材料,扩散连接时采用软质金属或合金作中间层,利用中间层的塑性变形和塑性流动,使接合界面达到紧密接触,提高物理接触效果,减少达到紧密接触所需的时间。同时,中间层材料的加入,使界面的浓度梯度变大,促进元素的扩散,加速扩散空洞的消失。

② 可以抑制夹杂物的形成,促进其破碎或分解。例如,铝合金表面易形成一层稳定的 Al_2O_3 氧化物层,扩散连接时该层不向母材中溶解。可以采用 Si 作为中间层,利用 Al-Si 共晶反应形成液膜,促进 Al_2O_3 层破碎。又如,镍基合金表面也容易形成氧化膜,扩散连接时,由于微量氧的存在,可在连接界面促进碳化物和氮化物的形成,影响接头性能。若采用镍箔作中间层进行扩散连接,可以对这些化合物的生成起抑制作用。

③ 改善冶金反应,避免或减少形成脆性金属间化合物和有害的共晶组织。异种金属材料扩散连接时,最好选用与母材不形成金属间化合物的第三者材料,以便通过控制界面反应,改善材料的连接性。例如,Fe 与 Ti 扩散连接时,除形成 Fe-Ti 化合物以外,Fe 中的 C 元素和 Ti 反应生成 TiC。若采用 Ni 作中间层进行扩散连接,可以抑制 TiC 脆性相的出现。而且,在 Ni 与 Ti 的界面上,形成 Ni-Ti 化合物后,接头强度比形成 TiC 时高。

④ 可以降低连接温度,减少扩散连接时间。例如,Mo 直接扩散连接时,连接温度为 1 260 ℃,而采用钛箔作为中间层,连接温度只需要 930 ℃。

⑤ 控制接头应力,提高接头强度。异种材料连接时,由于材料物理化学性能的突变,特别是因热膨胀系数不同,接头易产生很大的热应力。选取兼有两种母材性能的材料作为中间层,形成梯度接头,避免或减少界面的热应力,从而提高接头强度。

(2)中间层的选择

中间层选择应遵循以下原则:

① 容易塑形变形,熔点比母材低。

② 物理化学性能与母材的差异比被连接材料之间的差异小。

③ 不与母材产生不良的冶金反应,如不产生脆性相或不希望出现的共晶相。

④ 不引起接头的电化学腐蚀。

中间层可采用多种方式添加,如薄金属垫片、非晶态箔片、粉末(对难以制成箔片的脆性材料)和表面镀膜(如蒸镀、PVD、电镀、离子镀、化学镀、喷镀、离子注入等)。

(3)固相扩散连接中间层材料

在固相扩散连接中多用软金属材料作中间层,常用的材料为 Ti、Ni、Cu、Al、Ag、Au 及不锈钢。例如,镍基超合金扩散连接时采用镍箔,钛基合金扩散连接时采用钛箔。常用的中间层材料及扩散连接参数见表 5.4。

表 5.4　固相扩散连接时常用中间层材料及连接参数

连接母材	中间层	连接参数			
		压力 /MPa	温度 /℃	时间 /min	气氛
Al/Al	Si	7 ~ 15	580	1	真空
Be/Be	—	70	815 ~ 900	240	非活性气体
Be/Be	Ag	70	705	10	真空
Mo/Mo	—	70	1 260 ~ 1 430	180	非活性气体
Mo/Mo	Ti	70	930	120	Ar
Mo/Mo	Ti	85	870	10	真空
Ta/Ta	—	70	1 315 ~ 1 430	180	非活性气体
Ta/Ta	Ti	70	870	10	真空
Ta-10W/Ta-10W	Ti	70 ~ 140	1 430	0.3	真空
Cu-20Ni/ 钢	Ni	30	600	10	真空
Al/Ti	—	1	600 ~ 650	1.8	真空
Al/Ti	Ag	1	550 ~ 600	1.8	真空
铝 / 钢	Ti	0.4	610 ~ 635	30	真空

在陶瓷与金属的扩散连接中,活性金属中间层可选择 V、Ti、Nb、Zr、Hf、Ni-Cr 及 Cu-Ti 等。为缓解陶瓷与金属接头的残余应力,中间层的选择可分为三种类型,即单一的金属中间层、多层金属中间层和梯度金属中间层。单一的金属中间层通常采用软金属,如 Cu、

Ni、Al 及 Al - Si 合金等,通过中间层的塑形变形和蠕变变形来缓解接头的残余应力。例如,在进行 Si_3N_4 陶瓷与钢的扩散连接中发现,当不采用中间层时,接头中的最大残余应力为 350 MPa;当分别采用 1.5 mm 厚的 Cu 和 Mo 中间层时,接头中的最大残余应力的数值分别降至 180 MPa 和 250 MPa。多层金属中间层降低接头残余应力的效果更好,一般在陶瓷一侧施加低热膨胀系数、高弹性模量的金属,如 W、Mo 等;而在金属一侧施加塑性好的软金属,如 Ni、Cu 等。梯度金属中间层是按弹性模量或热膨胀系数逐渐变化设计的,整个中间层表现为在陶瓷一侧的部分热膨胀系数低、弹性模量高;而在金属一侧的部分热膨胀系数高、塑性好。也就是说,从陶瓷一侧过渡到金属一侧,梯度中间层的弹性模量逐渐降低,而热膨胀系数逐渐增高,这样能更有效地降低陶瓷／金属接头的残余应力,提高接头的性能。

(4) 液相扩散连接中间层

液相扩散连接时,除了要求中间层(钎料)具有上述性能以外,还要求与母材润湿性好、凝固时间短、含有加速扩散的元素(如 B、Be、Si 等)。对于钛基合金,可以使用含有 Cu、Ni、Zr 等元素的钛基中间层。对铝及其铝合金,可以使用含有 Cu、Si、Ag 等元素的铝基中间层。

5.9　扩散连接设备

5.9.1　扩散连接设备的分类

1. 按照真空度分类

根据工作室所能达到的真空度或极限真空度,可以把扩散连接设备分为四类:低真空度(0.1 Pa 以上)、中真空度($0.1 \sim 10^{-3}$ Pa)、高真空(小于 10^{-5} Pa) 焊机和低压或高压保护气体扩散焊机。根据连接工作在真空中所处的情况,可分为焊件全部处在真空中的焊机和局部真空焊机。局部真空扩散焊机仅对焊接区域进行保护,主要用来连接大型工件(如轴、管等)。

2. 按照热源类型和耐热方式分类

进行扩散连接时,加热热源的选择取决于连接温度、工件的结构形状及大小。根据扩散连接时所应用的加热热源和加热方式,可以把焊机分为感应加热、辐射加热、接触加热、电子束加热、辉光放电加热、激光加热及光束加热等。实际应用中最广泛的是高频感应加热和电阻辐射加热两种方式。

3. 其他分类方法

根据真空室的数量,可以将扩散连接设备分为单室和多室两大类;根据真空连接的工位数(传力杆的数量),又可分为单工位和多工位焊机;根据自动化程度,又可分为手动、半自动和自动程序控制。

5.9.2　扩散连接设备的组成

不论何种加热类型的扩散连接设备,均由以下全部或其中的几部分组成。

1. 真空系统

真空系统包括真空室、机械泵、扩散泵、管路、切换阀门和真空计组成。真空室的大小应根据焊接工件的尺寸确定,对于确定的机械泵和扩散泵,真空室越大,抽到 10^{-3} Pa 所需的时间就越长。在一般情况下,机械泵能达到的真空度为 10^{-1} Pa,扩散泵可以达到 $10^{-3} \sim 10^{-5}$ Pa 真空度。为了加快抽真空时间,一般还要在机械泵和扩散泵之间增加一级增压泵(罗斯泵)。

2. 加热系统

高频感应扩散焊接设备采用高频电源加热,工作频率为 $60 \sim 500$ kHz,由于肌肤效应的作用,该类频率区间的设备只能加热较小的工件。对于较大或较厚的工件,为了缩短感应加热时间,最好选用 $500 \sim 1\ 000$ Hz 的低频焊接设备。感应线圈由铜管制成,内通冷却水,其形状可根据焊件的形状进行设计,一般为环状,线圈可选用 1 匝或多匝。在焊接非导电的陶瓷等材料时,应采用间接加热的方法,可在工件与感应线圈之间加圆筒状石墨导体,利用石墨导体产生的热量进行焊接加热。

电阻加热真空扩散连接设备采用辐射加热的方法进行连接,加热体可选用钨、钼或石墨材料。真空室中应由耐高温材料(一般用多层钼箔)围城的均匀加热区,以便保持温度均匀。

3. 加压系统

为了使被连接件之间达到密切接触,扩散连接时要施加一定的压力。对于一般的金属材料,在合适的扩散连接温度下采用的压力范围为 $1 \sim 100$ MPa。对于陶瓷、高温合金等难变形的材料,或加工表面粗糙度较大,或当扩散连接温度较低时,才采用较高的压力,扩散连接设备一般采用液压或机械加压系统,在自动控制压力的扩散连接设备上一般装有压力传感器,以此实现对压力的测量和控制。

4. 控制系统

控制系统主要实现温度、压力、真空度及连接时间的控制,少数设备还可以实现位移测量及控制。温度测量采用镍铬 – 镍铝、钨 – 铼、铂 – 铂铑等热电偶,测量范围为 $293 \sim 2\ 573$ K,控制精度范围为 $+5 \sim +10$ K。采用压力传感器测量施加的压力,并通过与给定压力比较进行调节。控制系统多采用计算机编程自动控制,可以实现连接参数显示、存储、打印等功能。

5. 冷却系统

为了防止设备在高温下损坏,应对扩散泵、感应加热线圈、电阻加热电极及辐射加热的炉体等按照要求通水冷却。

参考文献

[1]夏立芳,张振信. 金属中的扩散[M]. 哈尔滨:哈尔滨工业大学出版社,1989.

[2]孙振岩,刘春明. 合金中的扩散与相变[M]. 沈阳:东北大学出版社,2002.

[3]赵品,谢辅洲,孙振国. 材料科学基础教程[M]. 3 版. 哈尔滨:哈尔滨工业大学出版社,2009.

[4]方洪渊,冯吉才. 材料连接过程中的界面行为[M]. 哈尔滨:哈尔滨工业大学出版社,2005.

[5]李亚江. 特种连接技术[M]. 北京:机械工业出版社,2007.

[6]赵熹华,冯吉才. 压焊方法及设备[M]. 北京:机械工业出版社,2005.

第6章 冷压焊和热压焊

冷压焊和热压焊都是变形焊的一种形式。冷压焊的整个过程是在室温下进行的,但冷压焊的变形程度大、施焊压力比较大。焊接件在强大的外界压力下,工件表面的氧化膜破裂并被塑性流动的金属挤向焊接件外部,使纯金属紧密接触,达到原子间结合,最后形成牢固的焊接接头。热压焊的焊接本质与冷压焊相同,但在工件加热条件下施加压力,使被焊界面金属产生塑性变形,形成界面金属原子间的结合。

6.1 冷 压 焊

6.1.1 冷压焊的原理与特点

1. 冷压焊的基本原理

冷压焊是在没有外部热源或电流作用的条件下,仅仅通过在室温下对工件施加压力使金属产生塑性变形,从而实现固态焊接的一种方法。

利用压力使被焊金属产生塑性变形是为了满足两方面需要:首先通过相当大的塑性变形量来破坏结合界面的氧化膜及其他杂质排挤出界面;其次通过塑性变形克服界面的不平度,使已经纯洁的被焊金属表面达到原子间距$(4 \sim 6) \times 10^{-8}$ cm,形成晶间结合。

按接头形式,冷压焊分为对接和搭接两类。其焊接过程示意图如图6.1、6.2所示。

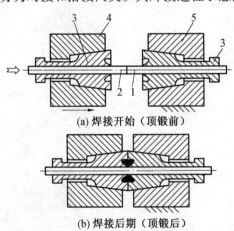

(a) 焊接开始(顶锻前)

(b) 焊接后期(顶锻后)

图 6.1 对接冷压焊过程示意图

1、2— 工件;3— 钳口;4— 活动夹具;5— 固定夹具

下面以接冷压焊为例,介绍冷压焊的焊接过程。焊接时,首先将清理过的被焊母材放入夹具的钳口中,使端头伸出一定长度,然后夹紧。活动夹具向前移动,根据被焊材料的性质及端面大小进行加压顶锻。同时,被焊端面产生局部塑性变形,挤出端面部分金属及

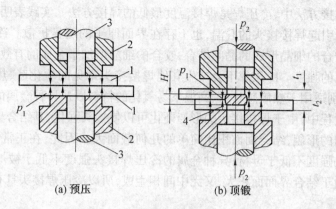

图 6.2　搭接冷压点焊过程示意图

1— 焊件;2— 预压模具;3— 压头;4— 焊缝;　t_1、t_2— 焊件厚度;H— 焊缝

杂质,结束顶锻。松开夹具,退回活动夹具至第二次加压前所需的位置,使接头两端又保持伸出一定长度,然后再夹紧,进行第二次顶锻。这样重复 1 ~ 3 次(次数视不同材料而定),完成对接冷压焊过程。

实现冷压焊的两个重要因素:一是施加于焊件间一定的压力,这是金属产生局部塑性变形和原子间结合的必要条件;二是在该压力下,焊件端面金属必须具有足够的塑性变形量,这是实现焊接的充分条件。如果在封闭的模腔内进行冷压焊接,施加的压力再大,因金属不可能有足够的塑性变形,也不会实现冷压焊接。

另外,有些情况下单依靠压力和塑性变形还是不够的。因为焊件端部产生塑性变形时,某些局部区域的温度升高,在两个被焊件之间的局部还会发生原子扩散,这种扩散过程在温度升高的区域进行得更加强烈,扩散能加强两金属接触面的结合。严格来说,促成冷压焊的因素共有四个,即压力、足够的塑性变形、塑形变形时产生的温度和原子扩散。当然,为了能够顺利地进行冷压焊,要求被焊金属在低温下应具有很大的塑性,所以硬金属材料进行冷压焊是比较困难的。

在冷压焊的生产实践中,保证焊接质量所必需的塑性变形量通常用变形程度来表示,这是讨论材料冷压焊接性和控制焊接质量的关键。变形程度是指实现冷压焊所需要的最小塑性变形量。材料冷压焊所需的变形程度越小,冷压焊焊接性就越好。但是对于不同的金属材料,最小塑性变形量是不一样的。例如,纯铝的变形程度最小,说明其冷压焊焊接性最好,钛次之。但在实际的冷压焊接过程中,焊件的塑性变形量也不宜过大。因为过大的塑性变形量会增加焊接接头的冷作硬化现象,使韧性下降。如对于铝及大多数铝合金搭接冷压焊时,塑性变形量一般控制在 65% ~ 70%。

2. 冷压焊的特点及使用范围

(1) 冷压焊的特点

冷压焊是在常温下只靠外加压力使金属产生强烈塑性变形而形成接头的焊接方法。加压变形时,工件接触面的氧化膜被破坏并被挤出,能净化焊接接头。冷压焊的压力一般高于材料的屈服强度,以产生 60% ~ 90% 的变形量。加压方式可以缓慢挤压、滚压或加冲击力,也可以分几次加压达到所需的变形量。

在几十种焊接方法中,冷压焊是焊接温度最低的焊接方法。实践表明,冷压焊过程中的变形速度不会引起焊接接头的升温,也不存在界面原子的明显扩散。冷压焊中金属的结合是界面处咬合的细晶形成的晶间结合,咬合的细晶增加了金属的有效结合面积,使冷压焊接头有较高的强度。冷压焊不会产生其他焊接接头常见的软化区、热影响区和脆性中间相,因此特别适用于热敏感材料、高温下易氧化的材料以及异种金属的焊接。

在冷压焊过程中,由于焊接接头的形变硬化可以使接头强化,其结合界面呈现复杂的峰谷和犬牙交错的形貌,结合面面积比简单的几何截面大。因此,在正常情况下,同种金属的冷压焊接头强度不低于母材;异种金属的冷压焊接头强度不低于被焊接头较软一侧金属的强度。由于结合界面面积大,又无中间相生成,所以冷压焊接头具有优良的导电性和抗腐蚀性能。

冷压焊由于不需加热与填料,焊接的主要工艺参数由模具尺寸确定,故易于操作和实现自动化,焊接质量稳定,生产率高,成本低。由于不用焊剂,接头不会引起腐蚀。焊接时接头温度不升高,材料组织状态不变,适于异种金属和热焊法无法实现的一些金属材料和产品的焊接。目前,冷压焊已成为电气行业、铝制品业和太空焊接领域中最重要的几种焊接方法之一。

冷压焊特别适用于在焊接中要求必须避免母材软化、退火和不允许烧坏绝缘的一些材料或产品的焊接。例如,某高强度变形时效铝合金导体,当温度超过 150 ℃ 时,强度成倍下降;某些铝合金通信电缆或铝壳电力电缆,在焊接铝管之前就已经装入了电绝缘材料,焊接时的温度升高不允许超过 120 ℃。石英谐振子及铝质电容器的封盖工序、Nb-Ti 超导线的连接等也可以采用冷压焊。

同种金属或硬度相差较小的金属间具有良好的冷压焊接性;硬度相差较大的异种金属间冷压焊须采用工艺措施改善其冷压焊接性。异种材料在热焊时往往会产生脆性金属间化合物,而由于冷压焊是在室温下实现异种金属的连接,原子之间难以实现化学反应生成脆性金属间化合物,因此冷压焊也是焊接异种材料较适合的方法。

冷压焊所需设备简单,工艺简便,劳动条件好。冷压焊接件的形状和尺寸主要决定于加压模具的结构。对于硬度较高的材料,冷压焊常需要多次加压,有时需重复顶锻 2~4 次才能使界面完全焊合。冷压焊所需的挤压力较大,大截面工件焊接时设备较庞大,搭接焊后工件表面有较深的压坑,因而在一定程度上限制了它的应用范围。

(2) 冷压焊的适用范围

① 冷压焊特别适于异种金属和热焊法无法实现的一些金属材料的焊接。在模具强度允许的前提下,很多不会产生快速加工硬化或未经严重硬化的塑性金属,如 Cu、Al、Ag、Au、Ni、Zn、Cd、Ti、Sn、Pb 及其合金都适于冷压焊。它们之间的任意组合,包括液相、固相不相溶的非共格金属的组合,也可进行冷压焊。

当焊接塑性较差的金属时,可在工件间放置厚度大于 1 mm 塑性好的金属垫片,作为过渡材料进行冷压焊,其接头强度等于变形硬化后的垫片强度。

② 对接冷压焊可焊接的最小断面为 0.5 mm^2(用手动焊钳),最大断面可达 1 500 mm^2(用液压机)。其断面形状为简单的线材、棒料、板材、管材和异型材,通常用于材料的接长或制造双金属过渡接头。

③搭接冷压焊可焊接的厚度为 0.01 ~ 20 mm 的箔材、带材及板材。搭接点焊常用于电气工程中的导线或母线的连接；搭接缝焊可用于气密性接头，如容器类产品等。套压焊多用于电器元件的封装焊等。

④冷压焊适用于焊接不允许升温的产品。有些金属材料必须避免焊接时引起母材软化和退火，例如，HL1 型高强度变形时效铝合金导体，当温升超过 150 ℃ 时，其强度成倍下降，这种金属材料宜用冷压焊；某些铝外导体通信电缆或铝皮电力电缆，在焊接铝管之前已经装入绝缘材料，其焊接温度不允许高于 120 ℃，也宜用冷压焊。

6.1.2　冷压焊设备与模具

1. 冷压焊设备

冷压焊设备主要是指冷压焊钳和冷压焊机两类，图 6.3 为台式冷焊机。冷压焊钳主要用于对接冷压焊，手工冷压焊适于现场安装使用，可焊接直径 ϕ1.2 ~ 2.3 mm 的铝导线，在焊接电缆厂应用非常广泛。冷压焊接主要有对焊和点焊两种形式，其中冷压对焊机应用较广。冷压对焊机由机架、机头、送料机构和剪刀装置等部分组成。在通信、电力电缆和小型变压器厂，较大截面的焊件大多采用冷压焊机连接。

图 6.3　台式冷焊机

冷压焊模具的结构尺寸对焊接压力的影响很大，这对冷压焊机的设计者来说是至关重要的，但是对冷压焊机的使用者来说，只要冷压焊设备定型生产，其模具结构尺寸也就定型，可根据焊机的技术参数选取焊接压力。各类冷压焊机（钳）的吨位、可焊断面积及其他技术参数见表 6.1。

表 6.1　各类冷压焊机（钳）的吨位、可焊断面积及其他技术参数

冷压焊设备	压力 /kgf[①]	可焊断面积 /mm²		
		铝	铝与铜	铜
携带式手焊钳	1 000	0.5 ~ 20	0.5 ~ 10	0.5 ~ 10
台式对焊手钳	1 000 ~ 3 000	0.5 ~ 30	0.5 ~ 20	0.5 ~ 20
小车式对焊手钳	1 000 ~ 5 000	3 ~ 35	3 ~ 30	3 ~ 20
气动对接焊机	5 000	2.0 ~ 200	2.0 ~ 20	2.0 ~ 20
	800	0.5 ~ 7	0.5 ~ 4	0.5 ~ 4
液压对接焊机	20 000	20 ~ 200	20 ~ 120	20 ~ 120
	40 000	20 ~ 400	20 ~ 250	20 ~ 250
携带式搭接手焊钳	800	厚度在 1 mm 以下		
气动搭接焊机	50 000	厚度在 3.5 mm 以下		
液压搭接焊机	40 000	厚度在 3 mm 以下		

①1 kgf = 9.806 65 Pa

在冷压焊生产中，由于形成冷压焊接头所必需的变形程度是由模具决定的，只要有足够大的焊接压力，焊件表面状态满足冷压焊要求，焊接质量就可以保证，而与焊接施工人

员的技巧无关。

2. 冷压焊模具

冷压焊是通过模具对焊接件施加压力,使待焊部位产生塑性变形来实现焊接。模具的结构和尺寸决定了接头的尺寸和质量。因此,冷压焊模具的合理设计和加工也是保证冷压焊接头质量的关键。不同焊接类型其模具各异,对接冷压焊模具为钳口,搭接冷压点焊的模具为压头,缝焊的模具为压轮等。

(1)点焊压头

搭接冷压点焊的压头形式较多,根据压头的形状,压头(或焊点)可分为圆形(实心或空心)、矩形、菱形、环形等,如图 6.4 所示。按照压头数目,可分为单点点焊和多点点焊。单点点焊又分为双面点焊和单面点焊。

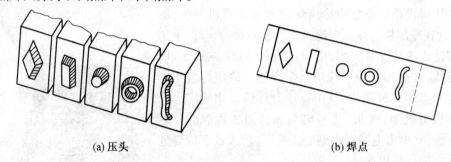

(a) 压头   (b) 焊点

图 6.4 搭接冷压焊的压头与焊点形状

压头尺寸根据焊接件厚度(h_1)确定。圆形压头直径(d)和矩形压头的宽度(b)不宜过大或过小。压头尺寸一般为 $d = (1.0 \sim 1.5)h_1$ 或 $b = (1.0 \sim 1.5)h_1$;矩形压头的长边取 $(5 \sim 6)b$;不等厚焊接件冷压点焊时,压头尺寸以较薄焊接件厚度(h_1)确定,$d = 2h_1$ 或 $b = 2h_1$。冷压点焊时,材料的压缩率由压头压入深度来控制。可以通过设计带轴肩的压头来实现,或通过在轴肩外围加设套环装置来控制。

(2)缝焊模具

冷压焊可以焊接直长焊缝或环状焊缝,气密性能够达到很高的要求,而不会出现采用熔化焊方法常见的气孔和未焊透等焊接缺陷。具体的冷压缝焊形式包括冷滚压焊、冷套压焊和冷挤压焊,其模具形式如图 6.5 所示。

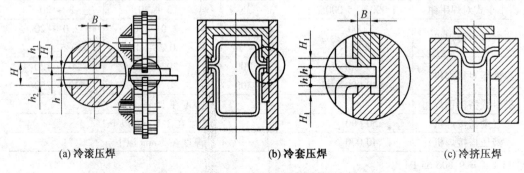

(a) 冷滚压焊   (b) 冷套压焊   (c) 冷挤压焊

图 6.5 冷压缝焊的形式

① 冷滚压焊。冷滚压焊与电阻缝焊类似，焊件在一对滚动的压轮间通过完成焊接，所不同的是在此只加压而不加热（通电）。滚压焊通过压轮施加焊接压力，因此它的结构和尺寸将直接影响焊接工艺参数。

压轮直径要适当，压轮直径（D）越大，所需要的焊接压力急剧增加，如图6.6所示。但是压轮直径同时也是决定焊件能否自然入机、使滚焊得以顺利进行的重要因素。工件能够自然入机的条件是：$D \geqslant 175\Delta h (\Delta h = h_1 - h_2)$，在满足此条件的基础上尽可能选用直径较小的压轮。

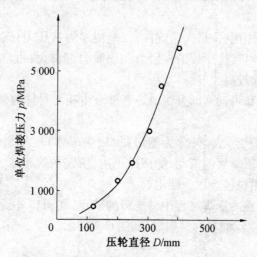

图6.6 压轮直径与单位焊接压力的关系

（条件 $\sigma_S = 50$ MPa，$\varepsilon = 70\%$，$H = 1.8$ mm，$\mu = 0.25$）

压轮工作凸台宽度（B）和高度（H）的尺寸也要适当。它与冷压点焊的压头相似。工作凸台两侧的台阶类似于轴肩，起到控制压缩率和防止焊接件边缘翘起的作用。合理的凸台宽度为

$$\frac{1}{2}h < B < 1.25H \tag{6.1}$$

合理的凸台高度为

$$H_1 = \frac{1}{2}(\varepsilon H + C) \tag{6.2}$$

式中 B——凸台的宽度，mm；

     H_1——凸台的高度，mm；

     H——焊件的总厚度，mm；

     h——焊道的厚度，mm；

     ε——压缩率，%；

     C——主轴间弹性模量，通常 C 为 0.1～0.2 mm。

② 冷套压焊及冷挤压焊。冷套压焊和冷挤压焊都是生产封闭性小型容器的高效方法。

a. 冷套压焊。 根据焊接件的尺寸（圆形或矩形）设计相应结构与尺寸的上模和下

模。下模由模座承托,上模与压力机上夹头相连接,作为活动模,如图6.5(b)所示。套压焊的模具体积和质量较大,由于所焊面积较大,所需要的焊接压力相应地比冷滚压焊大得多。因此,套压焊模具只适用于较小焊接件的封焊。

b. 冷挤压焊。冷挤压焊根据内外帽形工件的形状和尺寸设置相应的阴模(固定模)和阳模(活动模),如图6.5(c)所示。阳模与压力机上的上夹头相连接。阴模与阳模的工作周缘需制成圆角,以免在冷压焊过程中损伤焊件。

与冷套压焊相比较,冷挤压焊所需的焊接压力小,常作为铝质电容器的封头焊接。

(3) 对接冷压焊钳口

对接冷压焊钳口的作用:一是夹紧焊件;二是传递焊接压力;三是控制焊接件塑性变形的大小和切掉飞边。对接冷压焊的夹紧力和顶锻力都很大,钳口材料必须用模具钢制造,钳口的制造精度要求较高。

冷压焊钳口由固定和可动两部分组成。各部分由相互对称的半模组成,焊接时,各部分夹持一个焊接件。

根据钳口端头的结构形式,可分为槽形钳口、尖形钳口、平型钳口和复合型钳口四种。其中尖形钳口有利于金属的流动,能挤掉飞边,所需的焊接压力小;平型钳口与尖形钳口则相反,目前平型钳口已经很少使用。

为了克服尖形钳口在冷压焊过程中易崩刃的缺点,在刃口外设置了护刃环和溢流槽(容纳飞边),成为应用广泛的复合型钳口,如图6.7所示。

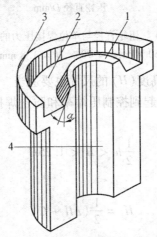

图6.7 尖形复合钳口示意图

1— 刃口;2— 飞边溢流槽;3— 护刃环;4— 内腔;α— 刃口导角(α 不大于30°)

图6.7中1为刃口,焊接时能切去焊口的飞边;2为飞边溢流槽,切去的飞边存放在这里;3是护刃环,防止刃口受到过大的压力;4是钳口的内腔,这部分必须与焊件的外形完全吻合。为避免顶锻过程中焊接件在钳口中打滑,除给予足够的夹紧力外,还要增加钳口内腔与焊接件间的摩擦因数,具体措施是对钳口内腔表面进行喷丸处理或加工出深度不大的螺纹状沟槽。α 为刃口倒角,不可大于30°,以减小切削阻力。

钳口内腔形状依被焊工件形状设计,可以是简单断面,也可以是复杂异形断面。对于断面积相差不大的不等工件,可采用两组不同内腔尺寸的钳口。焊接扁线用的组合钳口如图6.8所示。对接管材时,管件内应装置相应的心轴。

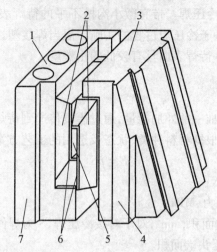

图 6.8 焊接扁线用钳口的结构

1— 固定模座;2— 钳体;3— 滑动模座;4— 护刃面;5— 型腔;6— 刃口;7— 扩刃面

对接冷压焊钳口的关键部位是刃口。刃口厚度通常为 2 mm 左右,楔角为 50° ~ 60°。此部位须进行磨削加工,以减小冷压焊顶锻时变形金属的流动阻力,避免卡住飞边。在选用钳口材料时,要求工作部位的硬度控制在 45 ~ 55 HRC。硬度太大,韧性差,易崩刃;硬度太小,刃口会变成喇叭口状,使焊接接头镦粗。

6.1.3 冷压焊工艺

室温下不加热、不加焊剂的冷压焊,其质量主要取决于焊前工件的状态和工件被焊部位塑性变形的大小。焊接界面清洁和足够的压力是冷压焊的必要条件。

1. 焊件表面状态

（1）焊接表面的清洁度

待焊件表面的油膜、水膜及其他有机杂质对冷压焊质量有重要影响,由这些杂质在挤压过程中形成的微小薄膜,不论焊接时产生多大的塑性变形量,都无法将其彻底挤出结合面,因此在焊前必须清除。

清理的方法可以用化学溶剂、超声波、机械加工、烘烧等,但效果最好、效率最高的是用钢丝刷或钢丝轮清理。钢丝轮的丝径为 0.2 ~ 0.3 mm,材质最好是不锈钢丝,其旋转线速度以 1 000 m/min 为宜。用钢丝刷或轮刷刷光之前应先去除表面油脂,以免污染刷子。钢丝轮清理后不允许表面留有残渣或氧化膜粉屑,常用负压吸取装置把它清除掉。清理后的表面不准用手触摸及再污染,以免造成已清理表面的再次污染,必须尽快施焊。对铝来说,清理后,必须在约 30 min 之内完成焊接。

对接冷压焊的待焊断面也同样要清洁,但要求不如搭接高,通常从焊件端部切去一段,以露出新的清洁表面即可上机焊接。所用剪刀必须无油或无其他金属残屑,以防止切口污染。

（2）待焊表面的粗糙程度

在通常条件下,冷压焊对接焊接件待焊表面的粗糙度没有严格要求,经过轧制、剪切或车削的表面都可以进行冷压焊。带有微小沟槽不平的待焊表面,在挤压过程中有利于整个结合面切向位移,有助于冷压焊过程的实施。但当焊接塑性变形量小于20%和精密真空冷压焊时,要求焊接件待焊表面具有较低的粗糙度。

2. 焊接参数

（1）焊接压力

压力是冷压焊过程中唯一的外加能量,通过模具传递到待焊部位,使被焊金属表面产生塑性变形。焊接总压力根据材料种类、状态及选用的工艺方案按下式确定:

$$F = pS$$

式中　F—— 焊接压力,N;

　　　p—— 单位面积压力,MPa;

　　　S—— 焊件的横截面积,mm²,对于对接冷压焊,S为焊件的横截面积,对于搭接冷压焊,S为压头端面积。

在冷压焊过程中,由于塑性变形产生的加工硬化和模具对金属的拘束力,会使单位焊接压力增大,通常要比被焊材料的σ_s高很多倍。对接冷压焊时,工件随变形而被镦粗,使工件的名义截面积不断增大。因此,冷压焊后期所需的焊接压力比焊接初始时的焊接压力大得多。表6.2是几种常用金属单位面积冷压焊所需的压力。

表6.2　几种常用金属单位面积冷压焊所需的压力　　　　　　　　　MPa

材料	搭接焊	对接焊	材料	搭接焊	对接焊
铝与铝	750 ~ 1 000	1 800 ~ 2 000	铜与镍	2 000 ~ 2 500	2 500
铝与铜	1 500 ~ 2 000	大于2 000	HLJ 型铝合金	1 500 ~ 2 000	大于2 000
铜与铜	2 000 ~ 2 500	2 500			

（2）变形程度

冷压焊接头获得最大强度所需要的最小变形量称为冷压焊的变形程度,它是判断材料冷压焊接性的重要参数,所需的变形程度越小,焊接性就越好。

冷压焊接头形式的不同,其变形程度表示方法也不同。搭接的变形程度用压缩率 ε 表示,即

$$\varepsilon = \frac{(t_1 + t_2) - H}{t_1 + t_2} \times 100\% \tag{6.3}$$

式中　t_1、t_2—— 焊件厚度,mm;

　　　H—— 压缩后剩余厚度,mm。

各种材料的最小压缩率见表6.3,表中的压缩率是在材质相同、厚度相等、冷压点焊的条件下获得的。生产中为保证焊接质量,选用压缩率时可比表中数据大5% ~ 15%。具体数值应经试验确定。

表6.3 各种材料搭接点焊的最小压缩率 ε

材料名称	纯铝	工业纯铝	铝合金	钛	硬铝	钛与镍
压缩率/%	60	63	70	75	80	94
材料名称	铅	镉	铜与铝	铜与铅	铜与银	铜
压缩率/%	84	84	84	85	85	86
材料名称	铝与钛	锡	镍	铁	锌	银
压缩率/%	88	88	89	92	92	94

对接冷压焊的塑性变形程度用总压缩量 L 表示,它等于焊接件伸出长度与顶锻次数的乘积,即总压缩量的表达式为

$$L = n(l_1 + l_2)$$

式中　l_1—— 活动钳口一侧工件的每次伸出长度,mm;

l_2—— 固定钳口一侧工件的每次伸出长度,mm;

n—— 挤压次数。

总压缩量是保证对接冷压焊接头质量的重要参数。对于塑性好、形变硬化不强烈的金属,工件的伸出长度通常小于或等于其直径或厚度,可一次顶锻焊成。对硬度较大、形变硬化较强的金属,其伸出长度通常等于或大于工件的直径或厚度,需要多次顶锻才能焊成。对于大多数材料,顶锻次数一般不大于三次。

材料对接冷压焊的最小总压缩量见表6.4。

表6.4 各种材料对接冷压焊的最小总压缩量

材　料	每一焊接件的最小总压缩量		顶锻次数	伸出长度/mm
	圆形件(直径 d)	矩形件(厚度 h_1)		
铝与铝	$(1.6 \sim 2.0)d$	$(1.6 \sim 2.0)h_1$	2	对于塑韧性较好、变形硬化不强烈的金属,焊接件的伸出长度通常小于或等于其直径或厚度,可一次顶锻焊成。对于硬度较大、形变硬化较强的金属,其伸出长度通常等于或大于焊接件的直径或厚度,需要多次顶锻才能焊成
铝与铜	铝 $(2 \sim 3)d$ 铜 $(3 \sim 4)d$	铝 $(2 \sim 3)h_1$ 铜 $(2 \sim 3)h_1$	3	
铜与铜	$(3 \sim 4)d$	$(3 \sim 4)h_1$	3	
铝与银	铝 $(2 \sim 3)d$ 银 $(3 \sim 4)d$	铝 $(2 \sim 3)h_1$ 银 $(3 \sim 4)h_1$	$3 \sim 4$	
铜与镍	铜 $(3 \sim 4)d$ 镍 $(3 \sim 4)d$	铜 $(3 \sim 4)h_1$ 镍 $(3 \sim 4)h_1$	$3 \sim 4$	

为了减少顶锻次数,总希望伸出长度尽可能大些,但容易失稳弯曲。同种材料相焊时,通常取伸出长度为 $(0.8 \sim 1.3)d$ 或 $(0.8 \sim 1.3)h_1$,断面小的工件取下限,大的取上限;异种材料相焊时,各自的伸出长度以弹性模量 E 值之比选取,较软件的伸出长度应取小些。

6.1.4　冷压焊的应用

1. 同种材料的冷压焊

同种材料的焊接是比较常见的,从表6.5可以看到,大部分同种材料能够进行冷压焊,但钨和锌不能。同种金属的冷压焊,只要焊接压力适宜,即可得到合格的焊接接头。

常见的主要有铜、铝、金、银的焊接。铜及铜合金的焊接压力为 2 000 ~ 2 500 MPa;铝及铝合金的焊接压力为 750 ~ 1 000 MPa(搭接 1 800 ~ 2 000 MPa)。

例如,采用电阻焊连接铝线,接头对中非常困难,而且退火时间和温度也很难确定,而采用冷压焊机的自动对中则操作非常方便,质量也优于电阻焊。铝导线接头的抗拉强度试验表明,冷压焊接头的抗拉强度一般都与母材的强度接近。表 6.6 列出了铝导线冷压焊、电阻对焊以及电阻对焊退火后接头抗拉强度的对比。

表 6.5　各种金属采用冷压焊的焊接性

材料	Ti	Cd	Pt	Sn	Pb	W	Zn	Fe	Ni	Au	Ag	Cu	Al
Ti	A	C	C	C	C	C	C	B	C	C	C	B	B
Cd	C	A	C	B	B	C	C	C	C	C	C	C	C
Pt	C	C	A	B	B	C	B	C	B	B	B	B	B
Sn	C	B	B	A	C	C	C	C	C	C	C	C	C
Pb	C	B	B	A	A	C	C	C	C	B	B	B	B
W	C	C	C	C	C	C	C	C	C	C	C	C	B
Zn	C	C	B	C	B	C	C	B	B	B	B	C	B
Fe	B	C	C	C	C	C	B	A	B	C	C	C	B
Ni	C	C	B	C	B	C	B	B	A	B	B	B	B
Au	C	C	B	C	B	C	B	B	B	A	B	B	B
Ag	C	C	C	C	B	C	B	C	B	B	A	B	B
Cu	B	C	B	C	B	B	B	B	B	B	B	A	B
Al	B	C	B	C	B	C	B	B	B	B	B	B	A

注:A 为同种金属焊接;B 为焊接性良好;C 为焊接性差或无报道数据

表 6.6　采用不同焊接方法获得的铝导线对接接头的抗拉强度

母材及接头	抗拉强度 /MPa	断裂位置
铝导线(母材)	172.5	—
冷压焊接头	大于等于 172.5	断在接头处
电阻对焊接头	96	断在接头处
电阻对焊退火接头	88.2	断在接头处

电力电缆中纯铜导线的焊接也常采用冷压焊,采用液压式冷压焊设备焊接直径 $\phi 8$ mm 的铜导线,只需 45 s 就能完成焊接过程。型材和带材也可以采用冷压焊的方法进行焊接,并且接头平整,强度高,成品率高。此外,还有一些电子产品如金属壳高精密石英谐振器的封装也可以在真空排气台内实现冷压焊。

2. 异种材料的冷压焊

在焊接生产中,异种材料的焊接是比较常见的。但由于两种材料的性能和晶格不同,在热焊时可能会产生一些影响接头强度的组织。在采用冷压焊时,由于是在常温下完成焊接,焊接接头不会出现因冶金反应而产生气孔、裂纹、脆化等类型的缺陷。

(1) 异种材料进行冷压焊必须具备的条件

从金属学的知识可知,两种不同的材料焊接时,接头有一个过渡区,这个区域会因两种材料物理化学性能的不同,而影响焊接接头的力学性能和使用性能,冷压焊也是如此。为了保证异种材料冷压焊的接头性能,异种材料进行冷压焊必须具备的如下条件:

① 被焊金属(至少是其中一种)的塑性好,能产生足够大塑性变形。

② 被焊金属表面的氧化膜薄而脆,在塑性变形时容易被压碎。

③ 在塑性变形过程中,接触面部位金属储藏的弹性变形足够小。

只有在满足上述条件时,才能顺利进行冷压焊。

(2) 异种材料的冷压焊特点

简单来说,异种材料冷压焊的特点如下:

① 节能。冷压焊时不需要加热,接头不出现熔化状态,因此可节约大量的电能。

② 省时。由于焊接过程不需要加热,节省加热和冷却的辅助时间。

③ 无缺陷。由于冷压焊不进行加热,因此冷压焊接头不会出现因剧烈加热而造成的有害影响;冷压焊接头不产生脆性的中间相结构和低熔点共晶体,因此异种材料冷压焊接头不容易产生裂纹。

④ 易控。用冷压焊焊接异种材料时,操作方便,容易实现机械化和自动化,生产率高。异种材料冷压焊焊接接头的强度,应不低于被焊较软金属的强度。比如,铝与钢直接采用冷压焊,接头的抗拉强度与铝合金强度差不多。

对于异种材料焊接接头的使用温度要分别予以限制。如 1Crl8Ni9Ti 与 5A05 铝合金冷压焊接头加热到 350 ℃ 保温 1 ~ 2 h,接头的抗拉强度降低到母材的 1/15 ~ 1/20,甚至会发生开裂现象,在接触界面处出现二次相。此外,由于温度的升高,在 5A05 铝合金一侧,离结合界面 0.5 ~ 2.5 mm 的冷作层上可能产生应力集中,影响冷压焊接头的质量。

对于铝 – 铜的冷压焊接头,要求使用的短期温升(1 h 内) 应限制在 300 ℃ 以下;长期的允许使用温升不超过 200 ℃。

(3) 典型异种材料冷压焊举例

下面以铜与铝的冷压焊为例说明冷压焊过程。铜与铝的冷压焊是在室温下,靠顶锻塑性变形(80%) 来实现连接的,所以不会产生铜与铝的中间化合物。由于两种材料自身的固体表面局部流动变形,而使原子间达到有效结合程度,最后成为一个整体。

铜与铝冷压焊时,在压力的作用下,铜与铝发生塑性变形,接触面积随着压力的增加而变大,接触面上的铜、铝向四周位移,不断造成新的纯金属间的相互紧密接触,铜、铝原子之间的距离逐渐接近,互相渗入,形成原子的混合过渡,直到铜、铝内部结合的程度为止。同时,铜、铝的塑性变形使其金属晶格发生了滑移和变形,从而产生了局部高热,助长了金属中不均匀质点的相互渗入,推动原子扩散。

铜与铝的冷压焊接头较多采用对接和搭接接头,其连接工艺分别如下:

① 对接冷压焊。焊前首先清除铜、铝表面上的油垢和其他杂质等,将铜、铝的接触端面加工成具有规整、平直的几何尺寸,尤其是铜、铝焊件的对准轴线不可有弯曲现象。端面的加工可采用简单的切削、车削等机械方法。另外,焊前可对铜、铝件进行退火处理使之软化,增加焊件的塑性变形能力。铜与铝对接冷压焊的工艺参数见表 6.7。

表 6.7　铜与铝对接冷压焊的工艺参数

焊件直径 /mm	每次伸出长度 /mm		顶锻次数	顶锻力 /MPa
	Cu	Al		
6	6	6	2 ~ 3	大于等于 1 960
8	8	8	3	3 038
10	10	10	3	3 332
矩形:5 × 25	6	4	4	大于等于 1 960

图 6.9 是铜 – 铝对接冷压焊接头显微组织,从冷压焊接头金相显微组织图看出,焊缝组织非常致密,焊缝结合面两侧组织均发生滑移和变形。这种滑移和变形是在焊接挤压过程中,金属被挤出形成飞边造成的。由于近缝区晶粒组织结构被压缩,变得很致密,因此这部分组织的强度和韧性均得到提高。

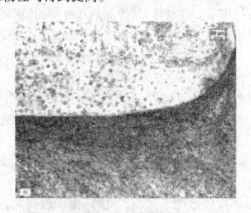

图 6.9　铜 – 铝对接接头冷压焊显微组织

②搭接冷压焊。对于铜与铝的板 – 板、线 – 线、线 – 板、箔 – 板、箔 – 线等形式的冷压焊,较多采用搭接接头。首先将待焊部位的表面清理干净,不可有任何污点与杂质。然后,将工件装配于夹具之间,并对上、下压头施加压力,使铜、铝件各自都产生足够大的塑性变形而形成焊点。这种冷压焊的形式有单面的,也有双面的。焊点的形状有圆形的,也有矩形或方形的,圆形的较多,矩形的较少。圆形焊点的直径 $d = (1 \sim 1.5)\delta$(δ 为工件厚度)。矩形焊点尺寸为宽度 $b = (1.0 \sim 1.5)\delta$,长度 $L = (5 \sim 6)b$。

如果铜、铝两焊件的厚度相差较大,可采用单面变形方法进行焊接。此时圆焊点的直径 $d = 2\delta$。矩形焊点尺寸为:宽度 $b = 2\delta$,长度 $L = 5b$。如果多点时,应交错分布,其焊点中心距应大于 $2D$(D 为压头直径),对于矩形焊点应倾斜分布。

铜 – 铝搭接冷压点焊的工艺参数见表 6.8。

表 6.8　铜 – 铝搭接冷压点焊的工艺参数

焊接尺寸 /mm	搭接长度 /mm	焊点数 /个	焊点直径 /mm		压头总长 /mm		压点中心距离 /mm	边距 /mm	压力 /kN
			Al	Cu	Al	Cu			
40 × 4	70	6	7	8	30	55	10	10	235.2
60 × 6	100	8	9	10	30	55	15	15	382.2
80 × 8	120	8	12	13	30	55	25	15	431.2

6.2　热　压　焊

冷压焊由于焊接温度是在常温之下,金属材料的塑性较差,不仅焊接所需的压力较大,而且其焊接范围也受到限制。如果对焊件适当加温,而且其焊接所需的压力会显著降低,这就是热压焊。热压焊的焊接本质与冷压焊完全相同,但是在加热条件下对工件施加压力,使被焊界面金属产生足够的塑性变形,形成界面金属原子间的结合。

6.2.1　热压焊的原理及特点

热压焊的基本原理是:将金属丝与器件芯同时加热加压,使接触面产生塑性变形,而两种金属的原始交界面处几乎接近到原子间距离范围时,两种金属原子产生相互扩散。同时由于接触面的不平整,当在一定的压力作用下,高低不平的接触表面相互填充,从而产生弹性嵌合作用。最后,使两者紧密结合,形成牢固的键接。

在热压焊时,为了避免残余应力造成连接的破坏,被连接材料之一应具有大的塑性。热压焊的温度不得高于被连接材料的低共熔点,通常相当于其中可塑性较高的金属的回火或退火温度。

为了保证热压焊接能形成可靠的连接,必须具备如下条件:

① 在焊接时,两种被焊工件中至少有一种具有可塑性,能在连接区域内产生一定的塑性变形,以防止弹性形变。因为这种弹性形变,在解除压力后的恢复过程中,会使焊接强度变弱。

② 必须加以适当的压力,以促使被焊工件完全接触。同时,还必须供给足够的热能,以使被焊工件在合理的时间内产生扩散。

③ 交界面要清洁,油污和氧化物等会影响焊接的强度。

适合于热压焊接的材料可分成三类:

① 在固态时可形成一系列的固熔体,并有良好的相互扩散作用的金属材料(如银 – 金、金 – 铜等)。

② 相互间可形成低温共熔体的材料(如铝 – 硅、金 – 硅等)。

③ 通过互相扩散作用,能形成金属间化合物和低共熔点的合金(如金 – 铝、金 – 锡等)。

在热压焊接时,由于被焊工件的双方都不需要全部熔融(像熔焊那样),也不需要加任何填料(像钎焊那样),因此,金 – 金系统、金 – 铝及全铝系统的热压焊接已经广泛应用于各种微电子器件的制造中。

有的书籍把热压焊分为电阻焊、摩擦焊、气压焊、锻焊和滚焊等。电阻焊和摩擦焊一般都有专门介绍,因此一般把热压焊作为气压焊、锻焊和滚焊的统称。

热压焊根据加热方式的不同,又可以分为工作台加热、压头加热、工作台和压头同时加热三种形式。不同加热方式的优缺点见表6.9。按照压头形状,热压焊又可以分为楔形压头、空心压头、带槽压头及带凸缘压头的热压焊,如图6.10所示。

表6.9　不同加热方式的热压焊的优缺点

加热方式	优　　点	缺　　点
工作台加热	由于加热件的热容量大,加热温度可调节,故温度稳定	整个装焊过程中需对工件加热
压头加热	可采用较紧凑的加热器简化设备结构	很难测量加热焊接区内的温度
工作台和压头同时加热	温度调节比较容易,能在较适宜的压头温度实现焊接,获得牢固焊点所需的时间最短	设备和压头的结构复杂,整个装配过程中均需对工件、压头加热

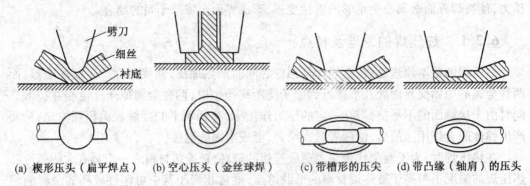

(a) 楔形压头（扁平焊点）　(b) 空心压头（金丝球焊）　(c) 带槽形的压尖　(d) 带凸缘（轴肩）的压头

图 6.10　热压焊压头形式及焊点形状

图 6.10 中(a)、(c)、(d)三种压头都是将金属引线直接搭接在基板导体或芯片的平面上。而图 6.10(b)则是一种金丝球焊法,即金属丝导线从空心爪头的直孔中送出或拉出引线,在引线端头用切割火焰将端头熔化,借助液态金属的表面张力,在引线端头形成球状,压焊时利用压头的周壁对球施加压力,形成圆环状焊缝。

6.2.2　热压焊方法的工艺特点

1. 气压焊

气压焊是用气体火焰将待焊工件端面整体加热到塑性或熔化状态,同时施加一定的压力和顶锻力,不用填加金属,而使工件焊接在一起的一种焊接方法。气压焊分为塑性气压焊(即闭式气压焊)和熔化气压焊(即开式气压焊),这两种方法都易于实现机械化操作。

气压焊可用于焊接碳素钢、低合金钢、高合金钢以及一些有色金属(如 Ni-Cu、Ni-Cr 和 Cu-Si 合金等),也可焊接异种金属。气压焊不能焊接铝和镁合金。

（1）塑性气压焊

将被焊工件端面对接在一起,为保证紧密接触需维持一定的初始压力。然后使用多点燃烧焊炬(或加热器)对端部及附近金属加热,到达塑性状态后(低碳钢约为 1 200 ℃)立即加压,在高温和顶锻力的促进下,被焊界面的金属相互扩散,晶粒融合、生长,从而完成焊接,如图 6.11 所示。

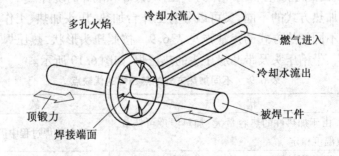

图 6.11　塑性气压焊

采用塑性气压焊时,以适当的压力将零件需连接的清洁表面对顶到一起,并用气体火焰加热直到接头处达到预定的顶锻量。塑性气压焊由于整个界面的金属并不达到熔点,所以其焊接类型不同于熔化焊。一般来说,焊接是在高温(对低碳钢约为 1 200 ℃)以及顶锻压力的作用下,通过晶粒长大、扩散以及晶粒穿过界面而结合等过程实现的。焊缝的特征是光滑的隆起表面或镦粗,而且在焊缝中心线上通常没有铸态组织。

塑性气压焊的具体步骤如下:

① 焊接表面处理。焊前必须对工件端部进行表面处理,包括两个方面:一是对待焊工件端部及附近进行清理,清除油污、锈、砂粒和其他异物;二是对待焊工件端面进行机械切削或打磨等,使待焊端部达到焊接所要求的垂直度、平面度和粗糙度。

② 加热。通常采用氧 – 乙炔焰,多点燃烧加热。焊炬有的需要强制水冷。焊炬可产生足够的热量,通过摆动使热量均匀地传播到整个被焊部位。加热燃料也可以是丙烷气体(液化石油气),但由于火焰温度低,加热速度慢,会使加热区域增大,影响焊接质量。

③ 顶锻(加压)。工件加热到一定温度后,即进行顶锻。顶锻的作用是:

a. 使工件端部产生塑性变形,增大紧密接触面积,促进再结晶。

b. 破碎工件端面上的氧化膜。

c. 将接触面周边的焊接缺陷迁移到焊瘤处,使缺陷排除。

加压和顶锻方式与被焊金属有关,可以大致分为两类。一是恒压顶锻法(主要用于高碳钢的焊接),从开始到焊接完成,压力基本保持不变,达到一定的顶锻量就完成焊接。二是非恒压顶锻法(如焊接高铬钢或非铁素体钢),初始采用较高压力,这样可以使工件端面闭合紧密,防止氧化,然后减小压力,而在接头最终顶锻时压力再增加,这种顶锻方式压力的变化范围为 40 ~ 70 MPa。表 6.10 列出了顶锻时几种典型的压力变化。表 6.11 列出了不同板厚与塑性气压焊接头平均尺寸及顶锻量的变化。焊接过程中的顶锻量与接头质量有密切关系,若顶锻量大,则焊接热影响区缩小,焊瘤厚度增加。

表 6.10　典型的气压焊顶锻方式

钢种类型	热压焊方法	压力、顶锻力 /MPa		
		初始	中间	最终
低碳钢	塑性气压焊	3 ~ 10		28
高碳钢	塑性气压焊	19		19
不锈钢	塑性气压焊	69	34	69
镍合金	塑性气压焊	45		45
碳钢及合金钢	熔化气压焊			28 ~ 34

表 6.11　塑性气压焊接头的尺寸及顶锻量　　　　　　　mm

板厚 δ	焊瘤长度 L	焊瘤高度 H	顶锻量	板厚 δ	焊瘤长度 L	焊瘤高度 H	顶锻量
3	5 ~ 6	2	3	13	19 ~ 22	5	10
6	8 ~ 13	2	6	19	27 ~ 30	6	13
10	14 ~ 16	3	8	25	32 ~ 38	10	16

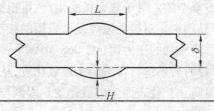

（2）熔化气压焊

熔化气压焊的焊接过程与塑性气压焊的加热方式相同,不同的是开始时要使工件离开些(图6.12),并加热到熔化状态再顶锻。在焊接开始时,火焰直接加热工件端面,当端面完全熔化时,迅速撤出焊炬,然后立即顶锻,完成焊接。对工件施加的压力保持在28～34 MPa。这里获得均匀的加热(断面上)、精确的对中以及适当的顶锻量是十分重要的。

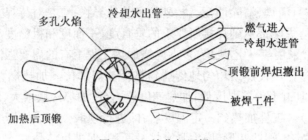

多孔火焰　冷却水出管　燃气进入　冷却水进管　顶锻前焊炬撤出　被焊工件　加热后顶锻

图6.12　熔化气压焊

（3）气压焊设备

气压焊设备包括:

① 顶锻设备,一般为液压或气动式。

② 加热焊炬(或加热器),为待焊工件端面区域提供均匀并可控制的热量。

③ 气压、气流量、液压显示、测量和控制装置。

气压焊设备的复杂程度取决于被焊工件的形状、尺寸及焊接的机械化程度。在大多数情况下,应采用专用加热焊炬和夹具。供气必须采用大流量设备,并且气体流量和压力的调节和显示装置可在焊接所需要的范围内进行稳定调节和显示。气体流量计和压力表要尽量接近焊炬,以便操作者迅速检查焊接时燃气的气压和流量。有时为了冷却焊炬,也会在钳口和加压部位增加大容量的冷却装置。

2. 锻焊

锻焊是先将零件加热至接近熔点的温度,然后将工件叠合在一起,施加足够的压力或锤击以使界面产生永久变形,从而形成金属结合的一种方法。这是最早的焊接方法。现在的锻焊往往采用现代化的加热和加压手段以达到工件连接。这种方法当前主要用于生产管子和复合金属。

低碳钢是最常用的锻焊连接的金属。这种材料的薄板、棒材、管材和板材都容易进行锻焊。锻焊的工艺参数是锻压总量和锻焊温度。

要获得致密的焊缝一般需要较高的锻焊温度。但温度高时往往焊接接头的晶粒粗大而脆性增加,为此,锻焊后进行退火以细化接头的组织并改善接头韧性。钢的锻焊温度范围一般是1 149～1 288 ℃。

锻焊总量的控制是比较复杂的。对于复合板的生产,可根据两板的焊前、焊后的厚度变化来确定,而对接时则不易确定。对接的锻焊最常采用的接头形式是斜接接头,其他形式的接头也可以进行锻焊。所施加的压力可达2 068 MPa。

对于某些金属来说,锻焊时若不进行保护会生成氧化皮,从而影响金属的结合。锻焊某些金属时必须使用焊剂以防止工件表面生成氧化皮。焊剂与存在的氧化物结合而在工件表面上形成保护性覆盖层。该覆盖层能阻止形成更多的氧化物,并能降低已有氧化物的熔点。用于钢的两种焊剂是石英砂和硼砂(四硼酸钠)。对于高碳钢锻焊,最常用的焊剂是硼砂。由于硼砂的熔点较低,所以可在金属加热过程中将它撒到工件上。石英砂常作为锻焊低碳钢的焊剂。

3. 滚焊

滚焊是将金属加热到一定温度,然后用滚轮施加压力使接合表面变形而产生金属结合。这种方法最常用于生产复合钢板。这种工艺也常列为轧钢工艺。

6.2.3 热压焊的应用及典型结构的热压焊

1. 钢轨的气压焊

气压焊用于焊接钢轨的优点是一次性投资小,焊机的质量小,无需大功率电源,焊接时间短,焊接质量可靠;缺点是焊前对预焊端面的处理要求十分严格,并且在焊接时需要钢轨沿纵向少量移动,因此在钢轨的线上焊接有时会有一定难度。

(1)焊接设备

目前使用的移动式钢轨气压焊机多为夹轨腰式,夹紧位置在钢轨纵向"中和线"上,由于轨顶和轨底受力均匀,在加压和顶锻时不产生附加弯矩。图 6.13 所示为移动式钢轨气压焊设备示意图,设备主要包括压接机、加热器、气体控制箱、高压油泵和水冷装置等。气压焊设备的各项技术条件在铁道部标准(TB/T 2622)中已做了明确规定。

YJ – 440T 型压接机的油缸额定推力为 385 kN,最大顶锻行程为 155 mm,加热器最大摆动距离为 60 mm,压接机的质量不大于 140 kg,可用于 43 ~ 75 kg/m 钢轨的焊接、焊瘤的推除和焊后热处理。待焊钢轨定位和夹紧通过紧固轨顶螺栓、轨底螺栓和砸紧轨腰斜铁来实现。液压缸内的高压油推动活塞运动,使钢轨端部通过斜铁相互挤压实现顶锻或推瘤。加热器以导柱作为轨道沿钢轨轴线方向往复运动。

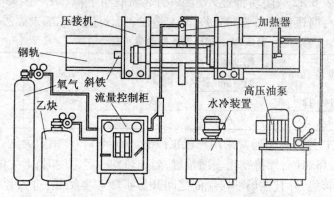

图 6.13 移动式钢轨气压焊设备示意图

加热器按混气方式分为射吸式、等压式和强混式;按结构可以分为对开单(或双)喷射器式和开启单喷射器式。目前,在我国应用较多的是射吸式对开加热器。图 6.14 所示为射吸式对开加热器(单喷射器)示意图,它由加热器本体和喷射器组成。加热器本体分成对称并可拆卸的两部分,每侧有燃气和水冷系统。混合器由喷射室、混气室和配气调节装置组成。

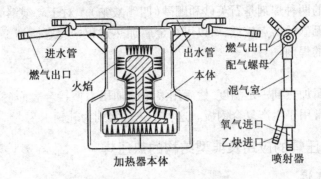

图 6.14　射吸式对开加热器（单喷射器）示意图

（2）焊接工艺

钢轨热压焊工艺包括焊前端面打磨、对轨、焊接加热、顶锻、去除焊瘤和焊后热处理等。钢轨热压焊的工艺步骤如下：

① 钢轨端面打磨。焊前的端面打磨分为两步：第一步使用端面打磨机将钢轨端面磨平，使端面的平面度及端面与钢轨纵向轴线的垂直度公差在 0.5 mm 以内；第二步对磨平后的端面用清洁的锉刀精锉，清除机械磨平时表面产生的异物和氧化膜等。在精锉时应注意使轨底两端略微凸起，这样有利于防止轨底两端在加热时产生污染。

② 对轨及固定钢轨。将压接机骑放在钢轨上，穿上轨底螺栓并预拧紧。将钢轨端面对齐，然后拧紧轨顶螺栓，使钢轨紧靠轨底螺栓。将斜铁打紧，进一步拧紧轨底螺栓，确保钢轨在焊接顶锻过程中不出现打滑现象。

③ 焊接加热。预顶锻后即可进行加热。加热器点火通常采用爆鸣点火，燃烧采用轻微碳化焰，即氧气与乙炔的燃烧比值为 0.8 ~ 1.1。加热器在加热时必须来回摆动，摆动量和摆动频率见表 6.12。摆动量过大，容易引起轨底角下塌，破坏接头成形；摆动量过小，局部热量集中，钢轨表面与芯部温差加大，造成表面过烧而芯部未焊透。

表 6.12　加热器的摆动量和摆动频率

加热时间 /s	摆动量 /mm	摆动频率/（次 · min⁻¹）	加热时间 /s	摆动量 /mm	摆动频率/（次 · min⁻¹）
0 ~ 4.5	8 ~ 12	60	5 ~ 5.5	30	60
4.5 ~ 5	15 ~ 20	60			

④ 顶锻。在焊接过程中通常采用三段顶锻法。以 60 kg/m 钢轨为例，第一段为预顶，压力控制在 16 ~ 18 MPa，保持钢轨表面接触，当加热到一定温度时，产生微量的塑性变形使钢轨表面全面接触，并且在局部接触面之间开始扩散和再结晶；进入顶锻的第二段时，将使钢轨焊合，随着时间的延长，局部表面金属开始熔化，而芯部已充分焊合；进入第三段，压力提升到 35 ~ 38 MPa，将接触面边缘有缺陷的部分挤出，局部的氧化膜被破坏，焊接结束。

⑤ 去除焊瘤。焊接接头部位形成的焊瘤（凸起）可用两种方法去除：一是用焊机的推瘤装置在焊后立即进行清除；二是焊后热态下用火焰切割法将焊瘤切除。

⑥ 焊后热处理。钢轨焊后，接头的过热区晶粒粗大，需要进行正火处理，以细化晶

粒,提高接头的强度和韧性。淬火钢轨在冷却时要对钢轨接头进行风冷或雾冷使硬度恢复。

⑦ 焊后检验。

2. 铝／钢异种金属的滚焊

日本的 Manoj 等人采用激光滚焊方法连接 A5052 铝合金和 SPCC 钢,连接示意图如图 6.15 所示,在热和力的共同作用下,使铝－钢冶金结合在一起。通过控制激光能量与材料的作用时间,可以减小界面反应层厚度。通过元素线扫描分析,界面反应层主要由 $FeAl_2$、Fe_2Al_5 和 $FeAl_3$ 组成。同时也通过实验,获得了一个关于激光能量、作用时间和滚压压力的优化范围。

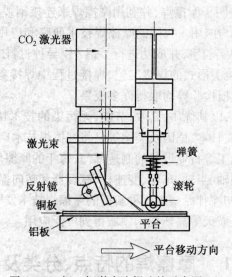

图 6.15　铝／钢激光滚焊连接示意图

参考文献

[1] 王洪光. 特种焊接技术[M]. 北京:化学工业出版社,2009.

[2] 李亚江,王娟,刘鹏. 特种焊接技术及应用[M].北京:机械工业出版社,2004.

[3] RATHOD M J,KUTSUNA M. Joining of aluminum alloy 5052 and low-carbon steel by laser roll welding[J]. Welding Research,2004(1):15-25.

第7章　摩　擦　焊

摩擦焊是利用焊件在外力作用下接触面之间或焊件与工具之间的相对摩擦运动和塑性流动所产生的热量,使界面及其附近区域达到热塑性状态并在压力作用下产生宏观塑性变形,并且通过接触面两侧材料间的相互扩散和动态再结晶而形成接头的一种固态热压焊方法。

1891年美国率先发明了摩擦焊,并利用摩擦焊来连接钢缆,随后德国、英国和日本等也开展了摩擦焊的生产与应用。我国的摩擦焊技术研究和应用与世界先进国家同步,在1957年就建立了摩擦焊实验室,并成功进行了铝/铜异种材料的摩擦焊连,并在摩擦焊机的设计制造、材质不同接头形式的焊接工艺、焊接过程中焊接参数的监控、摩擦焊接头焊后热处理和焊后接头无损检验等均取得许多成果。

摩擦焊自发明以来,以其优质、高效、节能、无污染的技术特色,深受各国制造业的重视。目前,俄罗斯、英国、日本、德国及美国等已将摩擦焊技术广泛应用于汽车、拖拉机、刀具、航空、军工、石油、化工等行业设备的制造部门,每年的摩擦焊接件达数亿万件,如汽车上的排气阀、桥壳、传动轴、半轴、车轮、变速杆、减震器和转向操纵杆等都应用了摩擦焊技术。自20世纪90年代初搅拌摩擦焊这种新型的摩擦焊技术发明以来,引起了摩擦焊应用的革命性变化,在航空、航天等高新技术领域得到广泛应用。

7.1　摩擦焊的特点、分类及原理

7.1.1　摩擦焊的特点

摩擦焊具有优质、高效、节能和无污染等特点,特别是近年来不断开发出新的摩擦焊新技术,如超塑性摩擦焊、线性摩擦焊、搅拌摩擦焊等,使其不仅在电力、化学、机械制造、石油天然气、汽车制造等产业部门得到了越来越广泛的应用,而且在航空、航天、核能、海洋开发等高技术领域也展现了新的应用前景。摩擦焊有许多地方与闪光对焊和电阻对焊相似,如焊接接头多为圆形截面对接等;不同之处是焊接热源,闪光对焊和电阻对焊是利用电阻热,而摩擦焊是利用摩擦热。与闪光焊、电阻对焊相比较,摩擦焊有如下优点:

① 接头质量高。摩擦焊属固态焊接,热影响区小,正常情况下接合面不发生熔化,熔合区金属为锻造组织,不会产生通常熔化焊的焊接缺陷。

② 适合异种材料的连接。一般来说,凡是可以进行锻造的金属材料都可以进行摩擦焊接。

③ 大批量生产易实现机械化和自动化,生产效率高。

④ 摩擦焊的加工精度高。

⑤ 设备易于机械化、自动化,操作简单。

⑥ 环境清洁,工作场地卫生,没有火花、弧光、飞溅及有害气体或烟尘。

⑦ 节能省电。摩擦焊耗能低,节能显著。

摩擦焊的缺点与局限性如下:

① 对非圆形截面焊接较困难,所需设备复杂;对盘状薄零件和管壁件,由于不易夹固,施焊也很困难。

② 由于受摩擦焊机主轴电动机功率和压力不足的限制,目前最大焊接的截面仅为 $200~\text{cm}^2$。

③ 摩擦焊机的一次性投资大,只有大批量集中生产时,才能降低焊接的生产成本。

7.1.2 摩擦焊的分类

摩擦焊的方法很多,由传统的几种形式发展到目前的 20 多种。摩擦焊方法一般根据焊件的相对运动进行分类,如图 7.1 所示。

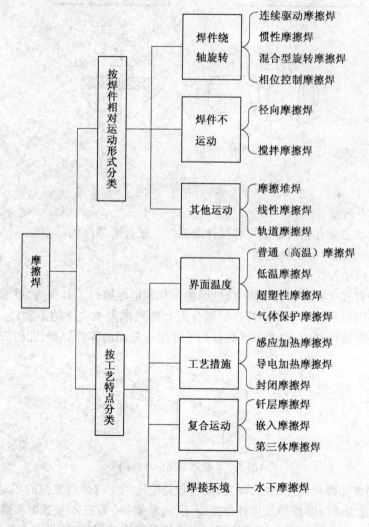

图 7.1 摩擦焊的分类

下面仅介绍摩擦焊按焊件相对摩擦运动轨迹的分类方法。

（1）焊件绕轴旋转

焊件绕轴旋转又称之为旋转摩擦焊。旋转摩擦焊有多种形式，如图7.2所示，其基本特点是至少有一个焊件在焊接过程中绕着垂直于接合面的对称轴旋转。这类摩擦焊主要用于具有圆形截面的焊件的焊接，是目前应用最广、形式最多的类型。这类摩擦焊主要有连续驱动摩擦焊、惯性摩擦焊、混合型旋转摩擦焊及相位控制摩擦焊等。

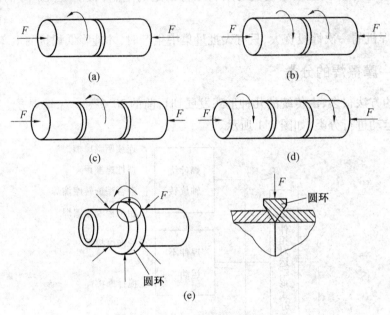

图7.2　旋转摩擦焊的各种形式

（2）焊件不运动

焊件不运动主要有径向摩擦焊和搅拌摩擦焊。搅拌摩擦焊的基本特点是需要焊接工具，且焊件不运动而焊接工具运动。

（3）其他运动方式

其他运动方式主要有摩擦堆焊、线性摩擦焊和轨道摩擦焊。其中，轨道摩擦焊使焊件接合面上的每一点都相对于另一焊件的接合面上做同样大小轨迹的运动，运动的轨迹可以是环形的或直线往复的，这类摩擦焊仅用于非圆形截面的零件焊接，如图7.3所示。

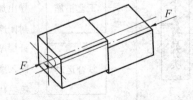

图7.3　轨道摩擦焊示意图

连续驱动摩擦焊和惯性摩擦焊的共同特点是依靠两个待焊件之间的相对摩擦运动产生热能，又称之为传统摩擦焊。搅拌摩擦焊、嵌入摩擦焊、第三体摩擦焊和摩擦堆焊等是依靠搅拌头与待焊件之间的相对摩擦运动产生热量而实现焊接，通常称为新型摩擦焊。

7.1.3 常用摩擦焊的原理

在实际生产中,连续驱动摩擦焊、惯性摩擦焊、相位控制摩擦焊、搅拌摩擦焊、线性摩擦焊、径向摩擦焊、嵌入摩擦焊和摩擦堆焊的应用比较普遍,其原理如下。

1. 连续驱动摩擦焊

连续驱动摩擦焊是最典型的摩擦焊方法,如图 7.4 所示,其原理是利用被焊工件的相对转动,同时施加适当的轴向压力(摩擦压力),使工件接触面相互摩擦而升温,当温度达到使焊接件接触端部呈热塑性状态时,迫使工件相对转动迅速停止,同时将轴向压力加大,并适当保持压力,从而使两工件牢固地焊接在一起。

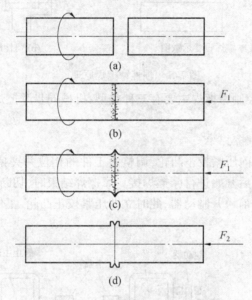

图 7.4 连续驱动摩擦焊示意图

2. 惯性摩擦焊

惯性摩擦焊又称为储能摩擦焊,其原理如图 7.5 所示。工件的旋转端夹持在飞轮里,首先将飞轮和工件的旋转端加速到一定的转速,然后飞轮与主电动机脱开,同时工件的移动端向前移动,使两工件接触后,在恒定的轴向压力作用下,飞轮的动能在工件接合面处转为热能,使焊接温度升高。当飞轮转速下降到一定值后,便通过离合器与旋转工件分开,这时旋转工件及主轴被制动,完成焊接过程。

惯性摩擦焊的主要特点:① 恒压、变速,将连续驱动摩擦焊的加热和顶锻工艺结合在一起,控制参数少(只有压力和转速),便于实现自动控制;② 焊接参数稳定性好,接头质量稳定;③ 能在短时间内释放较大能量,便于焊接大截面结构;④ 焊接周期短,热影响区窄;⑤ 不需要制动装置,焊机结构简单。在实际生产中,可通过更换飞轮或不同尺寸飞轮的组合来改变飞轮的转动惯量,从而改变加热功率。

3. 相位控制摩擦焊

相位控制摩擦焊的实质与连续驱动摩擦焊相同,但它主要用于对相对位置有要求的工件的焊接(如六方钢、八方钢、汽车操纵架等),如要求工件焊后棱边对齐、方向对正或

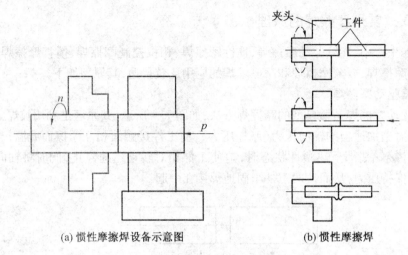

(a) 惯性摩擦焊设备示意图   (b) 惯性摩擦焊

图 7.5　惯性摩擦焊原理

相位满足要求等。相位控制摩擦焊主要有三种类型:机械同步摩擦焊、插销配合摩擦焊和同步驱动摩擦焊。

（1）机械同步相位摩擦焊

如图 7.6 所示,焊接前压紧校正凸轮,调整两工件的相位并夹持工件,将静止主轴制动后松开并校正凸轮,然后开始进行摩擦焊接。摩擦焊结束时,切断电源并对驱动主轴制动,在主轴接近停止转动前松开制动器,此时立即压紧校正凸轮,工件间的相位得到保证,最后进行顶锻。

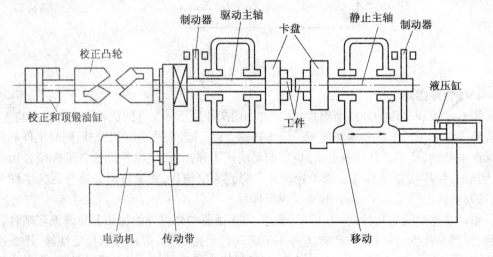

图 7.6　机械同步摩擦焊原理

（2）插销配合摩擦焊

如图 7.7 所示,相位确定机构由插销、插销孔和控制系统组成。插销位于尾座主轴上。尾座主轴可自由转动,在摩擦加热过程中制动器 B 将其固定。加热过程结束时,使主轴制动,当计算机检测到主轴进入最后一转时,给出信号,使插销进入插销孔,与此同时,松开尾座主轴的制动器 B,使尾座主轴能与主轴一起转动,这样,既可保证相位,又可防止插销进入插销孔时引起冲击。

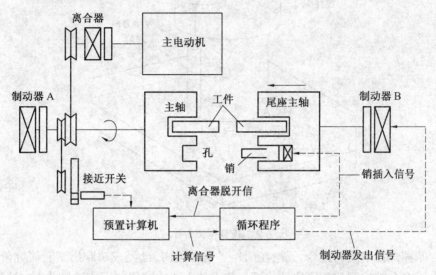

图 7.7 插销配合摩擦焊原理

(3) 同步驱动摩擦焊

为了保证工件两端旋转时的相位关系,将两个电动机同时驱动,两主轴带动工件也做同步旋转,在保持工件的相位关系不变的情况下完成摩擦焊接,如图 7.8 所示。

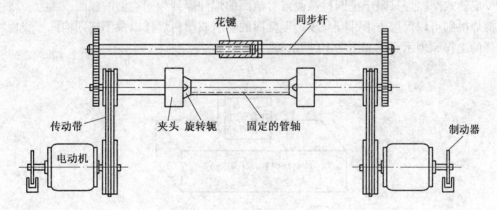

图 7.8 同频驱动摩擦焊原理

4. 搅拌摩擦焊

搅拌摩擦焊(FSW) 是英国焊接研究所(简称 TWI) 于 1991 年发明的一种固态连接技术,其原理如图 7.9 所示。它是利用一种带有搅拌针和轴肩的特殊形式的焊接工具(称之为搅拌头) 进行焊接。将搅拌针插入接合面,轴肩紧靠在工件上表面,进行旋转搅拌摩擦,摩擦热使搅拌针周围金属处于塑性状态,搅拌针前方的塑性金属在搅拌头的驱动下向后方流动并汇合,从而使待焊件压焊为一个整体。焊接过程中待焊金属不发生熔化,是一种固态塑性连接方法,可以避免熔化焊时产生的气孔、裂纹等多种缺陷,实现材料的高质量连接。在搅拌摩擦焊的过程中,搅拌头对其周围金属起着摩擦发热、碎化、搅拌、施加压力的作用。其设计制造是实现搅拌摩擦焊接的关键技术。

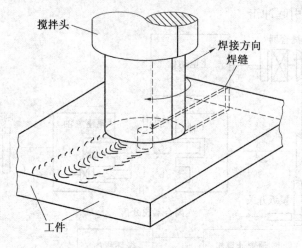

图 7.9   搅拌摩擦焊原理

搅拌摩擦焊技术发明至今,无论在国外还是在国内,已经成功跨出试验研究阶段,发展成为在铝合金结构制造中可以替代熔焊技术的工业化实用的固相连接技术。这项新型的焊接技术在航空航天飞行器、高速舰船快艇、高速轨道列车、汽车等轻型化结构以及各种铝合金型材拼焊结构制造中,已经展示出显著的技术和经济效益。

5.线性摩擦焊

旋转式摩擦焊只限于把圆柱截面或管截面的焊件焊到相同类型的截面或板上。线性摩擦焊机则可以焊接方形、圆形、多边形截面的金属或塑料焊件以及不规则构件。线性摩擦焊的工作原理示意图如图 7.10 所示。

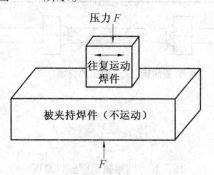

图 7.10   线性摩擦焊的工作原理示意图

在线性摩擦焊过程中,一工件为固定端,另一工件为振动端,往复机构驱动被夹紧的振动端以一定的频率、振幅做相对往复运动。随着摩擦过程的不断进行,工件表面不断被清理,接触面积不断增大并产生摩擦热,当摩擦表面的金属逐渐达到粘塑性状态并产生塑性变形时,控制两个工件在焊接零位对齐并施加一定的顶锻力,完成焊接过程。

6.嵌入摩擦焊

嵌入摩擦焊是利用摩擦焊原理把相对较硬的材料嵌入到较软的材料中。图 7.11 是嵌入摩擦焊的工作原理示意图。工作时,两个焊件之间相对运动所产生的摩擦热在软材料中产生局部塑性变形,高温塑性材料流入预先加工好的硬材料的凹区中。拘束肩迫使高温塑性材料紧紧包住硬材料的连接接头。当转动停止,焊件冷却后,即形成可靠接头,并且两侧焊件相互嵌套形成机械连接。

嵌入摩擦焊目前主要应用于电力、真空和低温应用行业非常重要的材料连接中,如铝－铜、铝－钢和钢－钢等。嵌入摩擦焊还可用于制造发动机阀座、连接端头、压盖和管板过渡接头,也可用于连接热固性材料和热塑性材料。

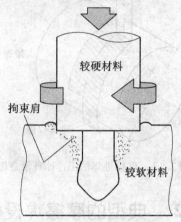

图 7.11　嵌入摩擦焊的工作原理示意图

7. 径向摩擦焊

径向摩擦焊的工作原理示意图如图 7.12 所示。待焊的管子开有坡口,管内套有芯棒,然后装上带有斜面的圆环,焊接时圆环旋转并向其施加径向摩擦压力 p,当摩擦加热过程结束时,圆环停止转动,并向圆环施加压力。径向摩擦焊接时,被焊管本身不转动,管子内部不产生飞边。在石油和天然气输送管道连接方面,径向摩擦焊具有广阔的应用前景。同时,在兵器行业中能实现薄壁纯铜与钢弹体的连接。

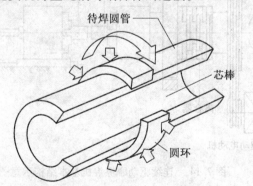

图 7.12　径向摩擦焊的工作原理示意图

8. 摩擦堆焊

摩擦堆焊是采用摩擦焊原理在工件表面堆焊一层能满足某些性能要求的异种材料,以提高构件的强度、质量、通用性和使用寿命。摩擦堆焊的工作原理示意图如图 7.13 所示。堆焊金属圆棒相对于焊件以 n_1 旋转,堆焊件(母材)也同时以转速 n_2 旋转,在压力 p_1

的作用下,圆棒和母材摩擦生热。由于母材体积大,冷却速度快,所以堆焊金属过渡到母材上形成堆焊焊缝。

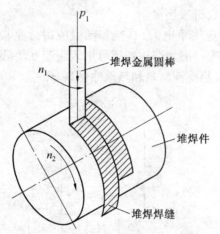

图 7.13　摩擦堆焊的工作原理示意图

7.2　典型的摩擦焊设备

7.2.1　连续驱动摩擦焊设备

连续驱动摩擦焊机主要由主轴系统、加压系统、机身、夹头、检测与控制系统以及辅助装置六部分组成,具体结构如图 7.14 所示。

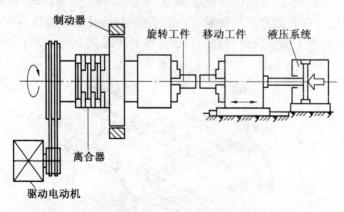

图 7.14　连续驱动摩擦焊机基本结构示意图

1. 主轴系统

主轴系统主要由主轴电动机、传动皮带、离合器、制动器、轴承和主轴等组成,主要作用是传送焊接所需要的功率,承受摩擦扭矩。

2. 加压系统

加压系统主要包括加压机构和受力机构。加压机构的核心是液压系统。液压系统包括夹紧油路、滑台快进油路、滑台工进油路、顶锻保压油路以及滑台快退油路五个部分。

夹紧油路主要通过对离合器的压紧与松开完成主轴的启动、制动以及工件的夹紧、松开等任务。当工件装夹完成后,滑台快进,为了避免两工件发生撞击,当接近到一定程度时,通过油路的切换,滑台由快进转变为工进。工件摩擦时,提供摩擦压力,依靠顶锻油路调节顶端力和顶锻速度的大小;当顶锻保压结束后,又通过油路的切换实现滑台快退。达到复位后停止运动,一个焊接循环结束。

受力机构的作用是平衡轴向力(摩擦压力、顶锻压力)、摩擦扭矩以及防止焊机变形,保持主轴与加压系统的同心度。扭矩的平衡常利用装在机身上的导轨来实现。轴向力的平衡可采用单拉杆或双拉杆结构,即以工件为中心,在机身中心位置设置单拉杆或以工件为中心,对称设置双拉杆。

3. 机身

机身一般为卧式,少数为立式。为防止变形和振动,应有足够的强度和刚度。主轴箱、导轨、拉杆及夹头都装在机身上。

4. 夹头

夹头分为旋转和固定两种。旋转夹头又有自定心弹簧夹头和三爪夹头之分。自定的弹簧夹头适用于直径变化不大的工件;三爪夹头适用于直径变化较大的工件。为了使夹持牢靠,不出现打滑旋转、后退、振动等现象,夹头与工件的接触部分硬度要高,耐磨性要好。

5. 检测与控制系统

参数检测主要涉及时间(摩擦时间、刹车时间、顶锻上升时间及顶锻维持时间)、加热功率、摩擦压力(一次压力和二次压力)、顶锻压力、变形量、扭矩、转速、温度及特征信号(如摩擦开始时刻、功率峰值及所对应的时刻)等。

控制系统包括程序控制和参数控制。程序控制用来完成上料、夹紧、滑台快进、滑台工进、主轴旋转、摩擦加热、离合器松开、刹车、顶锻保证、切除飞边、滑台后退、工件退出等顺序动作及其联锁保护等。焊接参数控制,根据工艺方案进行相应的诸如时间控制、功率峰值控制、变形量控制、温度控制、变参数复合控制等。

6. 辅助装置

辅助装置主要包括自动送料、卸料以及自动切除飞边装置等。

图 7.15 是上海三都机械有限公司生产的 SD – 250B 型连续驱动摩擦焊机。

表 7.1 是哈尔滨焊接研究所生产的连续驱动摩擦焊机的主要参数。

图 7.15   SD – 250B 型连续驱动摩擦焊机

表 7.1   哈尔滨焊接研究所生产的连续驱动摩擦焊机的主要参数

焊机型号		HAM（轴向推力）/kN								
可焊焊件规格		25	50	10	150	25	40	60	80	120
可焊件最大直径/mm（低碳钢）	空心管	$\phi20 \times 2$	$\phi20 \times 4$	$\phi38 \times 4$	$\phi43 \times 5$	$\phi73 \times 6$	$\phi90 \times 8$	$\phi80 \times 10$	$\phi100 \times 10$	$\phi27 \times 20$
	实心管	$\phi12$	$\phi16$	$\phi22$	$\phi28$	$\phi40$	$\phi50$	$\phi62$	$\phi75$	$\phi90$
焊件长度/mm	旋转夹具	50 ~ 140	50 ~ 140	50 ~ 200	50 ~ 200	50 ~ 300	50 ~ 300	50 ~ 300	80 ~ 300	100 ~ 500
	移动夹具	100 ~ 400	100 ~ 500	100 ~ 不限	100 ~ 不限	100 ~ 不限	100 ~ 不限	120 ~ 不限	120 ~ 不限	120 ~ 不限

7.2.2   惯性摩擦焊设备

惯性摩擦焊机主要由电动机、主轴、飞轮、夹盘、移动夹具、液压缸等组成,如图 7.16 所示。和连续驱动摩擦焊最主要的区别是,惯性摩擦焊机上有一个供储存机械能的飞轮。工作时,飞轮、主轴、夹盘和工件都被加速至与给定能量相应的转速时,停止驱动,工件和飞轮自由旋转,然后使两工件接触并施加一定的轴向压力,通过摩擦使飞轮的动能转换为摩擦界面的热能,飞轮转速逐渐降低,当变为零时,焊接过程结束。其各部分的工作原理与连续驱动摩擦焊机基本相同。这些焊机可以有不同的组合和改动,所有焊机均可配备自动装卸、除飞边装置和质量控制检测器,转速均可由零调节到最大。

目前,国际市场上提供摩擦焊机的国家主要有美国、德国、法国、英国和日本。表 7.2 为 MTI 公司惯性摩擦焊机的型号和技术规格。

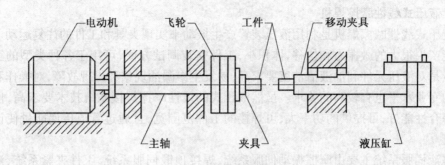

图 7.16 惯性摩擦焊机的结构

表 7.2 MTI 公司惯性摩擦焊机的型号和技术规格

型号	最大转速(转速可调)/(r·min⁻¹)	最大飞轮/(lb·ft²)(kg·m²)	最大焊接力/lbf(kN)	最大管形焊缝面积/in²(mm²)	变　型
40	45 000/60 000	0.015(0.000 63)	500(222)	0.07(45.2)	B、D、V
60	12 000/24 000	2.25(0.094)	9 000(40.03)	66(426)	B、BX、D、V
90	12 000	50(0.21)	13 000(57.82)	1.0(645)	B、BX、D、T、V
120	8 000	25(0.21)	28 000(124.54)	1.7(1 097)	B、BX、D、T、V
150	8 000	50(2.11)	50 000(222.4)	2.6(1 677)	B、BX、T、V
180	8 000	100(42)	80 000(355.8)	4.6(2 968)	B、BX、T、V
220	6 000	600(25.3)	130 000(578.2)	6.5(4 194)	B、BX、T、V
250	4 000	2 500(105.4)	200 000(889.6)	10(6 452)	B、BX、T、V
300	3 000	5 000(210)	250 000(1 112.0)	12(7 742)	B、Bx
320	2 000	10 000(421)	350 000(1 556.8)	18(11 613)	B、Bx
400	2 000	25 000(1 054)	600 000(2 668.8)	30(19 355)	B、Bx
480	1 000	250 000(10 535)	850 000(3 780.8)	42(27 097)	B、Bx
750	1 000	100 000(21 070)	1 500 000(6 672.0)	75(48 387)	B、Bx
800	500	1 000 000(42 140)	4 500 000(20 000)	225(145 160)	B、Bx

7.2.3　线性摩擦焊设备

线性摩擦焊机主要由设备本体(包括机体、框架及夹具、工作台等)、振动部分、检测控制部分等组成。其中关键是振动部分,按照产生线性往复运动的振动方式不同可分为三类:机械式、电磁式和液压式,相对应的线性摩擦焊机也按这三种激振方式来分类。

1. 机械式线性摩擦焊机

机械式线性摩擦焊机是利用旋转电动机加上一套将旋转运动转换为往复运动的传动机构组成。其优点是焊机往复牵引力大,成本低,能够焊接各种金属和非金属;缺点是实现焊机振动比较复杂,并且振幅不易改变,频率低,控制精度较差。

2. 电磁式线性摩擦焊机

电磁式线性摩擦焊机是利用交流电磁振动直接产生往复运动。其优点是频率高,振幅易调节,且可调范围大;其局限性是设备体积大,成本高,被焊接工件质量较小,并对环境产生强磁场污染。

3. 液压式线性摩擦焊机

液压式线性摩擦焊机是利用液压装置产生振动来实现夹具和工件的往复运动。这种机构能产生很大的激振力和位移,体积小,工件安装调试方便,可用于各种类型的工件。其缺点是对液压元件和油液清洁度要求高,易发生渗漏油现象和出现故障,对操作和维护人员的专业水平也有较高的要求。虽然液压式的线性摩擦焊接系统技术要求高,但是其系统综合性能好,可提供的功率大,可焊接的工件范围宽,且通过管道传递能量使设备更加紧凑。

电液伺服系统主要由摩擦振动伺服系统、焊接顶锻伺服系统、工件夹紧系统、液压油源(含蓄能器组)、电控系统、管路及附件等组成,如图 7.17 所示。

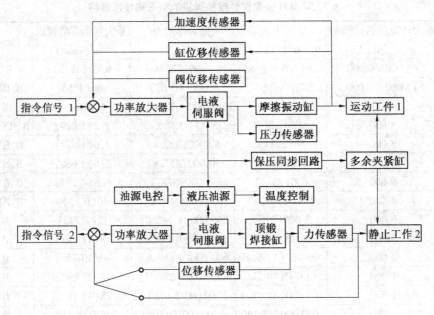

图 7.17　线性电液伺服系统方块图

1990 年由英国 Allwood、Searle、Timney 公司负责设计、Blacks 设备公司负责制造的世界上第一台线性摩擦焊机,主要用于航空发动机的制造和维修。

2010 年 3 月 3 日,穆格公司与汤普森摩擦焊接公司制造出了名为 E100 的世界上最大的线性摩擦焊机,它能够焊接面积 10 000 mm²(15 in²) 试件,是先前所能焊接最大能力的两倍,如图 7.18 所示。E100 重达 100 t,高 2.5 m,对单焊点的作用力达 100 t,相对传统手工操作而言,它的自动处理系统和快速的开关机功能大大缩短生产周期,并且在一次蓄能器蓄能充足的情况下,焊接最大并且最长规模的焊件只需要 30 s。穆格公司为 E100 而造的液压伺服系统及其他支持包括:

① 在焊接过程中,一个能够在大振幅下快速反应的封闭环系统,高级的数字控制技术以实现精确控制。普通的伺服比例阀对阀芯速度以及加速度有所限制,这就使其无法提供大振幅及快速响应。穆格阀的阀芯响应速度能达到普通阀3 ~ 4 倍。特别要注意的是,在大量焊接工作过后,要保证阀的完好性能。

② 多个数字控制伺服阀,能在 4 500 L/min(1 200 加仑/min) 的高峰流量下共同工

作,以满足大面积焊接下75～100 Hz的高频率范围要求,当设备需要进行小面积、低载荷焊接时,多个控制阀还能提高其精度。

③ 液压动力单元,提供驱动系统所需的2 MW以上的瞬时功率输出。

④ 七个400 L(105加仑)蓄压器各自都能积累足够能量来维持焊接过程中所需的高峰油流量。

⑤ 阀块与分油站、管路可将液压油输送给多个主动部件的综合辅助系统。

⑥ 摩擦焊方面的经验与专业知识和项目管理、设计、发展、操作、安装及支持服务。

图7.18　E100线性摩擦焊机伺服系统

在国内,西北工业大学研制了第一台线性摩擦焊机,型号为 XMH－160。它是利用旋转式电动机和曲柄滑块机构,将电动机的旋转运动转化为振子的往复运动。该系统中电动机与振动台都与焊机机身固定连接。静止工件固定在夹具上,振动工件在曲轴连杆的驱动下以一定的频率和振幅相对静止工件做线性往复运动。焊机采用双薄膜式气压传动加压机构,加压及消压动作灵活、迅速,压力随动性好,焊接过程中压力稳定。其主要技术参数见表7.3,焊机具有灵活的振动频率及振幅调节功能,可实现频率、振幅、摩擦时间和摩擦压力的多种组合。

表7.3　XMH－160型线性摩擦焊机的技术参数

振动频率/Hz	振幅/mm	摩擦压力/kN	顶锻压力/kN	摩擦时间/s
0～70	0～5.5	160	220	0～99

7.2.4　搅拌摩擦焊设备

搅拌摩擦焊设备从设备功能和结构上可以分为搅拌头、机械转动部分、行走部分及控制部分等。搅拌摩擦焊设备几乎与搅拌摩擦焊技术同步诞生和发展。迄今世界范围内已经有多个厂家得到英国焊接研究所的授权,成为专业化的搅拌摩擦焊设备制造商,如 EASB、FSWLI、GEMCOR、GTC、HITAHI、KAWASAKI、MTS、TWI、FSW 和北京赛福斯特技术有限公司(中国搅拌摩擦焊中心)等。

(1) 搅拌头

搅拌头是搅拌摩擦焊技术的核心,其主要功能是:

① 加热和软化被焊接材料(工件材料)。

② 破碎和弥散接头表面的氧化层。

③ 驱使搅拌头前部的材料向后部转移;驱使接头上部的材料向下部转移;使转移后的热塑化的材料形成固态接头。

为满足搅拌头的功能要求,搅拌头的材料应具有热强性、耐磨性、抗蠕变性、耐冲击性、易加工性、惰性、热稳定性、摩擦效果优良等特性。搅拌头的材料、几何形貌和尺寸不仅决定着焊接过程的热输入方式、焊接质量及效率,还影响焊接过程中搅拌头附近塑性软化材料的流动形式。搅拌头主要有锥形螺纹搅拌头、三槽锥形螺纹搅拌头、偏心圆搅拌头、偏心圆螺纹搅拌头、非对称搅拌头、柱形光头和柱形螺纹搅拌头、可伸缩搅拌头等多种形式。搅拌头实物如图 7.19 所示。

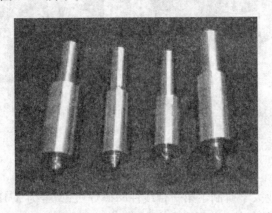

图 7.19　搅拌头

对于薄壁筒形结构件,由于零件的刚性差,筒形件的搅拌摩擦焊需要有刚性好的工艺装备支撑,承受较大的焊接压力和摩擦驱动力,以保持被焊接零件的尺寸完整性。TWI、BOEING、MTS 等公司开发出了 Bobbin 双轴肩搅拌头,它的主要功能是利用搅拌头的双轴肩,使搅拌摩擦焊过程中产生的作用力相互抵消,从而解除了薄壁筒形件焊接时对刚性装备的依赖。用这种搅拌头施焊的缺点是,焊接前需要在起焊处预制一个导引孔,以便插入搅拌针;焊后,需将一侧轴肩拆卸,抽出搅拌针,使焊接过程操作复杂化。

(2) 机械转动部分

机械转动部分实现搅拌头的旋转。

(3) 行走部分

行走部分实现工件和搅拌头之间的相对运动。

(4) 控制部分

控制部分包含电、气控制,实现焊接工艺参数的控制、加压系统压力的控制等。

FSW - 2XB - 20 型搅拌摩擦焊设备(图 7.20) 是北京赛福斯特技术有限公司为国内航天工业产品客户设计制造的大型筒体纵缝焊接专用设备,适用于直径大于 2 000 mm、长度小于 1 500 mm 的大型铝合金筒体纵缝。针对工业生产需要,采用先进控制系统,对零件焊接过程进行了预编程,操作简单,并集成了焊接过程监视系统对焊接过程进行监控。

图 7.20　FSW – 2XB – 20 型搅拌摩擦焊设备

7.3　摩擦焊工艺

7.3.1　连续驱动摩擦焊工艺

连续驱动摩擦焊的焊接过程可分为摩擦加热过程和顶锻焊接过程两部分。摩擦加热过程又可以分为初始摩擦、不稳定摩擦、稳定摩擦和停车四个阶段。顶锻焊接过程可以分为纯顶锻和顶锻维持两个阶段,如图 7.21 所示。在整个摩擦焊焊接过程中,待焊的金属表面经历了从低温到高温摩擦加热,连续发生了塑性变形、机械挖掘、黏接和分子连接的变化,形成了一个存在于全过程的高速摩擦塑性变形层,摩擦焊焊接时的产热、变形和扩散现象都集中在变形层中。在停车阶段和顶锻焊接过程中,摩擦表面的变形层和高温区

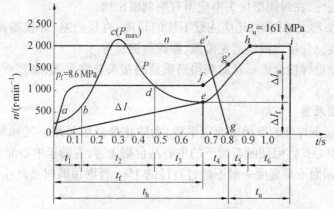

图 7.21　摩擦焊接过程示意图

n— 工作转速;p_f— 摩擦压力;p_u— 顶锻压力;ΔI_f— 摩擦变形量;

ΔI_u— 顶锻变形量;P— 摩擦加热功率;P_{max}— 摩擦加热功率峰值;

t— 时间;t_f— 摩擦时间;t_h— 实际摩擦加热时间;t_u— 实际顶锻时间

金属被部分挤碎排出,焊缝金属经受锻造,形成了质量良好的焊接接头。

1. 连续驱动摩擦接头形式设计

连续驱动摩擦焊接头的形式要根据产品的设计要求和摩擦焊的工艺特点来确定,既要满足使用要求,又要容易焊接。连续驱动摩擦焊接头形式的设计主要遵循以下原则:

① 待焊的两个工件,至少要有一个工件具有回转断面。

② 焊接工件应具有较大的刚度,夹紧方便、牢固。焊接过程中为了使接头在轴向力和扭矩作用下不失稳,要尽量避免采用薄管和薄板接头。

③ 同种材料的两个焊件断面尺寸应尽量相同,以保证焊接温度分布均匀和变形层厚度相同。

④ 对锻压温度或热导率相差较大的异种材料焊接时,为了使两个零件的顶锻相对平衡,应调整界面的相对尺寸。为了防止高温下强度低的工件端面金属产生过多的变形流失,需要采用模具封闭接头金属,小批量生产时,可以加大高温强度低的工件焊接端面的直径,使它起模具的作用。

⑤ 为了增大焊缝面积,使接头加热均匀,以满足焊接结构和工艺的特殊要求,可以把焊缝设计成搭接或锥形接头。

⑥ 焊接大断面接头时,为了降低加热功率峰值,可以采用将焊接端面倒角的方法,使摩擦面积逐渐增大。

⑦ 锥形接头(管材-管材、棒-板)的倾斜面一般应与中心线成30° ~ 45°。

⑧ 对于棒-棒和棒-板接头,摩擦焊焊接过程中的中心部位材料被挤出形成飞边时要消耗更多的能量,且中心部位承担的扭矩和弯曲应力又很小,所以,如果工件条件允许,则可在一个或两个零件的接触端部加工出一定深度的中心孔洞,这样,既可用较小功率的焊机,又可提高生产率。

⑨ 摩擦焊时端面的氧化夹杂物随毛刺挤出,因此在接头设计时必须考虑毛刺不受阻碍地挤出的可能性,在封闭型接头中应留有毛刺溢出槽。

⑩ 设计接头形式的同时,还应注意工件的长度、直径公差、焊接端面的垂直度、不平度和表面粗糙度。焊接表面应避免渗氮、渗碳及镀层等。

连续驱动摩擦焊接合面形状对获得高质量的接头非常重要,摩擦焊接头的基本形式如图7.22所示。

2. 接头表面准备

① 一般情况下焊件的摩擦端面应平整,为防止焊缝中包藏空气和氧化物,中心部位不能有凹面或中心孔。但切断刀留下的中心凸台则无害,有助于中心部位加热。

② 摩擦焊端面不垂直度一般不超过直径的1%,否则顶锻时会产生影响不同轴度的径向力。

③ 当接合面上具有厚的氧化层、镀铬层、渗碳层或渗氮层时,常不易加热或被挤出,焊前应进行清除。

④ 摩擦焊对焊件接合面的粗糙度、清洁度要求并不严格,如果工艺允许大的焊接缩短量,则气割、冲剪、砂轮磨削、锯断的表面均可直接用于摩擦焊。

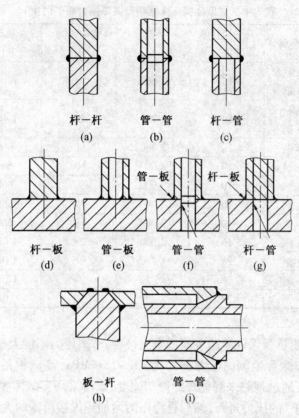

图 7.22 常用摩擦焊接头的形式

3. 工艺参数

连续驱动摩擦焊机的工艺参数,即可以控制的主要参数有转速、摩擦压力、摩擦时间、摩擦变形量、停车时间、顶锻延时、顶锻时间、顶锻压力、顶锻变形量,其中摩擦变形量和顶锻变形量是其他参数的综合反映。

连续驱动摩擦焊在接合面相对摩擦生热,使其达到焊接温度后进行顶锻而实现焊接。焊接的最高温度不应超过被焊材料的固相线温度。如果是异种金属焊接,则焊接温度不应超过固相线温度较低金属的固相线温度。在选择焊接工艺参数时,首先应考虑能满足接合面的温度要求,表 7.4 列出了常见金属连续驱动摩擦焊接合面的温度。

(1) 转速

当工件直径一定时,接合面上任一点的摩擦速度与转速成正比,转速代表摩擦速度。实心圆棒接合面上的平均摩擦速度用 2/3 半径处的摩擦线速度表示。为了使变形层加热到焊接温度,平均摩擦速度必须高于极限摩擦速度,否则,由于转速低,接合面温度达不到焊接温度而无法结合。当选用过高的转速时,就必须严格控制轴向压力和加热持续时间,以免焊接区过热。对某些异种金属焊接,低转速可以减小脆性金属间化合物的形成。

表 7.4   常见金属连续驱动摩擦焊接合面的温度

试件编号	被焊金属	试件直径 /mm	转速 /(r·min⁻¹)	摩擦压力 /MPa	金属熔点 /℃	接合表面实测温度/℃
1	45 钢 + 45 钢	15	2 000	0	1 480	1 130
2	45 钢 + 45 钢	80	1 750	20	1 480	1 380
3	铝 + 铜	10	2 000	90	660	580
4	铝 + 铜	10	2 000	140	660	660
5	铝 + 铜	10	3 000	90	660	580
6	铝 + 铜	10	3 000	140	660	580
7	铝 + 钢	10	3 000	140	660	660
8	铜 + 钢	16	2 000	24	1 083	1 030
9	铜 + 钢	28	1 750	16	1 083	1 080
10	铜 + 钢	28	1 750	24	1 083	1 080
11	铜 + 钢	28	1 750	32	1 083	1 080

（2）摩擦压力

为了产生足够热量和保证摩擦表面的全面接触，摩擦压力不能太小。对钢而言，压力范围较宽，低碳钢和低合金钢的摩擦压力为 41 ~ 83 MPa，高碳钢的摩擦压力为 41 ~ 103 MPa。如果需要通过预热来降低焊缝冷却速度，则可采用多级摩擦压力，预热在短时间内采用大约 20 MPa 的压力进行，然后再将压力增加到焊接所需的大小。大焊件若采用预热焊，则可以降低对焊机容量的要求。

（3）摩擦时间

摩擦时间决定接头摩擦加热的程度。直接影响到焊接温度、温度分布和接头质量。如果时间短，则界面加热不充分，接头温度和温度场不能满足焊接要求，接合面上的氧化夹杂物挤不干净；如果时间长，则消耗能量多，热影响区大，高温区金属易过热，变形飞边大，消耗材料多。总体要求：在加热阶段终了瞬间，接头中沿轴间有较厚的变形层或高温区以及较小的飞边；而在顶锻阶段能产生较大的轴向变形量，使变形层沿工件径向有较大的扩散，这样飞边形状封闭而圆滑，有利于改善接头质量。碳钢工件的摩擦时间一般为 1 ~ 40 s。

（4）摩擦变形量

摩擦变形量与转速、摩擦压力、摩擦时间、材质的状态和变形抗力有关，要得到牢靠的接头，必须有一定的变形量，通常选取的范围为 1 ~ 10 mm。

（5）顶锻压力和顶锻变形量

施加顶锻压力是为了能挤碎和排出变形层中的氧化金属物和其他有害杂质，并使接头金属得到锻造、结合紧密及晶粒细化，以提高接头性能，顶锻的结果产生了顶锻变形量。良好的摩擦焊接头，需要有一定的顶锻变形量来保证。当焊接高温、高强度的材料时，需要较大的顶锻压力；接头的温度高、变形层厚时，可用较小的顶锻压力就可以达到所要求的顶锻变形量。

通常顶锻压力为摩擦压力的 2 ~ 3 倍,当摩擦压力小时,取的倍数较大。对低碳钢和低合金钢一般顶锻压力取 70 ~ 150 MPa,中、高碳钢取 103 ~ 414 MPa。对于耐热合金,如果是不锈钢和镍基合金,则要求较高的顶锻压力。

(6) 停车时间和顶锻延时

停车时间是转速由给定值下降到零所对应的时间,当从短到长变化时,摩擦扭矩后峰值从小变大。停车时间还影响接头的变形层厚度和焊接质量,当变形层较厚时,停车时间要短;当变形层较薄而且希望在停车阶段增加变形层厚度时,则可延长停车时间,通常选取 0.1 ~ 1 s。顶锻延时是为了调整摩擦扭矩后峰值和变形层的厚度。

常见金属材料连续驱动摩擦焊的工艺参数可参考表 7.5。

表 7.5 常见金属材料连续驱动摩擦焊的工艺参数

材　料	直径 /mm	转速 /(r·min⁻¹)	摩擦压力 /MPa	摩擦时间 /s	顶锻压力 /MPa
碳钢 + 碳钢	13	3 000	34	7①	34
碳钢 + 碳钢	16	2 000	60	1.5	120
碳钢 + 碳钢	25	1 500	52	15①	52
高速钢 + 碳钢	25	2 000	120	13	240
20CrMnTi + 35	20	2 000	34	4.5	130
耐热合金 + 低合金钢	16.5	2 700	77.4	4	225
WC50CrMo + C12MoV	16	2 000	320	4.5	400
W18Cr4V + W18Cr4V	19	4 000	103	10①	137
1Cr18Ni9Ti + 碳钢	19	3 000	52	10①	103
1Cr18Ni9Ti + 1Cr18Ni9Ti	25	2 000	80	10①	200
不锈钢 + 铜	25	1 750	34	40	240
不锈钢 + 铝	25	1 000	50	3	100
铜 + 铝	25	208	280	6	400
铜 + 铜	25	6 000	34	18①	68
20 钢 + 20 钢	φ32 × 4	1 430	100	1.3	200
合金钢 + 碳钢	φ114 × 16	3 000	38	26①	110
合金钢 + 碳钢	φ45 × 6.5	6 800	17	42①	41
35CrMo + 40Mn2	φ141 × 20	530	54	30 ~ 35	127
18 - 8 + 18 - 8	φ140 × 13	800	137	35①	137
30CrMnSi - 30CrMnSi	φ83 × 5.5	1 500	80	6	160

注:上标"①"表示摩擦焊总时间

7.3.2　惯性摩擦焊工艺

惯性摩擦焊时,工件的旋转端夹持在飞轮里,焊接过程首先将飞轮和工件的旋转端加速到一定的转速,然后飞轮与主电动机脱开,同时,工件的移动端向前移动,工件接触后,开始摩擦加热。

对于惯性摩擦焊,在接头形式设计、接头表面准备方面和连续驱动摩擦相同,但在工艺参数选取上与连续驱动摩擦焊有所不同,其主要参数有飞轮起始转速、飞轮的转动惯量和轴向压力。前两个参数决定焊接可用的总能量,轴向力的大小取决于被焊材质和接合面的面积。

1. 飞轮起始转速

飞轮起始转速具体反映在工件的线速度上,对钢 – 钢焊件,推荐的速度范围为 152 ~ 456 m/min。低速(小于 91 m/min) 焊接时,中心加热偏低,飞边粗大不齐,焊缝呈漏斗状;中速(91 ~ 273 m/min) 焊接时,焊缝深度逐渐增加,边界逐渐均匀;如果速度大于 360 m/min 时,焊缝中心宽度大于其他部位。

2. 飞轮的转动惯量

飞轮储存的能量 A 与飞轮转动惯量 J 和飞轮角速度 ω 的关系为

$$A = \frac{J\omega^2}{2} \tag{7.1}$$

对于实心飞轮,有

$$J = \frac{GR^2}{2g} \tag{7.2}$$

式中 G——飞轮质量;
　　　R——飞轮半径;
　　　g——重力加速度。

从式(7.2) 可以看出,改变飞轮的转动惯量或改变其转速都可改变焊接用的能量。在焊接过程中,飞轮因释放其所储能量而降低速度,待飞轮停止,飞轮的能量就全部传递给焊接接合面而转变为热能。在轴向压力共同作用下便在接合面上形成焊缝。在能量相同的情况下,大而转速慢的飞轮产生顶锻变形量较小,而转速快的飞轮产生较大的顶锻变形量。

3. 轴向压力

轴向压力对焊缝深度和形貌的影响几乎与起始转速的影响相反。压力较低时,焊缝呈鼓形,中心处厚;压力过大时,接头中心处结合不良,且焊缝顶锻量大,焊缝呈细腰形,如图 7.23 所示。

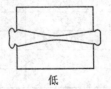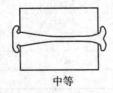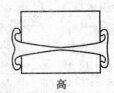

低　　　　　　　　　中等　　　　　　　　　高

图 7.23　轴向压力对惯性摩擦焊成形的影响

典型材料的惯性摩擦焊工艺参数见表 7.6。

表 7.6 典型材料的惯性摩擦焊工艺参数

材料	转速 /(r · min⁻¹)	转动惯量 /(kg · m⁻²)	轴向压力 /kN
20 钢	5 730	0.23	69
45 钢	5 530	0.29	83
合金钢 20CrA	5 530	0.27	76
不锈钢 ZG0Cr17Ni4Cu3Nb	3 820	0.73	110
超高强钢 40CrNi2Si2MoVA	3 820	0.73	138
纯钛	9 550	0.06	18.6
钛合金 7A04	9 550	0.07	20.7
铝合金 2A12	3 060 ~ 7 640	0.41 ~ 0.08	41
铝合金 7A04	3 060 ~ 7 640	0.41 ~ 0.08	89.7
镍基合金 GH600	4 800	0.60	117
镍基合金 GH4169	2 300	2.89	206.9
镍基合金 GH901	3 060	1.63	206.9
镍基合金 GH738	3 060	1.63	206.9
镍基合金 GH141	2 300	2.89	206.9
镍基合金 GH536	2 300	2.89	206.9
镁合金 MB7	3 060 ~ 11 500	0.41 ~ 0.03	51.7
镁合金 MB5	3 060 ~ 11 500	0.22 ~ 0.02	40

7.3.3 线性摩擦焊工艺

由线性摩擦焊的原理可知,线性摩擦焊最主要的过程就是工件之间的摩擦运动,可将摩擦运动分为四阶段。

1. 起始阶段

两工件紧密接触,在机械动力下开始相对往复运动,由于工件表面不完全平整,凸起处最先开始摩擦,并产生摩擦热,随着不断地往复运动,接触面积越来越大,但此阶段持续时间很短,可视为预热阶段,无轴向缩短变形。

2. 过渡阶段

所谓过渡阶段,即接触面不断增大到 100% 接触的过程。随着摩擦的不断进行,界面温度不断升高,摩擦区域不断软化,最后达到塑性状态,产热也由开始的干摩擦转变为塑性变形产热,由于产生塑性变形,工件开始沿轴向缩短。

3. 稳定阶段

当进入稳定阶段后,由于温度达到稳定,且由于摩擦压力的作用,热影响区金属屈服,达到塑性状态,在往复运动过程中,塑性金属不断被挤出,形成飞边,轴向缩短加剧。即使在稳定阶段,金属也不会达到熔化状态,Vairis 和 Frost 通过对 TC4 钛合金线性摩擦焊的研究发现,在该阶段被挤出的 TC4 钛合金形成了一个完整的飞边,这说明金属在该阶段都达到塑性,混合在一起。

4. 减速阶段

减速阶段作为线性摩擦焊的最后阶段,被认为是该工艺过程最为重要的阶段之一。

当变形和温度都适宜后,进入该阶段,急停(少于0.1 s)后开始施加顶锻力,轴线缩短急剧增大,以形成牢固接头。该阶段输入功率、摩擦压力、频率、振幅任何一个参数没有达到要求都会使整个焊接过程失败,得不到合格的接头。

该工艺过程相辅相成,依次进行,只有每个阶段进行得十分完全,才能得到质量合格的接头。线性摩擦焊工艺过程示意图如图7.24所示。

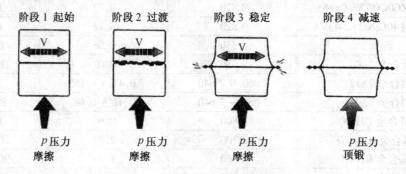

阶段1 起始　　阶段2 过渡　　阶段3 稳定　　阶段4 减速

p压力　　p压力　　p压力　　p压力
摩擦　　　摩擦　　　摩擦　　　顶锻

图7.24　线性摩擦焊工艺过程

线性摩擦焊的主要工艺参数包括振幅、频率、摩擦压力、顶锻压力与焊接时间。工艺参数的变化决定焊接过程中的热输入量及焊缝温度,是影响焊缝形成的关键。频率、振幅及摩擦压力可影响焊接过程的热输入量,焊接时间则影响接头的轴向缩短量,只有这些工艺参数合理匹配,才能获得高质量的接头。

刘金合等对TC4钛合金的线性摩擦焊进行了初步研究与工艺探索,发现摩擦压力、振动频率、摩擦时间和顶锻压力对接头质量有显著影响,在一定范围内,提高振动频率及摩擦压力能提高热输入量。

李文亚等研究了摩擦时间对45钢缩短量的影响,并用数值模拟的方法研究了TC4钛合金线性摩擦焊工艺参数的影响。在对45钢的研究结果中发现,要得到高质量的接头,摩擦时间不能少于3 s,且随摩擦时间的增加,轴向缩短量呈指数关系增长。在对TC4钛合金线性摩擦焊的数值模拟研究结果中发现,在较高的频率、振幅及摩擦压力条件下,结合面的温度上升得更快,而且轴向尺寸的缩短速率也更高。此外,这三个工艺参数并不是相互孤立,而能整合成为一个因素,即热输入量,要形成合格的接头,热输入量必须合适。

Vairis与Frost在频率为119 Hz,振幅分别为3 mm和0.92 mm的条件下研究了高频率对钛合金线性摩擦焊的影响。研究结果表明,在高频率下,只需要较低的摩擦压力即可提供合适的热输入量完成焊接过程,但振幅必须合理选择。当所需热输入最小值都没达到时,最后阶段的顶锻压力能够提高接头的完整性。此外,热力影响区宽度与摩擦压力大小成反比例关系,小摩擦压力或低频率匹配较大的振幅,热影响区会更宽。

Wanjara等在频率为15 ~ 70 Hz、振幅为1 ~ 3 mm及摩擦压力为50 ~ 90 MPa的范围内对TC4钛合金线性摩擦焊进行了工艺参数优化,发现当频率为50 Hz、振幅为2 mm、摩擦压力为50 MPa及缩短量为2 mm时,接头性能超过母材。

7.3.4　搅拌摩擦焊工艺

搅拌摩擦焊是利用摩擦热作为焊接热源的一种固相连接方法,但与常规摩擦焊有所不同。在进行搅拌摩擦焊接时,首先将焊件牢牢地固定在工作平台上,然后,搅拌焊头高速旋转并将搅拌焊针插入焊件的接缝处,直至搅拌焊头的肩部与焊件表面紧密接触,搅拌焊针高速旋转与其周围母材摩擦产生的热量和搅拌焊头的肩部与焊件表面摩擦产生的热量共同作用,使接缝处材料温度升高而软化,同时,搅拌焊头边旋转边沿着接缝与焊件做相对运动,搅拌焊头前面的材料发生强烈的塑性变形。随着搅拌焊头向前移动,前沿高度塑性变形的材料被挤压到搅拌焊头的背后。在搅拌头轴肩与焊件表层摩擦产热和锻压共同作用下,形成致密的固相连接接头。

搅拌摩擦焊焊接过程可分为三个阶段:搅拌头插入阶段、搅拌头沿焊缝方向行走阶段及搅拌头提起阶段。焊件不同部位在这三个阶段中经受了不同的热循环作用。

(1)搅拌头插入阶段

研究表明,在搅拌头插入过程结束瞬时热循环温度达到最大值。随着搅拌头沿焊缝方向行走,热循环温度迅速下降。由于在扎入过程中,轴肩没有热输入,热输入仅来自于搅拌头与焊件界面处的摩擦,而因插入点的热循环温度较低。

(2)搅拌头沿焊缝方向行走阶段

当搅拌头沿接合线方向行进时,为了行走畅通,搅拌头必须不断地向前方材料施加较大的挤压作用,促使前方软化材料流动到搅拌头后方形成的空腔内,因而搅拌头与焊件间的摩擦作用较强,摩擦热输入和热循环最高温度值较大。同时,搅拌头的行走导致轴肩不断地将其下方的软化材料填入搅拌头后方的空腔内,从而持续地与焊件表面的硬质材料相接触,因而轴肩热输入作用受焊接过程中形成的软化材料的弱化影响较小。搅拌头与焊件、轴肩、焊件界面热输入的共同作用,保证了焊接过程中的持续高温热输入、焊接过程的稳定和焊缝的形成。

(3)搅拌头提起过程

焊接行走过程结束时,搅拌头只有旋转行为,因而搅拌头附近的软化材料弱化了搅拌头与焊件间的摩擦作用,导致来自于搅拌头与焊件界面间的摩擦热输入不断降低,因而热循环峰值温度降低。搅拌头离开焊件后,在焊缝的终端形成一个匙孔。焊缝起点和终点因分别受搅拌头扎入和提起过程的影响,经受的热循环温度较其他部位低。焊缝起点和终点之间的材料经受的热循环作用比较稳定,随着距焊缝中心距离的增加,材料所经受的最高热循环温度逐渐下降。焊缝两侧经受的热循环温度不同,前进侧的温度略高于后退侧 7 ~ 12 ℃。

与传统摩擦焊及其他焊接方法相比,搅拌摩擦焊具有以下优点:

(1)焊接接头质量高,不易产生缺陷

焊缝是在塑性状态下受挤压完成的,属于固相焊接,因而其接头不会产生与凝固冶金有关的如裂纹、气孔以及合金元素的烧损等焊接缺陷和脆化现象,适用于焊接铝、铜、铅、钛、锌、镁等有色金属及其合金以及钢铁材料、复合材料等,也可用于异种材料的连接。

(2)不受轴类零件的限制

可进行平板的对接和搭接,可焊接直焊缝、角焊缝及环焊缝,也可进行大型框架结构及大型筒体制造、大型平板对接等,扩大了应用范围。

(3)易于实现机械化、自动化,质量比较稳定,重复性高搅拌摩擦焊工艺参数少,焊接设备简单,容易实现自动化,从而使焊接操作十分简便,焊机运行和焊接质量的可靠性大大提高。

(4) 焊接成本较低,效率高

无须填充材料、保护气体,焊前无须对焊件表面预处理,焊接过程中无须施加保护措施。厚焊接件边缘不用加工坡口。焊接铝材工件不用去氧化膜,只需去除油污即可。对接时允许留一定间隙,不苛求装配精度。

(5) 焊接变形小,焊件尺寸精度较高

由于搅拌摩擦焊为固相焊接,其加热过程具有能量密度高、热输入速度快等特点,因而焊接变形小,焊后残余应力小。在保证焊接设备具有足够大的刚度、焊件装配定位精确以及严格控制焊接参数的条件下,焊件的尺寸精度高。

(6) 绿色焊接

焊接过程中无弧光辐射、烟尘和飞溅,噪声低,因而搅拌摩擦焊是一种高质量、低成本的绿色焊接方法。

同时,搅拌摩擦焊也存在一些不足,主要表现在:

① 焊接工具的设计、过程参数及力学性能只对较小范围、一定厚度的合金适用。

② 搅拌焊头的磨损相对较高。

③ 目前焊接速度不高。

④ 需要特定的夹具,设备的灵活性差。

1. 搅拌摩擦焊接头的形式

搅拌摩擦焊可以实现棒材-棒材、管材-管材、板材-板材的可靠性连接,接头的形式可以设计为对接、搭接、角接及 T 形接头,可进行环形、圆形、非线性和立体焊缝的焊接。由于重力对这种固相焊接方法没有影响,搅拌摩擦焊可以用于全位置焊接,如横焊、立焊、仰焊、环形轨道自动焊等。焊前不需要进行表面处理。由于搅拌摩擦焊接过程的自身特性,可以将氧化膜破碎、挤出。常见搅拌摩擦焊接头的形式如图 7.25 所示。

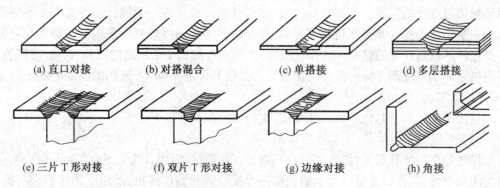

| (a) 直口对接 | (b) 对搭混合 | (c) 单搭接 | (d) 多层搭接 |

| (e) 三片 T 形对接 | (f) 双片 T 形对接 | (g) 边缘对接 | (h) 角接 |

图 7.25 搅拌摩擦焊接头的形式

2. 搅拌摩擦焊的热输入与焊接参数

在搅拌摩擦焊接过程中,搅拌焊针高速旋转并插入焊件,随即在焊接压力的作用下,轴肩与焊件表面接触,于是在轴肩与焊件材料上表面及搅拌针与接合面间产生大量的摩擦热,同时,搅拌针附近材料发生塑性变形和流体流动,从而导致形变产热,其中摩擦热是焊接产热的主体。随着搅拌焊头沿焊缝方向行走,这些热量对焊缝及焊缝附近的母材施以热循环作用,导致材料中沉淀相的溶解、焊缝和热影响区发生较大程度的软化。搅拌摩擦焊本质上是以摩擦热作为焊接热源的焊接方法,所以热输入是影响焊接质量的直接、关键因素。

3. 搅拌摩擦焊参数的选择

搅拌摩擦焊接参数主要包括焊接速度(搅拌焊头沿焊缝方向的行走速度)、搅拌焊头转速、焊接压力、搅拌头倾角、轴肩压力等。

(1)焊接速度

从焊接热输入可知,当转速为定值,焊接速度较低时,搅拌头与焊件界面的整体摩擦热输入较高。如果焊接速度过高,使塑性软化材料填充搅拌针行走所形成的空腔的能力变弱,软化材料填充空腔能力不足,焊缝内易形成一条狭长且平行于焊接方向的疏松孔洞缺陷,严重时焊缝表面形成一条狭长且平行于焊接方向的隧道沟,导致接头强度大幅度降低。

(2)搅拌焊头转速

保持焊接速度一定,对改变搅拌头旋转速度进行试验。结果表明:当旋转速度较低时,不能形成良好的焊缝,搅拌头的后边有一条沟槽。随着旋转速度的增加,沟槽的宽度减小,当旋转速度提高到一定数值时,焊缝外观良好,内部的孔洞也逐渐消失。在合适的旋转速度下,接头才能获得最佳强度值。

(3)搅拌头倾角

搅拌头倾斜角度是指搅拌头与焊接工件法线的夹角,表示搅拌头向后倾斜的程度。搅拌头向后倾斜的目的是对焊缝施加压力。

倾斜角度主要是通过改变接头致密性、软化材料填充能力、热循环和残余应力来影响接头性能。若仰角较小,则轴肩压入量不足,轴肩下方软化材料填充空腔的能力较弱,焊核区及热-机影响区界面易形成孔洞缺陷,导致接头强度较低。若仰角增大,则搅拌头轴肩与焊件的摩擦力增大,焊接热作用程度增大。

(4)轴肩压力

轴肩压力主要影响焊缝成形,因为轴肩压力除了影响搅拌摩擦产热以外,还对搅拌后的塑性金属施加压紧力。若轴肩压力过小,由于搅拌头的搅拌和行走对材料有挤压作用,工件内部发生热塑性变化的材料会上浮,从轴肩与工件间的缝隙溢出焊缝表面,使焊缝处填充金属量不足,造成孔形通道或组织疏松;若轴肩压力过大,则搅拌头压入工件表面过深,轴肩与焊件的摩擦力增大,在行走过程中会将工件表层劈开形成过厚的翻边,并且摩擦热容易使轴肩平台发生黏附现象,焊缝两侧出现飞边和毛刺,焊缝中心下凹量较大,且在此过程中会产生工件与焊缝垂直方向的作用力,不利于工件的夹紧,造成焊缝成形不良,接头变薄。关于轴肩压力对接头性能的定量影响,还有待于深入研究。

以 LC9 - T6 铝合金为例,研究工艺参数对焊接接头微观组织结构的影响规律。根据接头组织特征(图 7.27(a)),将搅拌摩擦焊接头分为五个区域,即焊核区(Nugget)、热力影响区(Thermo-Mechanically Affected Zone,TMAZ)、热影响区(Heat Affected Zone,HAZ)、母材区(Base Metal)和轴肩变形区(Shoulder Deformation Zone)。焊缝横截面组织划分示意图如图7.26(b)所示。

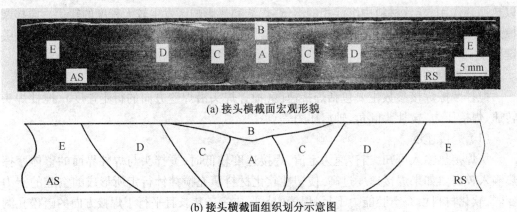

(a) 接头横截面宏观形貌

(b) 接头横截面组织划分示意图

图 7.26　搅拌摩擦焊接头横截面宏观形貌
A— 焊核区；B— 轴肩变形区；C— 热力影响区；D— 热影响区；E— 母材区

图 7.27 为 LC9 铝合金搅拌摩擦焊接头各区域显微组织，由此可见，焊核区的组织与母材板条状组织明显不同，为细小的等轴晶；而热力影响区的晶粒大小、分布与母材相似，只是由于受到挤压作用发生了扭曲和变形；热影响区的晶粒尺寸明显要大于原母材的晶粒；在焊核与轴肩变形区的过渡区，可见大量细小的等轴晶组织和部分较粗大的等轴晶组织不均匀地分布在此区域；焊核与热力影响区有较明显的分界，其过渡区的组织不连续。

分析接头各区域的显微组织，认为焊核受到搅拌头的搅拌和热的作用，发生了动态再结晶，由原母材的板条状组织变为细小的等轴晶组织；焊核外围的热力影响区的金属由于搅拌头的摩擦挤压作用和热的影响，搅拌针附近的材料发生了明显的塑性变形，在高的塑性应变下，原板条状组织被扭曲拉长；热影响区没有受到塑性变形的影响，只是在焊接过程中受到热循环的作用，晶粒粗大，仍保留了板条状组织的特征。焊核内部晶粒分布不均匀，在与轴肩变形区交界的区域，个别晶粒尺寸较大。这与焊接区温度场分布有关，搅拌摩擦焊时，焊缝温度梯度较大，在厚度方向上，上部温度较高，高温区较宽，随着厚度的增加，温度逐渐降低，高温区变窄，焊核上部靠近轴肩变形区温度较高。在焊缝的冷却过程中，此区域的析出相有可能发生了溶解、再沉淀，减弱了粒子钉扎晶界的作用，使个别晶粒在长大的过程中不受第二相粒子的钉扎或钉扎约束力很小，因此部分晶界可动性便高于其他绝大部分晶界，导致焊核与轴肩变形区之间的过渡区的个别晶粒发生了二次再结晶，组织不均匀。

另外，搅拌摩擦焊工艺参数对焊核核心（距焊缝下表面 5 mm 的焊核中心处）晶粒的大小也有一定的影响。图 7.28 为 $n = 750$ r/min 时不同焊接速度下焊核核心的显微组织，可见，$v = 23.5$ mm/min 时焊核核心等轴晶晶粒较粗大。随着焊接速度的提高，焊核内晶粒受到的热输入量减小，晶粒明显细化。

图 7.29 为 $v = 37.5$ mm/min 时不同旋转速度下焊核核心的显微组织。当 $n = 600$ r/min 时，焊核核心的晶粒较细小，随着旋转速度的提高，核心晶粒有长大的趋势，当旋转速度提高到 $n = 1\,180$ r/min 时，焊核核心晶粒严重粗化。

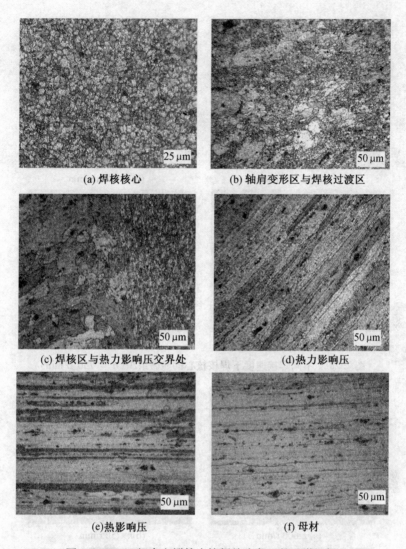

图 7.27　LC9 铝合金搅拌摩擦焊接头各区的显微组织

不同旋转速度下焊接接头横截面的显微硬度分布如图 7.30 所示。由图 7.30 可知,当 $n = 600$ r/min 时,最低硬度值为 90 HV,前进边与返回边最低硬度值之间的距离为 $L_1 = 33$ mm,焊核的硬度值约为 128 HV。随着旋转速度的提高,接头软化趋势增大,当旋转速度提高到 1 180 r/min 时,硬度最低值仅为 80 HV,前进边与返回边硬度最低值之间的距离为 $L_2 = 40$ mm,焊核内硬度值下降到 105 HV 左右。

图 7.31 为旋转速度 $n = 750$ r/min,不同焊接速度时接头横截面的显微硬度分布。由图 7.31 可知,接头显微硬度随焊接速度变化的趋势较小,焊接速度 $v = 23.5$ mm/min 时的接头显微硬度比 $v = 60$ mm/min 时的硬度偏低,即随着焊接速度的降低,接头显微硬度有下降的趋势,焊接速度对接头最低硬度值之间的距离影响不显著。比较图 7.30 和图 7.31,可以发现接头显微硬度的分布受到搅拌头旋转速度的影响更显著一些。

图 7.32 为不同搅拌头旋转速度下 LC9 – T6 铝合金 FSW 对接接头的抗拉强度和延伸

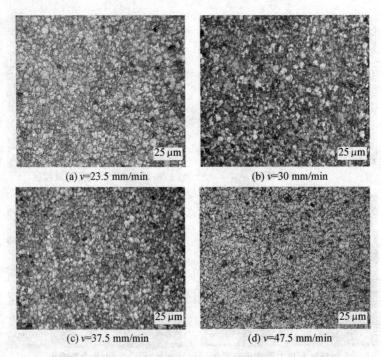

(a) v=23.5 mm/min

(b) v=30 mm/min

(c) v=37.5 mm/min

(d) v=47.5 mm/min

图 7.28 不同焊接速度下焊核核心的显微组织(n = 750 r/min)

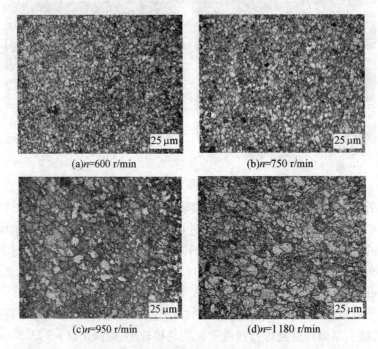

(a)n=600 r/min

(b)n=750 r/min

(c)n=950 r/min

(d)n=1 180 r/min

图 7.29 不同旋转速度下焊核核心的显微组织(v = 37.5 mm/min)

率。由图 7.32 可见,当搅拌头转速为 600 r/min 时,接头的抗拉强度最高,为 **372 MPa**,**约为母材强度的** 75.9%,延伸率约为 3.5%;随着旋转速度的提高,接头抗拉强度和延伸率有下降的趋势,当转速提高到 1 180 r/min 时,抗拉强度降低到 296 MPa,为母材强度的

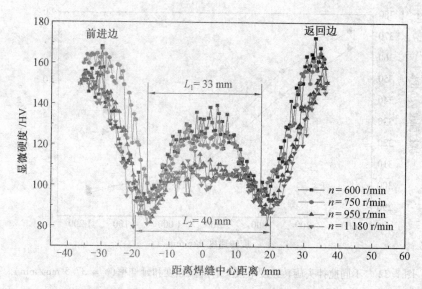

图 7.30 不同旋转速度下,LC9 铝合金 FSW 接头的显微硬度分析($v = 37.5 \text{ mm/min}$)

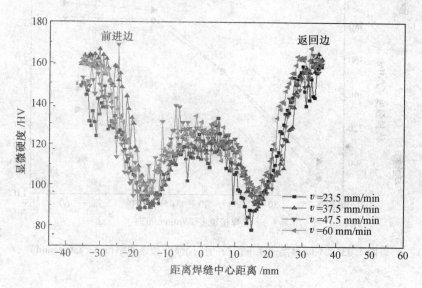

图 7.31 不同焊接速度下,LC9 铝合金 FSW 接头显微硬度($n = 750 \text{ r/min}$)

60.4%,而延伸率约为 1.4%。

图 7.33 为不同焊接速度下对接接头的抗拉强度和延伸率。由图 7.33 可见,当焊接速度 $v = 23.5 \text{ mm/min}$ 时,抗拉强度为 300 MPa,延伸率为 1.5%。在其他参数不变的情况下,随着焊接速度的提高,接头的抗拉强度和延伸率逐渐提高,当焊接速度提高到 $v = 60 \text{ mm/min}$ 时,接头的抗拉强度最高,达到 384 MPa,约为母材强度的 78.3%,延伸率为 3.8%。

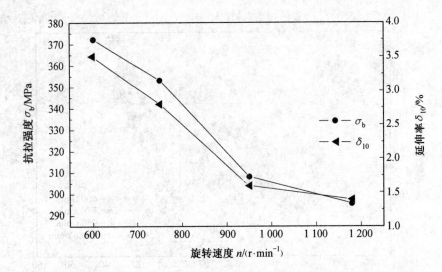

图 7.32　不同搅拌头旋转速度下接头的抗拉强度和延伸率(v = 37.5 mm/min)

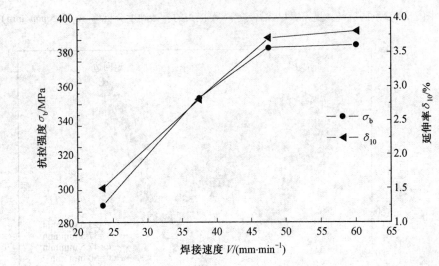

图 7.33　不同焊接速度下接头的抗拉强度和延伸率(n = 750 r/min)

7.4　摩擦焊技术的应用

多年来,摩擦焊以其优质、高效、节能、无污染的技术特色,在航空航天、核能开发、兵器、汽车、电力、海洋工程、机械制造等高新技术和传统产业部门的到了越来越广泛的应用。图 7.34 所示为部分摩擦焊的典型应用实例。

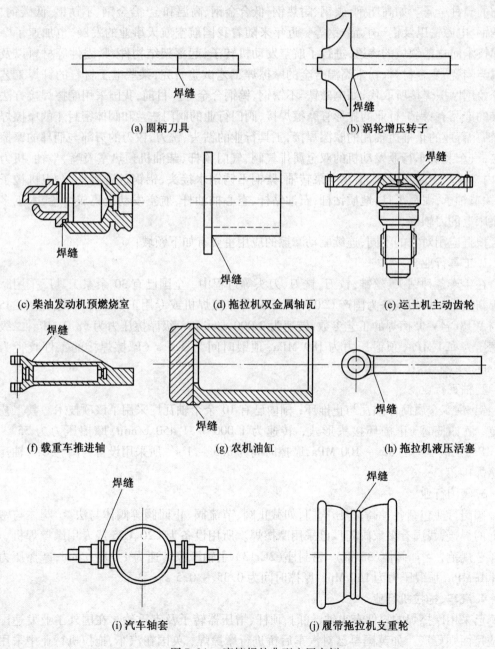

图 7.34　摩擦焊的典型应用实例

7.4.1 连续驱动摩擦焊的应用

连续驱动摩擦焊在国内外的应用比较广泛,可焊接直径为 3.0 ~ 120 mm 的工件以及 8 000 mm² 的大截面管件,在航空、航天、核能、兵器、汽车、电力、海洋开发、机械制造等高新技术和传统产业部门得到了广泛的应用。连续驱动摩擦焊不仅可焊接钢、铝、铜,而且还成功焊接了高温强度级相差很大的异种钢和异种金属,以及形成低熔点共晶和脆性化合物的异种金属。如高速钢-碳钢、耐热钢-低合金钢、高温和金-合金钢、不锈钢-低碳钢、不锈钢-电磁铁以及铝-铜、铝-钢等。近年来随着我国航空航天事业的发展,也加速了摩擦焊技术向这些领域的渗透,进行了航空发动机转子、起落架结构件、紧固件等材料以及金属与陶瓷、复合材料、粉末高温合金的摩擦焊工艺试验研究,某些电工材料的钎焊工艺也开始用摩擦焊接所取代,如电磁铁-不锈钢、钨铜合金等。目前,我国采用摩擦焊接方法焊接的产品有:锅炉行业的蛇形管摩擦焊接,阀门行业的阀门法兰和阀体密封座的摩擦焊接,轴瓦行业的止推边轴瓦的摩擦焊接,工具行业的钻头、铣刀、铰刀的刃部与柄部的摩擦焊接,汽车及机车行业发动机的双金属排气阀、气门顶杆、柴油机预热室喷嘴、半轴、扭力管、内燃机增压器涡轮轴、潜水电泵转轴,紫铜不锈钢水接头,铝铜过渡接头,纺织机梭子芯、关节轴承,泥瓦工具,地质钻杆,石油钻杆,空心抽油杆,航空发动机集成齿轮,木工多用机床上的刀轴等。

根据应用对象的不同,连续驱动摩擦的应用主要有如下领域:

1. 工具行业

在生产各种钻头、丝锥、铰刀、铣刀、刀头等过程中,全国已有 30 余家工具厂采用摩擦焊新技术。所用设备为国产 C20、C25、C40 等摩擦焊机或专用工具摩擦焊机。某厂 45 钢与 W18Cr4V 摩擦焊的工艺参数:转速为 2 000 r/min,一级摩擦压力为 58.2 MPa,二级摩擦压为 124 MPa,顶锻压力为 189 MPa,顶锻时间为 3.5 s(摩擦焊接的工件直径为 34 mm)。

2. 轴瓦行业

铝-钢双金属筒体轴瓦与止推环,国内已有 10 余个轴瓦厂采用了该项技术。其工艺规范,例如筒球-止推环接头形式,转速为 1 000 ~ 1 450 r/min,摩擦压力为 35 ~ 40 MPa,顶锻压力为 55 ~ 100 MPa,摩擦时间为 0.5 ~ 1 s。所采用设备为国产 C12 轴瓦摩擦焊机。

3. 阀门行业

阀门行业包括各种高、中压阀门,如截止阀、节流阀、止回阀等阀体与法兰、阀体与密封面的焊接,我国有多家阀门厂已采用摩擦焊。所用设备为 C20、C25 或专用摩擦焊机。其工艺规范,例如阀体(35 钢)-密封座(2Cr13)主轴摩擦转速为 1 500 r/min,摩擦压力为 110 MPa,顶锻压力为 150 Mpa,摩擦时间为 0.35 ~ 0.5 s。

4. 汽车、拖拉机行业

已采用摩擦焊的零件有半轴、气门、顶杆、增压器转子及支重轮。在国外工业发达国家应用面则更广。如英国早已对汽车后桥进行摩擦焊,英国在汽车、拖拉机行业中采用摩擦焊接的零件占全部摩擦焊零件的 43%。原西德的发动机排气门采用双头自动摩擦焊机,生产率大大提高,废品率降低近百倍。日本在汽车行业应用摩擦焊新技术更为广泛,转向盘轴、转向杆、齿轮、曲轴、杠杆、传动轴、变速器轴、活塞杆、摇臂推杆、轴壳法兰均采用此项新技术。

5. 石油天然气和化工工业

摩擦焊在石油钻探以及化学工业电极等方面也被广泛的应用。在抽油泵生产中,用摩擦焊将普通碳钢与耐蚀合金钢焊接在一起;在化学工业中,特殊的电极需要将钛或钢质的柱头焊接在一起,实践证明,摩擦焊是这种材料焊接的理想工艺。

以石油钻杆为例,它是石油钻探中的重要工具,由带螺纹的工具接头与管体焊接而成。工具接头材料为 35CrMo 钢,管体材料为 40Mn2 钢。常用钻杆的焊接断面为 $\phi140$ mm ×20 mm、$\phi127$ mm × 10 mm。由于焊接面积大,焊接管体长,需要采用大型焊机。为了降低摩擦加热功率(特别是峰值功率),需采用一定的焊接参数。石油钻杆的摩擦焊接参数(直径为 140 mm 和 127 mm)见表7.7。为消除焊后的内应力,改善焊缝的金属组织和提高接头性能,必须进行焊后热处理。热处理规范选择为 500 ℃ 回火或 850 ℃ 正火加 650 ℃ 回火处理,或者采用 840 ℃ 淬火加 650 ℃ 回火处理。石油钻杆摩擦焊接头力学性能见表7.8。

表7.7 石油钻杆的摩擦焊接参数(直径为 140 mm 和 127 mm)

转速 /(r · min⁻¹)	摩擦压力 /MPa	摩擦时间 /s	顶锻压力 /MPa	接头变形量	备 注
530	5 ~ 6	30 ~ 50	12 ~ 14	摩擦变形量 12 mm 顶锻变形量 8 ~ 12 mm	钻杆工具接头焊接端面倒角

表7.8 石油钻杆摩擦焊接头力学性能

接头直径 /mm	抗拉强度 /MPa	伸长率 /%	断面收缩率 /%	冲击韧度 /(J · cm⁻²)	弯曲角 /(°)	焊后热处理规范
127	770	18.5	69	57	113	500 ℃ 回火
140	697	23.8	66.5	45	96	950 ℃ 正火加 650 ℃ 回火空冷

6. 航空航天工业

随着现代高性能军用航空发动机的不断更新,其主要性能指标——推重比也不断提高,同时对发动机的结构设计、材料及制造工艺均提出更高的要求。美国 Textron Lycoming 公司生产的新型大功率 T55 涡轮喷气发动机的前盘与前轴、后轴的连接都是采用盘加轴一体的摩擦焊结构。德国 MTU 公司正在开展高压压气机转子等大型部件的摩擦焊技术研究;法国海豚发动机也将摩擦焊推广应用于减速器锥形齿轮的焊接。国外一些先进的航空发动机制造公司已将摩擦焊作为焊接高推重比航空发动机转子部件的先导、典型和标准的工艺方法。

在飞机制造中,摩擦焊也展现了新的应用前景。美国的 AISI4340 超高强钢因其具有高的缺口敏感性和焊接脆化倾向,制造飞机起落架时,已成功进行了 4340 管与 4030 锻件起落架、拉杆的摩擦焊。直升机旋翼主传动轴的 NitralloyN 合金齿轮与 18% 高镍合金钢管轴、双金属飞机铆钉、飞机钩头螺栓等的焊接均采用摩擦焊。

大多数同种或异种金属都可以采用连续驱动摩擦焊进行焊接,根据被焊材料的种类不同,连续驱动摩擦焊的应用主要有合金钢的焊接、钢-铝的摩擦焊、铝-铜过渡接头的焊接、轻金属的焊接。常见金属采用连续驱动摩擦焊的焊接性见表 7.9。

表 7.9　常见金属材料连续驱动摩擦焊的焊接性

材料	铝	铝合金	黄铜	青铜	氧化镉	铸铁	陶瓷	钴	铜	铜镍合金	烧结铁	镁	镁合金	钼	蒙乃尔	镍	镍基合金	莫尼克	铌	铌合金	银	银合金	普通碳钢	耐热合金钢	马氏体时效钢	不锈钢	钽	钛	钨	烧结碳化钨	铀	钒	锆合金
铝	■	■	■				■		■			×	■			■							■	■		■		■					■
铝合金	■	■					■					×	×										△			×							
黄铜	■								×																								
青铜																							×	×									
氧化镉							△																										
铸铁																					×												
陶瓷	■	■																															
钴								×																									
铜	■		×	△																	■		■		■								
铜镍合金										■																							
烧结铁																							■										
镁	×	×										×	×															×					
镁合金	■	×										×	×													×							
钼															×													×	×				
蒙乃尔															■									■		■							
镍	■																																
镍基合金																	■																
莫尼克																		■					■	■	■								
铌																										×							×
铌合金																			■														
银							■																					×					
银合金																							△										
普通碳钢	■						■	■															■	■	■	■		×		△			
耐热合金钢	■																						■	■	■	■							
马氏体时效钢																																	
不锈钢	■	×					■						×			×		×					■	■	■		■			△		×	△
钽															■												■	■					
钛	■								×													×					×	△	■				
钨																														△			
烧结碳化钨																							△										
铀																															△		
钒																										×							
锆合金	■								×															△									

注：■ 表示接头质量好；× 表示不能焊接；△ 表示脆性接头；□ 表示未做实验

典型机械零件摩擦焊工艺参数见表 7.10。

表 7.10 典型机械零件摩擦焊工艺参数

零件名称	材料组合	工件直径/mm	焊接工艺参数					
			主轴转速/(r·min⁻¹)	摩擦压力/MPa	摩擦时间/s	顶锻压力/MPa	顶锻保压/s	刹车时间/s
汽车后桥管	45 + 45	外径 70 内径 50	99	55 ~ 60	14 ~ 18	110 ~ 130	6 ~ 8	0.2 ~ 0.3
液压千斤顶支承缸 内筒	20 + 45	外径 47 内径 45	1 150	126	1 ~ 2	244	6	0.2
液压千斤顶支承缸 外筒	20 + 45	外径 76 内径 —	1 150	87	1 ~ 1.5	130	4 ~ 6	0.2
汽车排气阀	5Cr21Ni4Mn9N + 40Cr	10.5	2 500	140	4	300	3	0.2 ~ 0.3
自行车铝合金轴壳	LD5 + LD5	16.5	2 500	45	3	90	4 ~ 5	0.15
柴油机增压器叶轮	731B 耐热合金 + 40Cr	27	1 350	70 (1) 100 (2)	3 (1) 12 (2)	300	7	0 ~ 0.1
汽车后桥壳	16Mn + 45Mn	152	585	30 (1) 50 ~ 60(2)	5(1) 20 ~ 25(2)	100 ~ 120	10	
石油钻杆	40Cr、42SiMn35CrMo	63 ~ 140	585	30 (1) 50 ~ 60(2)	6 ~ 8 (1) 24 ~ 30(2)	120	10 ~ 20	
铝铜管	Al + Cu	—	1 500	40	2.5	250	5	

注:括号内数字为摩擦级数

7.4.2 惯性摩擦焊的应用

惯性摩擦焊的应用领域和连续驱动摩擦焊相近。从 20 世纪 70 年代以美国 GE 公司为代表,在军用航空发动机转子部件制造中,率先成功采用了惯性摩擦焊技术。GE 公司生产的 TF39 航空发动机的 16 级压气机盘;CMF56 航空发动机的 1 ~ 2 级、4 ~ 9 级以及压气机轴;F101 航空发动机的 1 ~ 3 级盘与鼓及前轴颈 5 ~ 9 级盘与鼓及后轴颈等均采用了摩擦焊工艺。API(Udimet700、Astroloy)、In100 和 Rene'95 及 In718(均为美国牌号) 等粉末高温冶金盘已成功采用了惯性摩擦焊。

另外,在汽车的自动变速器输出轴、无变形飞轮齿圈、发动机支座、起动机小齿轮组件、速度选择器、汽车液压千斤顶、万向节组件、凸轮轴、离合器鼓和毂组件、后桥壳管、连轴齿轮、传动轴、涡轮增压器、涡轮传动轴等的制造过程均可利用摩擦焊工艺,简化了制造工艺,降低了生产成本。

各种金属材料应用惯性摩擦焊的情况见表 7.11。

表 7.11 常用金属材料惯性摩擦焊的焊接性

材料	铝及其合金	黄铜	青铜	碳化物渗碳合金	钴合金	铌	铜	铜镍	铅	镁合金	钼	镍合金	合金钢	碳钢	易切削钢	马氏体时效钢	烧结钢	不锈钢	工具钢	钽	钛合金	钨	阀门材料	锆合金
铝及其合金	■					▲							▲	▲				▲						
黄铜		■																						
青铜			■											■										
碳化物渗碳合金														■					■					
钴合金														■										
铌						■																		
铜	▲						■							■										■
铜镍								■						■				■						
铅									■															
镁合金										■														
钼											■													
镍合金												■	■					■						
合金钢	▲											■	■	■		▲		■					■	
碳钢	▲		■	■	■		■	■				■	■	■	▲	■		■					■	
易切削钢													▲	▲	▲									
马氏体时效钢													■											
烧结钢																		■						
不锈钢	▲							■										■						
工具钢																			■					
钽																				■				
钛合金													▲	▲				▲			■	■		
钨																						■		
阀门材料													■	■									■	
锆合金							■																	■

注:■ 表示接头金属有足够的强度(在某些情况下需要进行焊后热处理才能达到足够的强度);

　　▲ 表示可以焊接,但是部分或全部接头不能达到足够的强度;

　　□ 表示到目前为止大部分没有进行试验,大多数金属被认为是可焊的

7.4.3　线性摩擦焊的应用

整体叶盘的制造是目前线性摩擦焊最为成功的应用。在线性摩擦焊加工过程中,叶片与叶环单独制造,叶环的轮缘处已加工好连接叶片的凸座,叶片根部处留有较厚的裙边,随后再将两者紧密接触,完成焊接,最后铣掉焊缝飞边。与用整体锻坯在五坐标数控铣床上加工或电解加工相比,线性摩擦焊可以节约大量贵重的钛合金与高温合金。除此之外,采用线性摩擦焊还可以减少加工时间,并能对损坏的单个叶片进行修复,能否对整体叶盘进行修理需要考虑的一个重要因素,因为发动机在使用中不可避免地会遇到外物,特别是鸟打叶片的情况,采用常规的榫槽连接可以轻易地更换损伤的叶片,因此如没有方便且适用的修理损坏叶片的方法,整体叶盘的应用就会受到限制。有了线性摩擦焊的加工方法,就可以将损坏的叶片切去后再焊上新叶片。R&R公司已采用线性摩擦焊技术制造出宽弦风扇整体叶盘。线性摩擦焊接技术在欧洲战斗机 EJ－200 的3级低压压气机的整体叶盘制造中的成功应用,标志着该技术的应用达到了很高的程度。

在航空发动机制造领域,罗罗公司与 MTU 公司从 2000 年开始用线性摩擦焊加工 EJ200 的 1～3 级风扇盘(原风扇盘和压气机 1 级的钛合金整体叶盘采用 EBW 焊接)。惠普公司在 F22 的 F119 发动机中,全部风扇及高压压气机转子均采用了整体叶盘,第一级风扇叶片做成空心的,用线性摩擦焊将空心叶片连接到轮盘上。线性摩擦焊还用于 F120 的 1 级风扇(SPF/DB 定位叶片)叶盘、JSF 升力风扇叶盘和 JSF119 的风扇叶盘的焊接。德国还研究了焊接带有单晶叶片的涡轮叶盘结构,带超级冷却叶片的高压涡轮整体叶盘已在核心机上进行了试验。GE 公司将线性摩擦焊用于航天材料的焊接,并在钛合金和镍基超合金的焊接和堆焊方面取得了很大成功。并行技术公司(CTC)为美国海军完成了一项线性摩擦焊接研究项目,对七种不同合金和两组异种金属进行了焊接试验,以用于发动机维修。

7.4.4　搅拌摩擦焊的应用

在过去的十多年时间里,搅拌摩擦焊已成功地实现了铝合金、镁合金构件制造大规模的工业化应用,在铝合金结构制造中取代传统熔焊。

1. 搅拌摩擦焊在船舶制造工业中的应用

早在 1995 年,挪威 Hydro Marine Aluminium 公司就将 FSW 技术应用于船舶结构件的制造,采用搅拌摩擦焊技术将普通型材拼接,制造用于造船业的宽幅型材。该焊接设备以及工艺已经获得 Det Norske Veritas 和 Germanischer Lloyd 的认可。从 1996～1999 年,已经成功焊接了 1 700 多块船舶面板,焊缝总长度超过 110 km。

在造船领域,搅拌摩擦焊适用面很广泛,如船甲板、侧板、船头、壳体、船舱防水壁板和地板,船舶的上层铝合金建筑结构,直升机起降平台,离岸水上观测站,船舶码头,水下工具和海洋运输工具,帆船的桅杆及结构件,船上制冷设备用的中空挤压铝板等。

2. 搅拌摩擦焊在航空航天工业中的应用

航空航天飞行器铝合金结构件,如飞机机翼壁板、运载火箭燃料储箱等,选材多为熔焊焊接性较差的 2000 及 7000 系列铝合金材料,而搅拌摩擦焊可以实现这些系列铝合金的优质连接,国外已经在飞机、火箭等宇航飞行器上得到应用。

采用搅拌摩擦焊提高了生产效率,降低了生产成本,对航空航天工业来说有着明显的经济效益。波音公司首先在加州的 HuntingtonBeach 工厂将搅拌摩擦焊应用于 Delta II 运载火箭 4.8 m 高的中间舱段的制造(纵缝,厚度 22.22 mm ,2014 铝合金),该运载火箭于1999 年 8 月 17 日成功发射升空。2001 年 4 月 7 日,"火星探索号"发射升空,采用搅拌摩擦焊技术,压力贮箱焊缝接头强度提高了 30% ,搅拌摩擦焊制造技术首次在压力结构件上得到可靠地应用。

波音公司在阿拉巴马州的 Decatur 工厂将搅拌摩擦焊技术用于制造 Delta IV 运载火箭中心助推器。Delta IV 运载火箭贮箱直径为 5 m,材料改为 2219 - T87 铝合金。到 2002年 4 月为止,搅拌摩擦焊已成功焊接了 2 100 m 无缺陷焊缝应用于 Delta II 火箭,1 200 m无缺陷焊缝应用于 Delta IV 火箭。采用搅拌摩擦焊节约了 60% 的成本,制造周期由 23 天降低为 6 天。

欧洲 Fokker 宇航公司将搅拌摩擦焊技术用于 Ariane 5 发动机主承力框的制造,承力框的材料为 7075 - T7351,主体结构由 12 块整体加工的带翼状加强的平板连接而成,结构制造中用搅拌摩擦焊代替了螺栓连接,为零件之间的连接和装配提供了较大的裕度,并可减轻结构质量,提高生产效率。

目前,搅拌摩擦焊在飞机制造领域的开发和应用还处于验证阶段,主要利用 FSW 实现飞机蒙皮和衍樑、筋条、加强件之间的连接,框架之间的连接,飞机预成型件的安装,飞机壁板和地板的焊接、飞机结构件和蒙皮的在役修理等,这些方面的搅拌摩擦焊制造已经在军用和民用飞机上得到验证飞行和部分应用。另外,波音公司还成功地实现了飞机起落架舱门复杂曲线的搅拌摩擦焊焊接。

美国 Eclipse 飞机制造公司斥资三亿美元用于搅拌摩擦焊的飞机制造计划,其制造的第一架搅拌摩擦焊商用喷气客机(Eclipse500)于 2002 年 8 月在美国进行了首飞测试。其机身蒙皮、翼肋、弦状支撑、飞机地板以及结构件的装配等铆接工序均由搅拌摩擦焊替代,提高了生产效率,节约了制造成本,并且减轻了机身质量。

搅拌摩擦焊在航空航天业的主要应用:机翼、机身、尾翼;飞机油箱;飞机外挂燃料箱;运载火箭、航天飞机的低温燃料筒;军用和科学研究火箭和导弹;熔焊结构件的修理等。

3. 搅拌摩擦焊在轨道交通及陆路交通工业中的应用

在轨道交通行业,随着列车速度的不断提高,对列车减轻自重,提高接头强度及结构安全性要求越来越高。高速列车用铝合金挤压型材的连接方式,成为制约发展的主导因素。由于搅拌摩擦焊焊接接头强度优于 MIG 焊焊接接头,并且缺陷率低,节约成本,所以目前高速列车的制造采用搅拌摩擦焊技术,已成为主流趋势。在该领域,比较典型的为日本日立公司,在做单层和双层挤压型材件连接时都采用了搅拌摩擦焊技术,用于市郊列车和快速列车的制造。

目前,与轨道车辆相关方面的搅拌摩擦焊应用包括高速列车箱体型材连接,油罐车及货物列车箱体连接,集装箱箱体,铁轨以及地下滚动托盘。

4. 搅拌摩擦焊在汽车工业中的应用

为了提高运载能力和速度,汽车制造呈现出材料多样化、轻量化、高强度化的发展趋势,铝合金、镁合金等轻质合金材料所占的比重越来越大,相应的结构以及接头形式都在设法改进。搅拌摩擦焊技术的发明恰好满足了这种新材料、新结构对新型连接技术的需求。挪威 Hydro 公司采用搅拌摩擦焊技术制造汽车轮毂,将铸造或锻造的中心零件与锻铝制造的辐条连接起来,以获得良好的载荷传递性能并减轻质量。

美国 Tower 汽车公司采用搅拌摩擦焊制造汽车用悬挂连接臂,取得了很大经济效益。另外,该公司还将搅拌摩擦焊技术用于缝合不等厚板坯料的制造;采用缝合坯料,在优化结构强度和刚度设计的同时,既大大减少了汽车制造中模具的数量,又缩短了工艺流程。

目前,搅拌摩擦焊在汽车制造工业中的应用主要为:发动机引擎和汽车底盘车身支架;汽车轮毂;液压成型管附件;汽车车门预成型件;轿车车体空间框架;卡车车体;载货车的尾部升降平台汽车起重器;汽车燃料箱;旅行车车体;公共汽车和机场运输车;摩托车和自行车框架;铝合金电梯;逃生交通工具;铝合金汽车修理;镁合金和铝合金的连接。

5. 搅拌摩擦焊在其他工业中的应用

搅拌摩擦焊成功解决了轻合金金属的连接难题,在兵器、建筑、电力、能源、家电等工业中的应用也越来越广泛。

如在兵器工业,搅拌摩擦焊成功实现了坦克、装甲车的主体结构和防护装甲板的制造;在建筑行业的应用主要为铝合金桥梁,铝合金、铜合金、镁合金装饰板,门窗框架,铝合金管线,电厂和化学工厂的铝合金反应器,热交换器,中央空调,管状结构件制造等;在电力行业的应用主要为发动机壳体、电器连接件、电器封装等;在家电行业的应用主要为冰箱散热板、厨房电器和设备,"白色"家用物品和工具天然气、液化气储箱和容器、金属家具等。

6. 在非铝合金金属结构上的应用

迄今为止,搅拌摩擦焊的大部分研究开发和应用都集中在铝合金材料,对于非铝合金材料如铜合金、钛合金、钢材、热塑材料等,也已开展了搅拌摩擦焊研究和开发,开始在某些场合应用。

1997 年,瑞典 SKB 公司和英国焊接研究所一起对 50 mm 厚铜合金核燃料贮箱的搅拌摩擦焊制造进行了开发,2001 年开发了铜合金搅拌摩擦焊专用设备,并且对电子束和搅拌摩擦焊工艺进行了比较和完善,2004 年已经小批量生产。

美国 MEGASTIR 公司一直致力于高熔点材料的搅拌摩擦焊应用开发,从 304 不锈钢到普通中碳钢和高温合金材料,甚至钛合金材料等都可以实现搅拌摩擦焊连接;2003 年已经把搅拌摩擦焊应用于野外钢合金天然气管道的搅拌摩擦焊。高熔点材料:钛、钢FSW 的难点主要是搅拌头材料的优选(如选用多晶立方氮化硼 PCBN)与其搅拌针型体设计、加工以及在工程应用中的寿命。

日本日立公司利用搅拌摩擦焊实现了强度大于 800 MPa 的超精细高强钢(UFG)的连接,这种材料在未来有可能用于飞机起落架的制造等。

在镁合金的焊接方面,目前有文献报道,采用搅拌摩擦焊焊接的镁合金主要有AZ31(日本)、AZ61、AZ91、MB3 等。对于 MB3 镁合金,搅拌头转速过低时,在搅拌头后方易形成沟槽,两试件之间只实现了局部结合,焊缝外观成形不好,内部存在小的空洞和组织疏松,且接头试样抗拉强度也低。当搅拌头转速提高到 1 500 r/min 以上时,焊缝组织致密,接头强度可以达到母材强度的90% ~ 98%。焊接速度变化也影响接头强度。对于 3 mm 厚的MB3镁合金板($\sigma_s = 245$ MPa、$\delta = 6\%$),焊速为 25 mm/min 时,接头强度最低;焊速为 48 mm/min 时,强度上升到最高值;进一步增加焊速到 60 mm/min,强度反而下降。

参考文献

[1]李亚江. 特种连接技术[M]. 北京:机械工业出版社,2007.

[2]中国机械工程学会焊接学会. 焊接手册(第1卷):焊接方法及设备[M]. 2 版. 北京:机械工业出版社,2001.

[3]张柯柯,涂益民. 特种先进连接方法[M]. 哈尔滨:哈尔滨工业大学出版社, 2008.

[4]李志远,钱乙余,张九海. 先进连接方法[M]. 北京:机械工业出版社,2000.

[5]宁裴章,才荫先. 摩擦焊[M]. 北京:机械工业出版社,1983.

[6]栾国红,郭德伦. 搅拌摩擦焊在飞机制造工业中的应用[J]. 航空制造技术,2002(11):20-24.

[7]FONDA R W, BINGERT J F, COLLIGAN K J. Development of grain structure during friction stir welding[J]. Scripta Materialia, 2004, 51(3):243-248.

[8]张武. 铝合金搅拌摩擦焊焊缝塑性金属迁移行为分析研究[D]. 南昌:南昌航空工业学院, 2007.

[9]严铿,陈华斌,蒋成禹,等. 搅拌摩擦焊焊接参数对 LF5 接头性能的影响[J]. 电焊机,2004(S1):112-115.

[10]邢丽,柯黎明,周细应,等. 防锈铝 LF6 的固态塑性连接工艺[J]. 中国有色余属学报,2002, 12 (6):1162-1166.

[11]秦占领. 沉淀强化铝合金搅拌摩擦焊工艺及接头性能的研究[D]. 南昌:南昌航空工业学院, 2007.

[12]《焊接新技术新工艺实用指导手册》编委会. 焊接新技术新工艺实用指导手册[M]. 北京:北方工业出版社,2008.

第 8 章   超声波焊

波的物理定义是:振动在物体中的传递形成波。波的形成必须有两个条件:一是振动源,二是传播介质。波的分类一般有如下几种:一是根据振动方向和传播方向来分类。当振动方向与传播方向垂直时,称为横波。当振动方向与传播方向一致时,称为纵波。二是根据频率分类,人耳敏感的听觉范围是 20 ～ 20 000 Hz,所以在这个范围之内的波称为声波,低于这个范围的波称为次声波,超过这个范围的波称为超声波。超声波焊是利用超声波频率(超过 16 kHz)的机械振动能量来进行焊接的方法。焊接时既不向工件输送电流,也不向工件引入高温热源,只是在静压力下将弹性振动能量转变为工件间的摩擦功、形变能及随后有限的温升。接头间的冶金结合是在母材不发生熔化的情况下实现的,因此是一种固态焊接。超声波焊是一种快捷、干净、有效的装配工艺,用来装配处理热塑性塑料配件及一些合成构件,目前被运用塑胶制品之间的连接,塑胶制品与金属配件的连接及其他非塑胶材料之间的连接。超声波焊接不但有连接装配功能,而且具有防潮、防水的密封效果。

8.1   超声波焊的原理及特点

8.1.1   超声波焊的原理

超声波焊接是利用超声频率(超过 16 kHz)的机械振动能量在静压力的共同作用下,连接同种或异种金属、半导体、塑料及金属陶瓷等的特殊焊接方法,其工作原理如图 8.1 所示。

工件被夹在上、下声极和之间。上声极用来向工件引入超声波频率的弹性振动能和施加压力。下声极是固定的,用于支撑工件。上声极传输的弹性振动能是经过一系列的能量转换及传递环节而产生。这些环节中,超声波发生器是一个变频装置,它将工频电流转变为超声波频率(15 ～ 60 kHz)的振荡电流。换能器则通过磁致伸缩效应将电磁能转换成弹性机械振动能。聚能器用来放大振幅,并通过耦合杆,上声极耦合到负载(工件)。由换能器、聚能器、耦合杆及上声极所构成的整体一般称为声学系统。声学系统中各个的自振频率,将按同一个频率设计。当发生器的振荡电流频率与声学系统的自振频率一致时,系统即产生了谐振,并向工件输出弹性振动能。工件在静压力及弹性振动能的共同作用下,将机械动能转变工件间摩擦功,形变能和随之而产生的温升,使工件在固态下实现连接。

金属超声波焊接时,既不向工件输送电流,也不向工件引入高温热源,只是在静压力下将弹性振动能量转变为工件间的摩擦功、形变能及随后有限的温升。接头间的冶金结合在母材不发生熔化的情况下实现,因此是一种固态焊接。

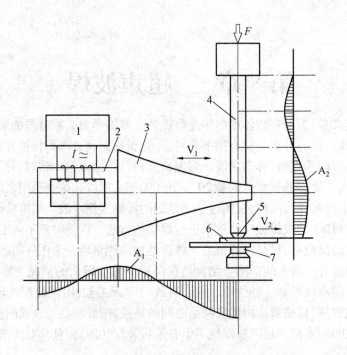

图 8.1　超声波焊接原理

1— 发生器;2— 换能器;3— 聚能器;4— 耦合杆;5— 上声极;6— 工件;

7— 下声极;A— 振幅分布;I— 发生器馈电;F— 静压力;V— 振动方向

热可塑性塑料的超声波焊接是利用工作接面间高频率的摩擦而使分子间急速产生热量,当此热量足够熔化工作时,停止超声波发振,此时工件接面由熔融而固化,完成加工程序。通常用于塑料加工的频率有 20 kHz 和 15 kHz,其中 20 kHz 仍在人类听觉之外,故称为超声波,但 15 kHz 仍在人类听觉范围之内。

超声波焊焊缝的形成主要由振动剪切力、静压力和焊区的温升三个因素所决定。一般来说,超声波焊经历了如下三个阶段。

(1) 摩擦

超声波焊的第一个过程主要是摩擦过程,其相对摩擦速度与摩擦焊相近只是振幅仅仅为几十微米。这一过程的主要作用是排除工件表面的油污、氧化物等杂质,使纯净的金属表面暴露出来。

(2) 应力及应变过程

从光弹应力模型中可以看到剪切应力的方向每秒将变化几千次,这种应力的存在也是造成摩擦过程的起因,只是在工件间发生局部连接后,这种振动的应力和应变将形成金属间实现冶金结合的条件。

在上述两个步骤中,由于弹性滞后,局部表面滑移及塑性变形的综合结果使焊区的局部温度升高。经过测定,焊区的温度为金属熔点的 35% ~ 50% 。

(3) 固相焊接

用光学显微镜和电子显微镜对焊缝截成所进行的检验表明,焊接之间发生了相变、再结晶、扩散以及金属间的键合等冶金现象,是一种固相焊接过程。

典型超声波焊接操作步骤如图 8.2 所示。

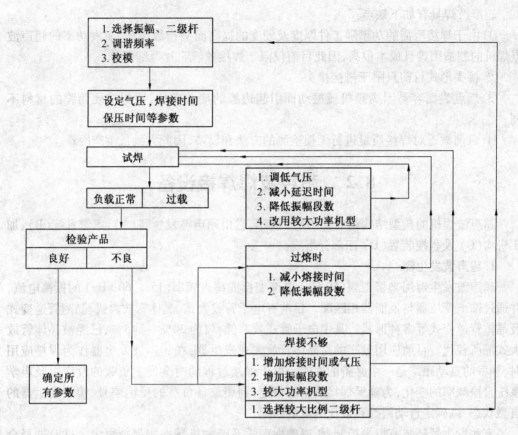

图 8.2 超声波焊接操作步骤

8.1.2 超声波焊的特点

超声波焊具有如下优点：

① 超声波焊能实现同种金属、异种金属、金属与非金属以及塑料之间的焊接。

② 超声波焊特别适用于金属箔片、细丝以及微型器件的焊接。可焊接厚度只有0.002 mm 的金箔及铝箔。由于是固态焊接,不会有高温氧化、污染和损伤微电子器件,因此半导体硅片与金属丝(如 Au、Ag、Al、Pt、Ta 等) 的精密焊接最为适用。

③ 超声波焊可以用于焊接厚薄相差悬殊以及多层箔片等特殊焊件,如热电偶丝焊接、电阻应变片引线以及电子管的灯丝的焊接,还可以焊接多层叠合的铝箔和银箔等。

④ 超声波焊接时对焊件不加热、不通电。因此对高热导率和高电导率的材料如铝、铜、银等焊接很容易,而用电阻焊则很困难。

⑤ 超声波焊与电阻焊相比,耗用电功率小,焊件变形小,接头强度高且稳定性好。主要是由于超声波焊点不存在熔化及受高温的影响。

⑥ 超声波焊对焊件表面的清洁要求不高,允许少量氧化膜及油污存在。因为超声波焊接具有对焊件表面氧化膜破碎和清理作用,焊接表面状态对焊接质量影响较小,甚至可

以焊接涂有油漆或塑料薄膜的金属。

超声波焊具有如下缺点：

① 由于焊接所需的功率随工件厚度及硬度的提高而呈指数增加，而大功率的超声波点焊机的制造困难且成本很高，因此目前仅限于焊接丝、箔、片等细薄件。

② 接头形式目前只限于搭接接头。

③ 焊点表面容易因高频机械振动而引起边缘的疲劳破坏，对焊接硬而脆的材料不利。

④ 目前缺乏对焊接质量进行无损检测的方法和设备，因此大批量生产困难。

8.2　超声波焊焊接设备

超声波焊机的典型结构组成如图8.3所示，它由超声波发生器（A）、声学系统（B）、加压机构（C）及程控装置（D）四部分组成。

1. 超声波发生器

超声波发生器用来将工频（50 Hz）电流变换成超声频率（15 ~ 60 kHz）的振荡电流，并通过输出变压器与换能器相匹配。目前有电子管放大式、晶体管放大式、晶闸管逆变式及晶体管逆变式等多种形式。其中电子管式效率低，仅为30% ~ 45%，已经被晶体管放大式等所替代。目前应用最广的是晶体管放大式发生器，在超声波发生器作为焊接应用时，频率的自动跟踪是一个必备的性能。由于焊接过程随时会发生负载的改变以及声学系统自振频率的变化，为确保焊接质量的稳定，利用取自负载的反馈信号，构成发生器的自激状态，以确定自动跟踪和最优的负载匹配。

有些发生器还装有恒幅控制器，以确保声学系统的机械振幅保持恒定。这时选择合适的振幅传感器将成为技术关键。最近几年出现的晶体管逆变式发生器使超声波发生器的效率提高到95%以上，而设备的体积大幅度减小。

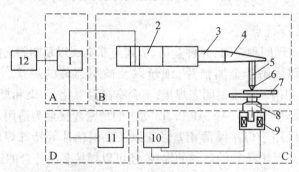

图8.3　超声波焊机的典型结构组成

1— 超声波发生器；2— 换能器；3— 传振杆；4— 聚能器；5— 耦合杆；6— 上声极；
7— 工件；8— 下声极；9— 电磁加压装置；10— 控制加压电源；11— 程控器；12— 电源

2. 声学系统

超声波焊机的声学系统是整机的心脏，由换能器、传振杆、聚能器、耦合杆和声极（焊头、焊座）等组成。

(1) 换能器

换能器用来将超声波发生器的电磁振荡转成相同频率的机械振动。常用的换能器有压电式及磁致伸缩式两种。压电换能器最主要的优点是效率高和使用方便,一般效率可达 80% ~ 90%,它是基于逆压电效应。石英、锆酸铅、锆钛酸铅等压电晶体,在一定的结晶面受到压力或拉力时将会出现电荷,称之为压电效应;反之,当在压电轴方向馈入交变电场时,晶体就会沿着一定方向发生同步的伸缩现象,即逆压电效应。压电换能器的缺点是比较脆弱,使用寿命较短。

磁致伸缩换能器依靠磁致伸缩效应来工作。当将镍或铁铝合金等材料置于磁场中时,作为单元铁磁体的磁畴将发生有序化运动。并引起材料在长度上的伸缩现象,即磁致伸缩现象。磁致伸缩换能器是一种半永久性器件,工作稳定可靠,但由于效率仅为 20% ~ 40%,除了特大功率的换能器以及连续工作的大功率缝焊机因冷却有困难而被采用外,其他已经被压电式换能器所取代。

(2) 传振杆

超声波焊机的传振杆的主要用来改变振动形式,将纵向振动改变成弯曲振动,是与压电式换能器配套的声学主件。传振杆通常选择放大倍数 0.8、1、1.25 等几种半波长阶梯型杆,由于传振杆主要用来传递振动能量,一般可以选择由 45 钢或 30CrMnSi 低合金钢或超硬铝合金制成。

(3) 聚能器

聚能器又称为变幅杆,在声学系统中起放大换能器输出的振幅并耦合传输到工件的作用。

各种锥形杆都可以用作为聚能器。设计各种聚能器的共同目标是使聚能器的自振频率能与换能器的推动频率谐振,并在结构上考虑合适的放大倍数、低的传输损耗以及自身具备的足够机械强度。

指数锥聚能器由于可使用较高的放大系数,工作稳定,结构强度高,因此常常优先选择。此外,聚能器作为声学系统的一个组件,最终要被固定在某一装置上,以便实现加压及运转等,从实用上考虑,在磁致伸缩型的声学系统中往往将固定整个声学系统的位置设计在聚能器的波节点上。某些压电式声学系统也有类似的设计。

聚能器工作在疲劳条件下,设计时应重点考虑结构的强度,特别是声学系统各个组元的连接部位,更是需要特别注意。材料的抗疲劳强度及振动时的内耗是选择聚能器材料的主要依据,目前常用的材料有 45 钢、30Cr MnSi、超硬铝合金、蒙乃尔合金以及钛合金等。

(4) 耦合杆

耦合杆用来改变振动形式,一般是将聚能器输出的纵向振动改变为弯曲振动,当声学系统含有耦合杆时,振动能量的传输及耦合功能就都由耦合杆来承担。除了应根据谐振条件来设计耦合杆的自振频率外,还可以通过波长数的选择来调整振动振幅的分布,以获得最优的工艺效果。

耦合杆在结构上非常简单,通常都是一个圆柱杆,但其工作状态较为复杂,设计时需要考虑弯曲振动时的自身转动惯量及其剪切变形的影响,而且约束条件也很复杂,因而实际设计时要比聚能器复杂。一般选择与聚能器相当的材料制作耦合杆,两者用钎焊的方法连接起来。

（5）声极（焊头、焊座）

超声波焊机中直接与工件接触的声学部件称为上、下声极。对于点焊机来说,可以用各种方法与聚能器或耦合杆相连接,而缝焊机的上、下声极可以是一对滚盘,至于塑料用焊机的上声极,其形状更是随零件形状而改变。但是,无论是哪一种声极,设计时的基本问题仍然是自振频率的设计,显然,上声极有可能成为最复杂的一个声学元件。

通用点焊机的上声极（焊头）是最简单的,一般都将上声极的端部制成一个简单的球面,其曲率半径为可焊工件厚度的 50 ~ 100 倍。上声极要尽量谐振,衡量上声极（焊头）材料的标准是耐磨大、摩擦系数及耐高温,故多用高速钢、滚珠轴承钢为材料。通过电火花加工出花纹。例如,对于可焊 1 mm 工件的点焊机,其上声极端面的曲率半径可选 75 mm。缝焊机的滚盘按其工作状态进行设计。例如,选择弯曲振动状态时,滚盘的自振频率应设计成与换能器频率相一致。

与上声极相反,下声极（有时称为铁砧、焊座）在设计时应选择反谐振状态,从而使谐振能可在下声极表面反射,以减少能量损失。有时为了简化设计或受工作条件限制,也可选择大质量的下声极。

3. 加压机构

向工件施加静压力的加压机构是形成焊接接头的必要条件,目前主要有液压、气压、电磁加压及自重加压等。其中液压方式冲击力小、主要用于大功率焊机,小功率焊机多采用电磁加压或自重加压方式,这种方式可以匹配较快的控制程序。实际使用中,加压机构还可能包括工件的夹持机构, 如图 8.4 所示。

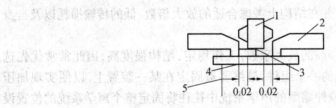

图 8.4　工件夹持结构

1— 声学头（焊头）;2— 夹紧头;3— 丝（焊件之一）;4— 工件;5— 下声极（焊座）

4. 程控装置

典型的超声波点焊控制程序如图 8.5 所示,向焊件输入超声波之前需有一个预压时间 t_1,用来施加静压力,这样既可防止因振动而引起工件切向错位,以保证焊点尺寸精度,又可以避免因加压过程中动压力与振动复合而引起的工件疲劳破坏。在 t_3 内静压力（F）已被解除,但超声波振幅（A）继续存在,上声极与工件之间将发生相对运动,从而可以有效地清除上声极和工件之间可能发生的粘连现象,这种粘连现象在焊接 Al、Mg 及其合金时容易发生。

表 8.1 是部分国产超声波焊机的型号及技术参数。

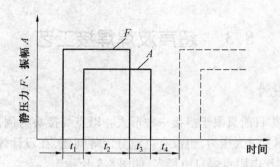

图 8.5　典型的超声波点焊控制程序

t_1— 预压时间；t_2— 焊接时间；t_3— 消除粘连时间；t_4— 休止时间

表 8.1　国产超声波焊机的型号及其技术参数

型号	发生器功率/W	谐振频率/kHz	静压力/N	焊接时间/s	焊接速度/(mm·min^{-1})	工件厚度
CHJ – 28 点焊机	0.5	45	15 ~ 120	0.1 ~ 0.3	—	30 ~ 120 μm
SD – 0.25 点焊机	250	19 ~ 21	13 ~ 180	0 ~ 1.5	—	(0.15 + 0.15) mm
SD – 1 点焊机	1 000	18 ~ 20	980	0.1 ~ 3.0	—	(0.8 + 0.8) mm
SD – 2 点焊机	2 000	17 ~ 18	1 470	0.1 ~ 3.0	—	(1.2 + 1.2) mm
SD – 5 点焊机	5 000	17 ~ 18	2 450	0.1 ~ 3.0	—	(2.0 + 2.0) mm
P1925 点焊机	250	19.5 ~ 22.5	20 ~ 195	0.1 ~ 1.0	—	(0.25 + 0.25) mm
CHD – 1 点焊机	1 000	18 ~ 20	600	0.1 ~ 3.0	—	(0.5 + 0.5) mm
FDS – 80 缝焊机	80	20	20 ~ 200	0.05 ~ 6.0	7 ~ 23	(0.06 + 0.06) mm
SF – 0.25 缝焊机	250	19 ~ 21	300	—	2.5 ~ 120	(0.18 + 0.18) mm
CHF – 3 缝焊机	3 000	18 ~ 20	600	—	10 ~ 120	(0.6 + 0.6) mm

图 8.6 为一种典型的超声波焊机实物图。

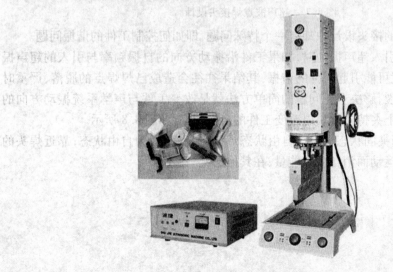

图 8.6　一种典型的超声波焊机

8.3 超声波焊焊接工艺

8.3.1 接头设计

超声波焊接的接头目前只限于搭接一种形式。以点焊接头为例,考虑到焊接过程母材不发生熔化,焊点不受过大压力,也没有电流分流等问题,在设计焊点的点距 S、边距 e 和行距 r 等参数时,要比电阻点焊自由得多,如图 8.7 所示。

① 超声波焊的边距 e 没有限制,根据情况可以沿边焊接,电阻焊的设计标准为 $e > 6\ mm$。

② 超声波焊的点距 S 可任意选定,可以重叠,甚至可以重复焊(修补),电阻焊时,为了防止分流,应使 $S > 8\delta$(板厚)。

③ 超声波焊的行距 r 可以任选。

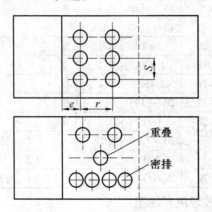

图 8.7 超声波点焊接头设计

但是在超声波焊的接头设计中却有一个特殊问题,即如何控制工件的谐振问题。

当上声极向工件引入超声振动时,如果工件沿振动方向的自振频率与引入的超声振动频率相等或接近,就可能引起工件的谐振,其结果往往会造成已焊焊点的脱落,严重时可导致工件的疲劳断裂,解决上述问题的简单方法就是改变工件与声学系统振动方向的相对位置或者在工件上夹持质量块以改变工件的自振频率,如图 8.8 所示。

图 8.8 说明,适当夹固状态比完全自由状态焊接质量好,因为自由状态,靠近焊头的工件层会大量随振幅运动而消耗大量能量,在其他层就"穿不透"。

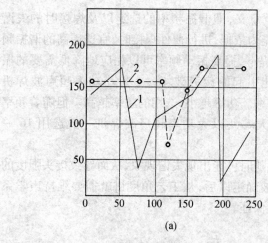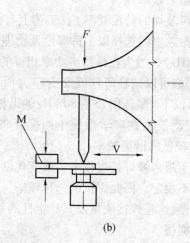

图 8.8　工件与声学系统相对位置的实验
1— 自由状态;2— 夹固状态;M— 夹固;F— 静压力;V— 振动方向

8.3.2　超声波焊接的工艺参数

超声波焊接的主要工艺参数包括振幅、振动频率、静压力及焊接时间。

焊接需用的功率 $P(\mathrm{W})$ 取决于工件的厚度 $\delta(\mathrm{mm})$ 和材料硬度 $H(\mathrm{HV})$,并可按下式确定:

$$P = KH^{3/2}\delta^{3/2} \tag{8.1}$$

式中　K—— 系数,其函数关系如图 8.9 所示。

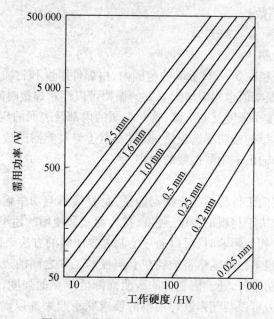

图 8.9　需用功率与工件硬度的关系

1. 振动频率

超声波焊的谐振频率 f 在工艺上有两重意义,即谐振频率的选定以及焊接时的失谐率。谐振频率的选择以工件厚度及物理性能为依据,进行薄件焊接时,宜选用高的谐振频率(80 kHz)。因为在维持声功率相等的前提下,提高振动频率可以相应地降低需要的振幅,低振幅可以减轻薄件因交变应力而可能引起的疲劳破坏。一般小功率超声波焊机(100 W 以下)多选用 25~80 kHz 的谐振频率。功率越小,选用的频率越高。但随着频率提高,振动能量在声学系统中的损耗将增大。所以大功率超声波焊机一般选用 16~20 kHz 较低的谐振频率。

由于超声波焊接过程中负载变化剧烈,随时可能出现失谐现象,从而导致接头强度的降低和不稳定。因此焊机的选择频率一旦被确定以后,从工艺角度讲就需要维持声学系统的谐振,这是焊接质量及其稳定性的基本保证。

2. 振幅

超声波焊接的振幅大小,将确定摩擦功的数值、材料表面氧化膜的清除条件、塑性流动的状态以及结合面的加热温度等。由于实际应用中超声功率的测量尚有困难,因此常常用振幅表示功率的大小。超声功率与振幅的关系为

$$P = \mu SFv = \mu SF2A\omega/\pi = 4\mu SFAf \tag{8.2}$$

式中　　P——超声功率;

　　　　F——静压力;

　　　　S——焊点面积;

　　　　v——相对速度;

　　　　A——振幅;

　　　　μ——摩擦系数;

　　　　ω——角频率($\omega = 2\pi f$);

　　　　f——振动频率。

超声波焊机的振幅在 5~25 μm 的范围内,由焊件厚度和材质决定。随着材料厚度及硬度的提高,所需振幅值也相应增大。大的振幅可以缩短焊接时间。但振幅有上限,当增加到某一数值后,接头强度反而下降,这与金属的内部及表面的疲劳破坏有关。

当换能材料及其结构按功率选定后,振幅大小还与聚能器的放大系数有关。可以通过调节发生器的功率输出来调节振幅的大小。

3. 静压力

静压力用来直接向工件传递超声振动能量,是直接影响功率输出及工件变形条件的重要因素。其选择取决于材料的厚度、硬度、接头形式和使用的超声波功率。通常在确定上述各种焊接参数的相互影响时,可以通过绘制临界曲线的方法来达到。

静压力过低时,很多振动能量将损耗在上声极与工件之间的表面摩擦上。静压力过大时,除了增加需用功率外,还会因工件的压溃而降低焊点的强度,表面变形也较大。对某一待定产品,静压力可以与超声波焊功率的要求联系起来加以确定。表 8.2 中列出各种功率超声波焊接的静压力范围。

表8.2　各种功率的超声波焊机的压力范围

焊机功率 /W	压紧力范围 /N
20	0.04 ~ 1.7
50 ~ 100	2.3 ~ 6.7
300	22 ~ 800
600	310 ~ 1 780
1 200	270 ~ 2 670
4 000	1 100 ~ 14 200
8 000	3 560 ~ 17 800

4. 焊接时间

焊接时间是指超声波能量输入焊件的时间。每个焊点的形成有一个最小焊接时间，若小于该时间，则不足以破坏金属表面氧化膜而无法焊接。焊接时间通常随时间增大，其接头强度也增加，然后逐渐趋于稳定值。若焊接时间过长，则因焊件受热加剧，声极陷入焊件，使焊点截面减弱，从而降低接头强度，甚至引起接头疲劳破坏。

焊接时间的选择随材料性质、厚度及其他工艺参数而定，高功率和短时间的焊接效果通常优于低功率和较长时间的焊接效果。当静压力、振幅增加及材料厚度减小时，超声波焊接时间可取较低数值。对于细丝或薄箔，焊接时间为 0.01 ~ 0.1 s，对于厚板一般也不会超过 1.5 s。

表8.3 为几种典型材料超声波焊接的工艺参数。

表8.3　几种典型材料超声波焊接的工艺参数

材料		厚度 /mm	焊接工艺参数			上声极材料
名称	牌号		压力 /N	时间 /s	振幅 /μm	
铝及铝合金	1050A	0.3 ~ 0.7	200 ~ 300	0.5 ~ 1.0	14 ~ 16	45 钢
		0.8 ~ 1.2	350 ~ 500	1.0 ~ 1.5	14 ~ 16	
	5A03	0.6 ~ 0.8	600 ~ 800	0.5 ~ 1.0	22 ~ 24	
	5A06	0.3 ~ 0.5	300 ~ 500	1.0 ~ 1.5	17 ~ 19	
	2A11	0.3 ~ 0.7	300 ~ 600	0.15 ~ 1.0	14 ~ 16	
铝及铝合金	2A12	0.3 ~ 0.7	300 ~ 600	0.15 ~ 1.0	18 ~ 20	轴承钢 GCr15
		0.8 ~ 1.0	700 ~ 800	1.0 ~ 1.5	18 ~ 20	
纯铜	T2	0.3 ~ 0.6	300 ~ 700	1.5 ~ 2	16 ~ 20	45 钢
		0.7 ~ 1.0	800 ~ 1 000	2 ~ 3	16 ~ 20	
钛及钛合金	TA3	0.2	400	0.3	16 ~ 18	上声极头部堆焊硬质合金 60 HRC
		0.25	400	0.25	16 ~ 18	
		0.65	800	0.25	22 ~ 24	
	TA4	0.25	400	0.25	16 ~ 18	
		0.5	600	1.0	18 ~ 20	
非金属	树脂68	3.2	100	3	35	钢
	聚氯乙烯	5	500	2.0	35	橡皮

8.4 超声波焊接的应用

超声波焊接属于固相焊接,目前主要用于小型薄件的焊接,并且焊接的多半是铝、铜、金等较软材料。超声波焊也可用于钢铁材料、钨、钛、钼、钽等有色金属的焊接,以及其他方法无法焊接的材料。超声波焊接质量可靠,并具有一定的经济性。

8.4.1 金属的超声波焊接

在电机制造,尤其是微电机制造中,超声波焊方法正在逐步替代原来的钎焊及电阻焊方法,如整流子与涂漆导线的连接、铝励磁线圈与铝导线的焊接以及编织导线与电刷板之间的焊接。 在钽或铝电解电容器生产中,采用超声波点焊方法来焊接引出片已有几十年的历史。它取代了传统的电阻焊法,用来连接 CP 引线与铝箔,使电容器的损耗角降低到 0.006 以下,成品率由原来的 75% 提高近 100%。

可采用超声波进行焊接的材料组合如图 8.10 所示。

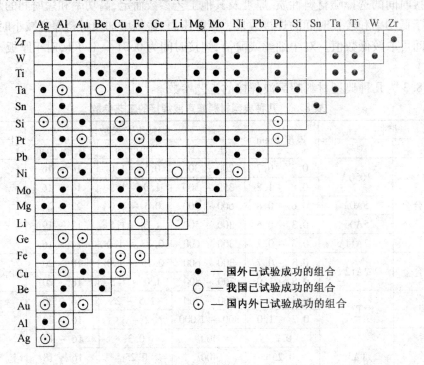

图 8.10 可采用超声波焊接的材料组合

Sooriyamoorthy 等人对铝∕铝的超声波焊接研究表明,当焊接时间为2.5 s,焊接压力为 2.5 bar,振幅为 45 μm 时得到最好的焊接接头,焊接时表面温度范围为 95 ~ 120 ℃。有限元研究表明,随着焊接时间的增加,压力水平也增加,这说明了在增加焊接时间时,焊接接头能得到高的强度。

Elangovan Sooriyamoorthy 等人对铜∕铜的超声波焊接研究表明,当焊接压力为 2 bar(1 bar = 105 Pa),焊接时间为 2.25 s,振幅为 50 μm 时,焊接接头强度最大;当焊接压力为 2.5 bar,焊接时间为 2 s,振幅为 45 μm 时,接头强度的波动最小。

8.4.2　塑料的超声波焊接

随着塑料工业的发展,大量的工程塑料被广泛应用于机械电子工业中的仪表框架、面板、接插件、继电器、开关、塑料外壳等设计制造中。这些构件均需要采用超声波塑料焊接工艺,此外,超声波焊还应用于金属与塑料的连接及聚脂织物的"缝纫"等。

8.4.3　超声波焊接技术的新进展

近来超声波焊接除了在金属焊接中得到广泛应用之外,还应用于光纤、医用玻璃的焊接。而且用超声波焊接制备碳纳米管增强铝基复合材料、超声波焊接与胶黏剂相结合以及铝、铜这些金属的超声波焊接,目前都是比较热门的研究重点。

赵志鹏等人研究了玻纤增强尼龙超声波焊接。结果表明:对于常用较易焊接的材料,如聚苯乙烯等可按照一般的设计方法,焊接线宽度和高度都比较小即可。但对于尼龙等不易焊接的材料就不能按照常规的方法来设计焊接线,因为它的最大的连接力主要从能量导向柱的底盘宽度来获得。在这种情况下,焊接线的宽度和高度都较大,要考虑到焊接后的溢料问题,因为这种不易焊接的材料如果要达到较高的连接力和密封性,焊接线处要熔合得非常好,一般会溢料。

张义福等人对超声波焊接下光纤埋入金属基体的热机耦合进行了有限元分析。结果表明:① 光纤传感器完全埋入金属基体中,并且结合紧密;② 有限元仿真的最高温度低于金属熔点(25% ~ 50%),最高温度不至于破坏光纤传感器;③ 高频叠加超声振动减小了铝合金金属薄片平均应力大小;④ 摩擦效应随着载荷和超声振幅的增加而增强,而焊接时间对摩擦效应的影响较小。

熊志林等人对用超声波焊制备碳纳米管增强铝基复合材料进行了研究。结果表明:碳纳米管能够较好地嵌入于基体材料中,并且与基体界面结合良好,碳纳米管对铝基复合材料具有较好的增强效果,可以提高复合材料的力学性能。当加入 CNTs 时,在焊接压力为 17.5 MPa、焊接时间为 120 ms 的条件下,复合材料的最大剥离力可达 178.859 N。在相同焊接工艺参数以及表面处理状态下,与基体材料相比,CNTs 增强铝基复合材料的剥离力平均提高了 28.6%,其硬度提高了 21.6%,与未焊接的基体相比提高了 62.9%。随着由材料表面到焊缝位置的距离增加,复合材料的硬度提高。

郭毓峰对聚对苯二甲酸乙二醇酯/聚乙烯薄膜的超声波焊接进行了研究。结果表明:PET/PE 薄膜焊接接头热合强度与接头的结晶程度有关,随着焊接时间、焊接振幅、焊接压力的增加,焊接区域试样的结晶程度先减小后增大,焊接接头的热合强度先升高后降低。PET/PE 薄膜超声波焊接接头的熔融区域较宽,断面凹凸不平,出现拉出凸起部分,表现为韧性断裂特征。

成桢利用有限元软件 ANSYS 的参数化分析技术,对大尺寸立方体超声塑焊开槽工具头进行了优化设计。结果表明:该优化方法能很好地解决大尺寸超声塑焊工具头的设计问题,既提高了设计效率,也降低了设计成本。

刘新华对血液回收离心杯的超声波焊接进行了研究,其主要由气动传动系统、控制系统、超声波发生器、换能器及工具头和机械装置等组成。整个控制系统的顺序是:电源启动 → 触发控制信号 → 气动传动系统工作 → 气缸加压焊头 → 下降并压住焊件 → 触发超声发生器工作,发射超声并保持一定的焊接时间 → 去除超声发射 → 继续保持一定的压力、时间 → 退压,焊头回升 → 焊接结束。

参考文献

[1]《焊接新技术新工艺实用指导手册》编委会. 焊接新技术新工艺实用指导手册[M].
北京:北方工业出版社,2008.

[2] 李亚江. 特种连接技术[M]. 北京:机械工业出版社,2007.

[3] 中国机械工程学会焊接学会. 焊接手册(第1卷):焊接方法及设备[M]. 2版. 北京:
机械工业出版社,2001.

[4] 张柯柯,涂益民. 特种先进连接方法[M]. 哈尔滨:哈尔滨工业大学出版社, 2008.

[5] 李志远,钱乙余,张九海,等. 先进连接方法[M].北京:机械工业出版社,2000.

[6] 刘方湖. 机器人超声波焊接和气动铣削一体机的研究与开发[J]. 新技术新工艺,2010
(8):77-79.

[7] 张义福,朱政强,张刚昌,等. 超声波焊接下光纤埋入金属基体的热机耦合有限元分
析[J]. 上海交通大学学报,2010(44):142-145.

[8] 熊志林,朱政强,程正明,等. 超声波焊接制备碳纳米管增强铝基复合材料[J]. 上海
交通大学学报,2010(44):45- 49.

第9章 爆 炸 焊

爆炸焊是以炸药作为能源进行金属焊接的方法。这种方法是利用炸药爆轰的能量,使被焊金属表面发生高速倾斜撞击,在撞击面上造成一薄层金属的塑性变形、适量熔化和原子间的相互扩散等。同种和异种金属就在这十分短暂的爆炸过程中相结合。人们在弹片和靶子的撞击结合中早已观察到了爆炸焊接的现象,1957年费列普捷克成功地实现了铝和钢的爆炸焊。20世纪50年代末,国外开始了对爆炸焊进行较系统的研究。20世纪60年代中期以后,美、英、日等国先后开始了爆炸焊产品的商业性生产。我国从1963年开始进行爆炸焊的试验和研究,50多年来,爆炸焊技术及其产品已较为广泛地应用于国民经济中各个领域。

9.1 爆炸焊的原理、特点及分类

9.1.1 爆炸焊的基本原理

爆炸焊是利用炸药爆炸产生的冲击力,造成焊件的迅速碰撞而实现连接焊件的一种压焊方法,焊缝是在两层或多层同种或异种金属材料之间,在零点几秒之内形成的,焊接时不需填充金属,也不必加热,如图9.1所示。爆炸焊是一种动态焊接过程。焊接时,炸药爆轰并驱动复板做高速运动,并以适当的碰撞角 β 和碰撞速度 V_{cp} 与基板发生倾斜碰撞。在碰撞点前方产生金属喷射,称为再入射流,它有清除表面污染的自清理作用。然后在高压下纯净的金属表面产生剧烈的塑性流动,从而实现金属界面牢固的冶金结合。

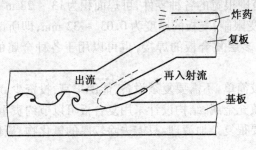

图9.1 爆炸焊示意图

9.1.2 爆炸焊结合面的形态

爆炸时产生的碰撞速度和角度不同,两种材料之间的冶金结合形式也不同。结合面形态一般来说有直接结合、波状结合及直线熔化层结合三种形式,如图9.2所示。

直线结合与波状结合之间有一个临界碰撞速度,当碰撞速度低于这个临界速度时,结

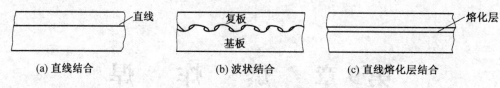

(a) 直线结合　　　　　　　(b) 波状结合　　　　　　　(c) 直线熔化层结合

图 9.2　爆炸结合面形态示意图

合面就呈直线结合状态,直线结合面上不发生熔化。这种结合形式没有得到实际应用,因为当碰撞条件发生微小变化时,就会引起未熔合的缺陷。

当碰撞速度高于临界值时,就会形成波状结合。这种结合的力学性能比直线结合好,而且焊接参数选择范围宽。整个界面是由直线结合区和漩涡区组成,当基板和复板密度相近时,波峰两侧均有旋涡;密度相差较大时,仅在波峰一侧出现旋涡。旋涡内部由熔化物质组成,又称为熔化槽,呈铸态组织。前旋涡以基板成分为主,后旋涡以复板成分为主。如旋涡内材料形成固熔体,则呈韧性;如形成金属间化合物,则呈脆性。良好的焊接结合面应由均匀细小的波纹组成,熔化槽呈孤立隔离状态。

当撞击速度和角度过大时,就会产生大旋涡,甚至形成一个连续的熔化层。这种大旋涡或熔化层如果是固熔体,则一般不会对接头强度带来损害,但如果形成脆性金属间的化合物,则接头就会变脆,而且在其内部常常含有大量缩孔和其他缺陷,所以必须避免能形成连续熔化层的焊接操作。

9.1.3　爆炸焊的特点

1.爆炸焊的优点

① 爆炸焊不仅可在同种金属之间,形成一种高强度的冶金结合焊缝,而且在异种金属之间也可以。例如,Ta、Zr、Al、Ti、Pb 等与碳钢、合金钢、不锈钢的连接,用其他焊接方法难以实现,用爆炸焊则很容易实现。其主要原因为爆炸焊不易产生脆性化合物层或者能把它减小至最低限度。

② 可以焊接尺寸范围很宽的各种零件,可焊面积为 $13 \sim 28 \ m^2$。爆炸焊接时,若基板固定不动,则其厚度不受限制;复板的厚度为 $0.03 \sim 32 \ mm$,即所谓包复比很高。

③ 可以进行双层、多层复合板的焊接,也可以用于各种金属的对接、搭接焊缝与点焊。

④ 爆炸焊工艺比较简单,不需要复杂设备,能源丰富,投资少,应用方便。

⑤ 爆炸焊不需要填充金属,结构设计采用复合板可以节约贵重的稀缺金属。

⑥ 焊接表面不需要很复杂地清理,只需去除较厚的氧化物、氧化皮和油污。

2.爆炸焊的缺点

① 被焊的金属材料必须具有足够的韧性和抗冲击能力,以承受爆炸力的剧烈碰撞。屈服强度大于 690 MPa 的高强度合金难以进行爆炸复合。

② 因为爆炸焊时,被焊金属间高速射流呈直线喷射,故爆炸焊一般只用于平面或柱面结构的焊接,如板与板、管状构件、管与板等的焊接以及复杂形状的构件受到限制。

③ 爆炸焊大多在野外露天作业,机械化程度低、劳动条件差,易受气候条件限制。

④ 基板宜厚不宜薄,若在薄板上施焊,需附加支托,从而增加制造成本。

⑤ 爆炸焊时产生的噪声和气浪,对周围环境有一定影响,虽然可以在水下、真空中或埋在沙子下进行爆炸,但要增加成本。

9.1.4 爆炸焊的分类

爆炸焊按初始安装方式不同,有平行法、角度法、平行－角度法和双角度法等形式,其中平行法和角度法为两种基本形式。

1. 平行法爆炸焊

图9.3是用平行法复合板材的爆炸焊接装置及其焊接过程示意图。

从图9.3中可以看出,若把复板焊到基板上,基板则须有质量较大的基础(如钢砧座、沙、土或水泥平台等)支托,复板与基板之间平行放置且留有一定间距 g,在复板上面平铺一定量的炸药,为了缓冲和防止爆炸时烧坏复板表面,常在炸药与复板之间放上缓冲保护层,如橡胶、沥青、黄油等。此外,还须选择适当的起爆点来放置雷管,用以引爆(图9.3(b))。

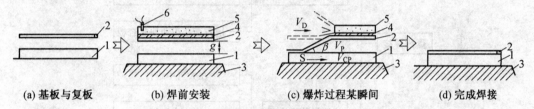

(a) 基板与复板　　**(b) 焊前安装**　　**(c) 爆炸过程某瞬间**　　**(d) 完成焊接**

图9.3　用平行法复合板材的爆炸焊接装置及其焊接过程示意图

1—基板;2—复板;3—基础;4—缓冲保护层;5—炸药;6—雷管;

β—碰撞角;S—碰撞点; V_D—炸药爆轰速度; V_P—复板速度; V_{CP}—碰撞点速度; g—间距

爆炸从雷管处开始并以 V_D 的爆轰速度向前发生,在爆炸力作用下,复板以 V_P 速度向基板碰撞(图9.3(c)),在碰撞点S处产生复杂的结合过程。随着爆炸逐步向前推进,碰撞爆炸逐步向前推进,碰撞点以 V_{CP} 速度(这时与 V_D 同步)向前移动,当炸药全部爆炸完时,复板即焊接到基板上(图9.3(d))。

2. 角度法爆炸焊

用角度法进行爆炸复合材料焊接时,只需在安装过程中使复板倾斜一个预置角 α 即可(图9.4)。这种方法只限于小件复合,对于大面积复合则不能采用,因为间距随爆炸点位置的变化而变化。

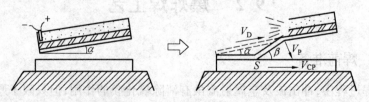

图9.4　角度爆炸焊过程示意图

此外,按爆炸焊实施位置分为地面、地下、空中、水下和真空中的爆炸焊;按产品形状分为板－板、管－管、管－管板、管－棒、金属粉末－板爆炸焊等;按爆炸的次数分为一次、二次或多次爆炸焊,因而有双层和多层爆炸焊之分;按布药特点分有单面和双面爆炸焊,或从内外或内外同时进行的爆炸焊;按焊件是否预冷或预热分为冷爆炸焊和热爆炸焊等。图9.5为爆炸焊常见的焊件布置、布药、介质条件、产品结构形式及由此带来的不同实施方法。

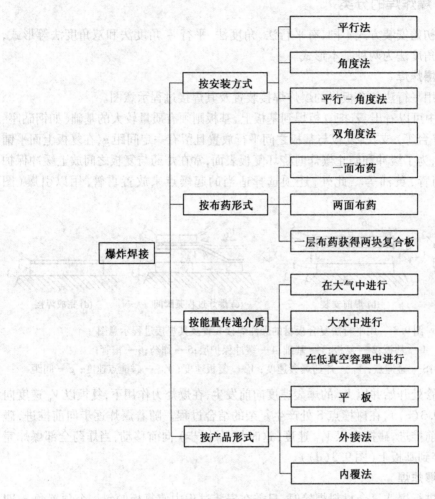

图 9.5　爆炸焊实施方法的分类

9.2　爆炸焊工艺

9.2.1　焊前准备

在爆炸焊过程中,冲击波及金属射流虽有清除氧化膜的作用,但只限于厚 $1 \sim 10\ \mu m$ 氧化膜,因此焊前表面清理仍十分重要。表9.1列出了爆炸焊前焊件表面清理方法。

基板和复板的固定和支托应保证基板刚度、平行焊件表面之间的间距均匀性或预置角。基板较薄时,应采用质量较大的砧座作支托,以减小挠曲,焊前还应校直基板,保证其与砧座均匀接触。复板较厚时,采用边缘支托即可;若复板较薄,应采用金属波纹条作支托物,以防挠曲度太大。管子或圆筒连接时,应用芯轴或外套筒支托基层件。芯轴应设计成焊后易于拆除。

表 9.1 爆炸焊前焊件表面清理方法

方　法	配方和操作要领	用　途
砂轮打磨		钢表面清理
喷砂、喷丸		钢表面清理
酸　洗	5% ~ 15% 体积 H_2SO_4 溶液	铜表面清理
	5% 体积 H_2SO_4 溶液	铜合金表面清理
碱　洗	(1)5%NaOH 溶液,60 ℃,脱脂 60 s;(2) 冷水冲洗;(3)5% 体积 HNO_3 溶液,中和 10 s;(4) 水冲洗;(5)10% 体积 HNO_3 + 0.25%HF 混合液,除氧化膜 5 s;(6) 水冲洗;(7) 干燥	铝及铝合金表面清理
砂布或钢丝刷打磨		不锈钢或钛合金表面清理
车、铣、刨、磨		高要求厚钢板、锻件、异型零件表面清理

应选择引爆速度适中、稳定可调、使用方便、价格低廉及安全无毒的炸药。一般应使炸药引爆速度低于被焊金属内部声速的120%。采用专门的设备和缓冲层材料。在有间距夹角或最小平行间距安装时,也可用高引爆速度的炸药。

炸药的引爆速度取决于成分、密度、堆敷厚度及炸药中惰性填料数量。密度与加工形态有关。一般随密度和厚度的增大,引爆速度增加。为了获得优良结合性能,引爆速度应接近覆层材料中的声速。引爆速度过高,使碰撞角变小,冲击力过大,造成结合部位撕裂;过低则不能维持足够的冲击力,结合强度不高。因此装药时应注意保证厚度和密度均匀性。

合适的引爆方式也很重要。端部引爆、边缘线引爆、中心引爆、四周引爆是常用方式。为避免雷管周围出现不结合的圆形区域,可把雷管延伸到要求复合的金属区以外或附加一个炸药包。

为防止烧伤、压痕、起皮、撕裂等缺陷,炸药与覆层之间要用橡胶、沥青、油灰、软塑料、有机玻璃、马粪纸、油毡等材料作缓冲层。

平行安装时,间距是决定碰撞点弯折角的唯一因素,其大小对界面的波浪形尺寸有一定影响。通常根据复板的厚度和密度确定初始安装间距,如表 9.2 所示,一般取 $0.5\ t$ ~ $1\ t$ 为宜,引爆速度高时取下限(t 为复板厚度)。

夹角安装时,通常采用高引爆速度炸药,一般预置角 α 取 5° ~ 10°,引爆速度高时取上限。

表 9.2 平行安装间距的选取原则

复板密度($g \cdot cm^{-3}$)	安装间距
< 5	$(1/3 ~ 2/3)t$
5 ~ 10	$(1/2 ~ 1)t$
> 10	$(2/3 ~ 2)t$

9.2.2 接头形式

爆炸焊的接头设计形式主要有搭接和对接,如图9.6所示,其中图(a)~(h)为搭接,(i)、(j)为对接。

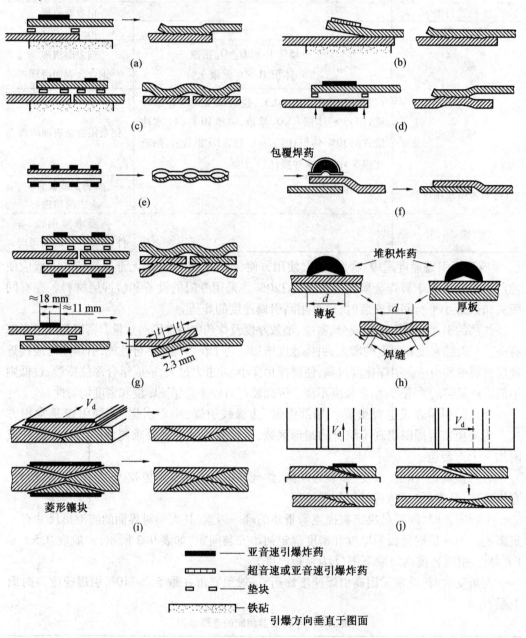

图 9.6 爆炸焊搭接和对接的接头形式

基板厚度 $\delta_{基}$ 与复板厚度 $\delta_{复}$ 之比称为基复比或厚度比,用 k 表示,即 $k = \delta_{基}/\delta_{复}$。$k$ 值越大,爆炸复合越容易,复合质量容易保证。若 $k = 1$,则爆炸复合较困难,一般要求基复比 $k > 2$。

9.2.3 工艺参数

影响碰撞区最终状态及爆炸焊接过程能量耗散条件的可控参数主要有冲击速度 V_p、碰撞点移动速度 V_c、动态碰撞角 β_d 爆炸爆接所需的单位面积药量、间距 g、预置角 α 等。

1. 冲击速度 V_p

研究表明,只有 V_p 足够大,使冲击压力 $p_{min} \approx 10\sigma_a$ 时(σ_a 为两金属强度高者的屈服点),爆炸焊才能获得可靠连接强度。由此得到最低冲击速度为

$$V_{pmin} \approx \begin{cases} 10\sigma_a \left(\dfrac{1 + \rho_a V_a / \rho_b V_b}{\rho_a V_a} \right) & \text{对异种金属} \\[3mm] \dfrac{20\sigma_a}{\sqrt{\rho_a E_a}} & \text{对同种金属} \end{cases}$$

式中 ρ_a、ρ_b——两种金属的密度,kg/m^3;

V_a、V_b——两种金属的声速,m/s;

σ_a、E_a——强度高的那种金属的屈服点及杨氏模量,N/mm^2。

表 9.3 列出按上式得出的估算值及实际测量的最低冲击速度,实际采用的冲击速度远远高于这些数值,最高已达 $400 \sim 600\ m/s$。

V_P 实际数值取决于炸药的爆炸动能,有许多经验公式,著名的格氏修正公式为

$$V_p = \varphi \sqrt{2E \left(\frac{3R^2}{R^2 + 5R + 4} \right)}$$

式中 $R = m_e / m_p$——单位面积炸药质量/单位面积复板质量;

φ——二维引爆修正系数;

E——爆炸动能。

2. 碰撞点移动速度 V_c

V_c 取决于引爆速度和安装条件,即

$$V_c = \begin{cases} V_p / \sin\beta = V_D & \text{平行安装} \\[3mm] V_p / \left[\sin\left(\alpha + \arcsin \dfrac{V_p}{V_D} \right) \right] & \text{夹角安装} \end{cases}$$

式中 V_p——引爆速度,m/s;

α——安装夹角,$(°)$;

β——碰撞角,$(°)$。

为了保证碰撞点前缘出现塑性金属射流,碰撞点移动速度 V_c 应小于金属中声速。当其他条件相同时,夹角安装采用比平行安装更高的引爆速度。

表9.3 爆炸焊接的最低冲击速度

金属组合	密度 /(kg·m⁻²)	体积声速 /(m·s⁻¹)	假设屈服点 /(N·mm⁻²)	V_{pmin}/(m·s⁻¹) 估算	V_{pmin}/(m·s⁻¹) 实测	附注
Al + Al	2 700	6 400	35	41		
6061Al + 6061Al	2 700	6 400	276	319	270	复板厚为6.35 mm
Cu + Cu	8 960	4 900	150	68	200 / 130 / 240	复板厚为1.1 mm
钢 + 钢	7870	6000	200	85	90	连接极限值
					120	低碳钢 + 不锈钢
					125	复板厚大于等于25 mm
					165	复板厚为10 mm
					130	复板厚为10 mm
钛115 + 钛115	4 500	6 100	250	182	220	
钼 + 钼	10 200	6 400	400	123		
Al + Ti	2 700 / 4 500	6 400 / 6 100	35 / 250	236		
Al + 钢	2 700 / 7 870	6 400 / 6 000	35 / 200 / 35 / 470	158 / 372	460	复板厚为3 mm
Ti + 钢	4 500 / 7 870	6 100 / 6 000	250 / 200	144	200	复板厚为3 mm
Ni + 钢	8 900 / 7 870	5 800 / 6 000	150 / 200	81	200	复板厚为3 mm

3. 动态碰撞角 β_d

动态碰撞角 β_d 按下式求得:

$$\beta_d = \begin{cases} \arcsin \dfrac{V_p}{V_D} = \beta & \text{平行安装} \\ \alpha + \arcsin \dfrac{V_p}{V_D} = \alpha + \beta & \text{夹角安装} \end{cases}$$

显然,β_d 有一个由 V_{pmin} 和声速决定的最小值,只有达到这一最小值,才能获得满意的爆炸焊接头质量。

由上述可知,爆炸焊工艺参数的数值随炸药性能、用量和焊件安装几何尺寸而变化,目前很难完全从理论上确定和预测。但上述准则及经验公式将有助于通过焊接试验确定在各种应用条件下的工艺参数数值。

4. 爆炸爆接所需的单位面积装药量

$$\rho_1 = K\sqrt{\delta_2 \cdot \rho_2}$$

式中 δ_2—— 复板厚度,cm;

ρ_2——复板密度,g/cm^3;

K——与炸药和复板材料有关的系数(表 9.4)。

表 9.4　计算单位面积药量的系数 K

复板材料	基板材料	K	所用炸药
铝及铝合金	铝及铝合金	1.0	
	铜及铜合金	1.5	
	钢或不锈钢	2.0	
铜及铜合金	低强度钢	1.3	2 号岩石粉状铵梯炸药
	中强度钢	1.4	
	高强度钢	1.5	
银	银镉合金	1.3 ~ 1.5	
不锈钢	钢	1.3 ~ 1.5	
钢	铜及其合金	1.3 ~ 1.5	

5. 间距 g

间距通常是根据复板加速至所要求的碰撞速度来确定间距 g 值。复板密度不同,使用的 g 值在复板厚度的 0.5 ~ 2.0 倍之间,使用的最小 g 值与炸药厚度 δ_e 和复板厚度 δ 有关,即

$$g = 0.2(\delta_e + \delta)$$

若 g 增大,则 β 增大;若 g 过大,则波形尺寸将减小。

6. 预置角 α

当采用高爆速炸药时,炸药爆速比连接金属的声速高得多,采用预置角 α 可以满足保持碰撞点速度低于连接金属的声速。当复板速度 V_p 达最大值时,可按下式估算碰撞点速度 V_{cp}:

$$V_{cp} = \frac{V_p}{\sin(\alpha + \beta)}$$

式中　β——碰撞角,一般焊接过程 $\alpha + \beta$ 在 5° ~ 25° 范围内进行。

只要估算出上述初始参数后,就可以着手进行一组小型复合板试验,通过试验来调整和确定满足技术要求的工艺参数,然后进行正式生产。

7. 其他工艺因素

(1) 炸药

爆炸焊接所需的能量由高能炸药爆炸时提供。炸药的爆炸速度很重要,因为由它引起待焊两种金属间的碰撞速度必须控制在所需的速度范围之内。

选用炸药的原则是爆炸速度合适、稳定、可调、使用方便、价格便宜、货源广及安全无毒。研究表明,炸药的最大爆炸速度一般不应超过被焊材料内部最高声速的 120%,以便产生喷射和防止对材料的冲击损伤。

表 9.5 中列出的低速和中速爆炸的炸药一般都在爆炸焊所需的爆炸速度范围之内,并广泛用于大面积材料焊接的场合,使用时需要很少的缓冲层或不需要缓冲层。

表 9.5　爆炸焊用的炸药

爆炸速度范围	炸药名称
高速炸药 4 572 ~ 7 620 /(m·s⁻¹)	TNT、RDX（三甲撑三硝基胺）、PETN(季戊炸药)
	复合料 B
	复合料 C₄
	Deta 薄板
	Prima 绳索
低速和中速炸药 1 524 ~ 4 572 /(m·s⁻¹)	硝酸铵
	过氯酸铵
	阿马图炸药（硝酸铵 = 80%，三硝基甲苯 = 20%）
	硝基胍
	黄色炸药（硝化甘油）
	稀释 PETN（季戊炸药）

使用高速炸药时，需要专门的设备和工艺措施，如在基、复层之间加缓冲材料，如聚异丁烯酸树脂、橡皮等，有间隙倾斜角安装或最小间隙平行安装等。为了特殊目的，可以制造或混合专用的炸药。

炸药的爆炸速度是由炸药的厚度、填充密度或者混合在炸药中的惰性材料的数量所决定，配制焊接用的炸药一般都是为了减低其爆炸速度。

爆炸焊接所用的炸药形态有塑料薄片、绳索、冲压块、铸造块、粉末状或颗粒状等，可根据应用条件选用。

（2）安装

在爆炸场进行焊前安装的一些安装方法如图 9.7 所示。焊前做好一切准备，如接好起爆线、搬走所用的工具和物品，撤离工作人员和在危险区安插警戒旗等。根据药量的多少和有无屏障，设置半径为 25 m、50 m 或 100 m 以上的危险区。

不同的爆炸焊方法有不同的安装工艺要求，其中进行平板复合爆炸焊时应注意如下事项：

①爆炸大面积复合板时最好采用平行法，若用角度法，则在间隙增大的复板过分加速，使其与基板碰撞时能量过大，会扩大边部打伤或打裂的范围，从而减少复合板有效面积和增加金属损耗。

②在安装大面积复板时，即使很平整的金属板安放后中部也会下垂或翘曲，以致与基板表面接触。为了保证复板下垂部位与基板表面保持一定间隙，可在该处放置一个或几个稍小于应有间隙值的金属片。当基板较薄时，需用一个质量大的砧座均匀地支托，以减小挠曲。

③采用合适的起爆方法，如端部引爆、边缘线引爆、中心引爆和四周引爆等，以保证整个界面获得良好的结合。对于大面积复合板时，最好用中心引爆或者从长边中部引爆，这样可以使间隙中气体的排出路程最短，有利于复板和基板的撞击，减少结合区金属熔化的面积和数量。

④为了引爆低速炸药和减少雷管区的面积，常在雷管下放置一定数量的高爆速炸药。

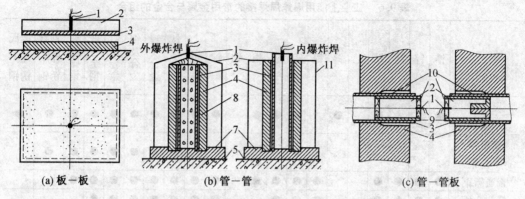

图 9.7　部分爆炸焊方法的工艺安装示意图

1— 雷管；2 — 炸药；3— 复层（板或管）；4— 基层（板、管、管板、棒或凹形件）；5— 地面（基础）；6— 传压介质（水）；7— 底座；8— 低熔点或可溶性材料；9— 塑料管；10— 木塞；11— 模具；12— 真空橡皮圈

⑤ 为了将边部缺陷引出复合板之外，并保证边部质量，常使复板的长、宽尺寸比基板大 20 ~ 50 mm。管与管板爆炸焊时，管材也应有类似的额外伸出量。

⑥ 为了防止烧伤、压痕、起皮、撕裂等缺陷，常用橡皮、油灰、软塑料、有机玻璃、马粪纸、油毡等作炸药与基板之间的缓冲层。

⑦ 引爆炸药以实现爆炸焊时，待工作人员和其他物件撤至安全区后，用起爆器通过雷管引爆炸药，完成试验或产品的爆炸焊。

9.3　爆炸焊的应用

爆炸焊广泛应用于石油、化工、造船、原子能、宇航、冶金、运输和机械制造等工业部门。在具体应用上可以用于金属包复或制造双金属板，使其表面或复层具有某种特殊的性能；也可以用于制造各种过渡接头，使其具有良好的力学性能、导电性能和抗腐蚀性能等。

9.3.1　爆炸焊可焊接的金属材料

任何具有足够强度与塑性并能承受爆炸工艺过程所要求的快速变形的金属都可以进行爆炸焊接。通常要求金属的伸长率大于等于 5%（在 50 mm 标距长度上），V 形缺口试样的冲击吸收功大于等于 13.5 J。工业上能用爆炸焊焊接的常用金属与合金的组合见表 9.6。

表 9.6　工业上能用爆炸焊焊接的常用金属与合金的组合

	锆	锌	镁	钴	钯	钨	铅	钼	金	银	铂	铌	钽	钛及合金	镍及合金	铜及合金	铝及合金	低合金钢	普通碳钢	铁素体不锈钢	奥氏体不锈钢
奥氏体不锈钢	●			●		●		●	●	●		●	●	●	●	●	●	●	●	●	●
铁素体不锈钢								●						●	●	●	●	●	●	●	
普通碳钢	●	●	●	●			●	●	●					●	●	●	●	●	●		
低合金钢	●	●	●	●			●	●	●					●	●	●	●	●			
铝及合金			●							●				●	●	●	●				
铜及合金								●	●					●	●	●					
镍及合金			●					●	●			●		●	●						
钛及合金	●		●			●								●							
钽								●	●			●	●								
铌					●			●				●									
铂											●										
银										●											
金									●												
钼								●													
铅							●														
钨						●															
钯					●																
钴				●																	
镁			●																		
锌		●																			
锆	●																				

注：● 表示可焊的组合

需要注意的是，爆炸焊使焊接区受到强烈的塑性变形，某些金属的力学性能和硬度可能发生重大的变化。通常是爆炸焊以后金属的强度和硬度增高，而塑性降低，常常是采用热处理来消除这种硬化现象。图 9.8 是碳钢与不锈钢复层板横截面上爆炸焊前、后状态和焊后热处理后的硬度分布。

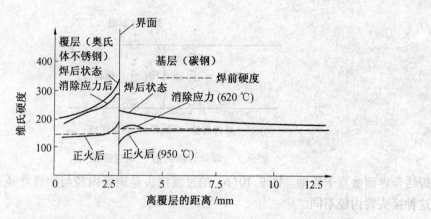

图9.8 碳钢与不锈钢复层横截面上的硬度分布

9.3.2 爆炸焊可焊接的产品结构

爆炸焊的产品多是结合面具有平面或圆柱面的简单结构。

1. 复合板

爆炸焊的主要工业应用是生产双金属复合板。可以进行双层或多层复合,通常焊接时基板固定不动,在这种情况下,基板的厚度不受限制。但复板因被爆炸冲击波加速,故其厚度受到限制。

复合板一般是焊后状态供货的,由于采用爆炸焊生产复合板时,一般都会发生一些扭曲变形,所以焊后必须进行校平。可以在平板机械压力机上校平,如果在结合界面处发生的硬化已影响到工程应用,则焊后必须进行热处理。若用于制作压力容器封头,对复合板进行热压成型时,要考虑结合面受温度影响可能产生脆硬的金属间化合物,例如,钛与钢复合,加热温度不应高于760 ℃,而不锈钢与碳钢的复合则无此要求。

2. 圆柱(锥)体的内或外包复

对圆棒或实心圆锥体可以进行外包复,对圆管或筒体之类产品可以根据需要进行内或外包复,以获得具有特殊性能(如耐蚀、耐高温、耐磨等)的包复表面。这种爆炸焊工艺可以生产双金属机件,也可用作修复易损机件。

3. 生产过渡接头

两种不相容的金属进行熔焊十分困难,甚至不可能焊接,即使焊成接头,其强度和塑性也很低。而爆炸焊却是为两种异种金属或在冶金上不相容的金属之间实现高强度的冶金结合提供了一种良好的方法。因此,首先利用爆炸焊接方法把两种不相容金属焊在一起,使之形成过渡接头,以此过渡接头再用普通熔焊方法,分别与产品上同种金属或焊接性相近的金属(母材)进行焊接。

例如,铝、铜和钢是电力系统中最常用的金属材料,为了利用各自特点,常需互相连接起来。为此,利用爆炸焊焊成的铝-钢过渡接头或在铝-钢复合板上切出的过渡接头,把它的钢侧与钢材进行熔焊,而铝侧与铝材进行熔焊,如图9.9所示。

图9.10是利用爆炸焊生产出铜和铝的管式过渡接头,然后用于连接管子结构中。图9.10(a)是把已爆炸焊好的铝-铜复合板机械加工成各种形状的管过渡接头,这里原爆炸

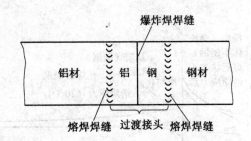

图 9.9　爆炸焊接的铝 – 钢过渡接头

焊结合界面垂直于管轴。图 9.10(b) 的过渡接头是铜管内径与铝管外径进行爆炸焊接，这种接头管内径不同。

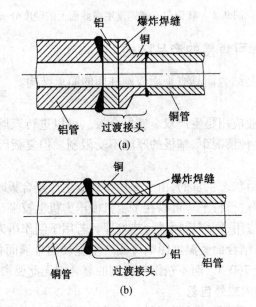

图 9.10　爆炸焊接的铝 – 铜管式异种金属过渡接头

4. 管子与管板焊接

热交换器中管子与管板之间的焊接，可以采用内圆柱面包复爆炸焊工艺进行生产，如图 9.11 所示。

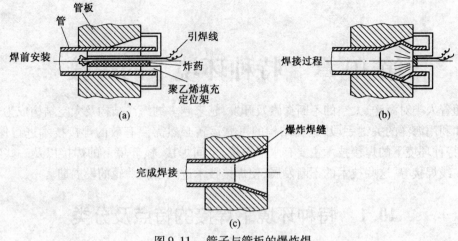

图9.11　管子与管板的爆炸焊

参考文献

[1] 中国机械工程学会焊接学会. 焊接手册(第1卷):焊接方法及设备[M].2版.北京:
机械工业出版社,2001.

[2] 张柯柯,涂益民. 特种先进连接方法[M]. 哈尔滨:哈尔滨工业大学出版社, 2008.

[3]《焊接新技术新工艺实用指导手册》编委会. 焊接新技术新工艺实用指导手册[M].
北京:北方工业出版社,2008.

[4] 李亚江. 特种连接技术[M]. 北京:机械工业出版社,2007.

[5] 李志远,钱乙余,张九海,等. 先进连接方法[M].北京:机械工业出版社,2000.

[6] 史长根,王耀华,李子全,等. 爆炸焊接界面成波理论初探[J]. 爆破器材,2004,
33(5):25-28.

[7] 王建民,朱锡,刘润泉. 爆炸焊接界面波形参数的影响因素[J]. 北京科技大学学报,
2008,30(6):636-639.

[8] 陆明,王耀华,尤俊,等.工具钢／Q235复合板爆炸焊接试验及性能研究[J].焊接学
报,2001,22(4):47-50.

[9] 李明, 张新华. 工具钢 —— 普碳钢复合板爆炸焊接试验与分析[J]. 爆破,2009,
26(2):75-83.

[10] 胡兰青,卫英慧,许并社,等.爆炸焊接钢／钢复合板接合界面微观结构分析[J].
2004,25(1):46-48.

[11]GRIGNON F,BENSON D,VECCHIO KS,et al. Explosive welding of aluminum to
aluminum analysis, computations and experiments[J]. International Journal of
Impact Engineering,2004(30):1333-1335.

[12] 王建民,朱锡,刘润泉.铝／钢爆炸复合界面的显微分析[J].材料工程,2006(11):36-44.

[13] 王建民,朱锡,刘润泉.铝合金-纯铝-钢复合板爆炸焊接试验及性能研究[J].海军工
程大学学报,2008,20(2):105-108.

第10章　特种环境下的焊接

随着人类对海洋、太空的不断探索及开发,越来越多的海洋结构及太空结构成为未来开发和利用海洋的关键手段,这类结构的可靠运转必然需要有效的焊接技术进行保障。目前,特种环境下的焊接技术主要有水下焊接、空间焊接、核环境下的焊接以及一些特殊管道在线焊接等,这些技术的不断发展,使焊接技术进入了新一轮的发展期。

10.1　特种环境下焊接的特点及分类

目前,根据焊接所处的环境特点,主要有水下焊接、空间焊接、核环境下焊接及管道在线焊接等。每种焊接方法由于其所处的环境差别或者外部条件的影响给焊接过程带来了许多需要解决的特殊问题。

水下焊接技术的研究及应用,对于开发海洋事业,开采海底油田,使丰富的海洋资源为人类服务,具有重要的现实意义。水下焊接技术已广泛用于海洋工程结构、海底管线、船舶、船坞、港口设施、江河工程及核电厂维修。水下焊接时由于水环境的影响,焊接过程比陆上焊接更为复杂,会出现各种各样路上焊接不会遇到的问题,主要包括:①可见度差;②焊缝含氢量高;③冷却速度快;④压力影响大;⑤连续作业难以实现。

随着新一代大型宇宙器的快速发展及应用,如何对这些宇宙装置进行维护和修复,延长其在太空中的使用时间,空间焊接便成为越来越重要的必备技术手段。当前的空间连接技术局限于机械连接和铰接,空间焊接技术作为地球上常见的结构建造、维修和维护技术,与铰接和机械连接相比,具有明显的优势。总体来说,空间焊接具有如下优势:①连接强度和刚度高;②密封性能优异;③接头形状设计简单,质量轻;④接头可靠性高,性能持久;⑤适用于太空维修。

20世纪60年代初,С. П. Королев就预见了太空焊接的必要性。在他的提倡下,乌克兰巴顿电焊研究所制订并实施了以制造空间站和探索材料太空连接工艺为目的的科学研究计划,研究工作持续了大约40年。该计划包括大型设备在太空中的建设和修理方法、结构材料变性、太空环境下材料连接基础的研究以及培养宇航员进行太空焊接操作的方法。近年来,美国、日本和德国等对太空焊接的兴趣也在不断增长。目前来讲,空间焊接技术涉及的焊接方法主要有电弧焊、激光焊及电子束焊等。

随着石油工业的快速发展,利用管道输送油、气等产品以其安全、经济、高效而飞速发展。一个多世纪以来,油气管线由于其独特的优势获得了广泛的应用,创造了巨大的经济效益。长距离、大管径、高压力正成为油气输送管道的发展方向。但油气管线在服役过程中,由于腐蚀、磨损以及意外损伤等原因,不可避免地会造成管线的局部减薄、损坏甚至发生泄漏事故。对于管道出现的这些腐蚀破坏和人为破坏如不及时进行维护修复,轻则影响油气产品的输送、供应,重则会造成输送系统的瘫痪,甚至起火、中毒、爆炸等灾难性事故,影响人们的生命和财产安全。为保证管道的安全运行,可对发生局部腐蚀破坏的管线进行整体更换,但耗资巨大,显然是不经济的,而对这些旧管线通过对局部发生破坏的区域进行修复而继续利用则可节省大量资金,这也符合我国提出的"发展循环经济、建设节约型社会"的要求。根据最新发布的数据预测,在未来 25 年内,世界现有管道中约有 50 000 km 需要进行修复。在线焊接修复技术,顾名思义就是管道在运行条件下进行焊接修复,也就是管道不停输、带压直接进行焊接修复操作,是美国、加拿大等国在内衬修复、复合涂层(套管)修复、夹具修复、泄压停输焊接修复等管道常用修复技术基础上提出的一种更为先进的修复技术,在线焊接修复可保持管道运行的连续性,修复时间短,速度快,对管道正常运行影响小,对环境没有污染,具有巨大的经济效益、社会效益和广阔的应用前景。

核电以其清洁环保、高效节能的特点成为国内外大力发展的新能源形式。在核电站运行过程的维护工作中,管道裂纹检测和焊接修复是主要任务。由于存在核辐射,遥控焊接是目前有核环境焊接的主要方式。哈尔滨工业大学在 2012 年针对复杂核环境的管道焊接维修,提出了一种宏-微结构的机器人遥操作方法,实现了遥控焊接。目前,大部分研究是针对特定任务开发专用焊接与切割设备,2000 年美国能源部针对 RTSA 项目开发了核环境机器人遥控切割系统;2009 年西班牙针对 ITER 项目开发了 RH 焊接系统,上述都是针对有核环境下的遥控焊接与切割技术的专用设备的设计与开发,而与焊接方法本身联系不大,因此本书中未展开论述。

10.2　水下焊接技术

到目前为止,已研究和应用的水下焊接方法达 20 多种。水下焊接依据焊接所处的环境可以分为三大类,即干法、湿法及水下固相焊接。

10.2.1　水下干法焊接设备与材料

干法焊接是指把包括焊接部位在内的一个较大范围内的水人为地排开,使潜水焊工能在一个干的气相环境中进行焊接的方法,即焊工在水下一个大型干式气室中焊接。干法焊接一般采用焊条电弧焊或惰性气体保护电弧焊等方法进行,是当前水下焊接质量最好的方法之一,基本上可达到陆上焊接的水平,但也存在如下三个问题:气室往往受到工程结构形状、尺寸和位置的限制,局限性较大,适应性较小;必须配有一套维持生命、湿度调节、监控、照明、安全保障、通信联络等系统;辅助工作时间长,水面支持队伍庞大,施工成本较高。

由于干法焊接的焊接过程基本上完全或者部分排除了水对焊接过程及焊接接头性能的影响,因此目前干法焊接主要集中在辅助设备的设计与开发上。例如,北京石油化工学院水下焊接研究小组承担的"水下干式高压焊接"子课题,于 2004 年设计建造了目前国内唯一的高压焊接试验装置,如图 10.1 所示,该装置设计压力为 1.5 MPa,2005 年采用自主研制的高压 TIG 焊接试验样机完成了平板高压焊接实验,试验舱内加压气体为压缩空气,焊接保护气体为 Ar,四个压力级别总计 32 种工况的焊件机械性能试验全部达到课题要求。

图 10.1　高压焊接实验装置

局部干法焊接是用气体把正在焊接的局部区域的水人为地排开,形成一个较小的气相区,使电弧在其中稳定燃烧的焊接法,如图 10.2 所示。与干法焊接相比,无需大型昂贵的排水气室,适应性明显增大。局部干法焊接种类较多,主要有水帘式、钢刷式、气罩式和旋罩式。美国的 Sagawa 等人发明了一种水下焊枪(美国专利 4029930),这种水下焊枪通过在喷嘴上喷出高速水流形成水帘,然后在其内部充入气体,这样便可以形成一个气体环境,焊接便在这个气体环境中进行。

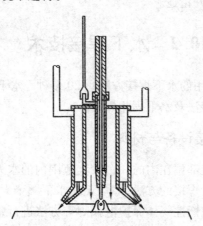

图 10.2　局部干法水下焊枪示意图

目前干法水下焊接由于辅助设备昂贵、焊接过程复杂,因此一般只适用于焊接接头质量要求较高的场合;同时,局部干法水下焊接方式尽管出现了各种各样的排水方式,但是这种方法的相关理论还未建立,因此还没有可以广泛应用的技术基础和理论基础。

10.2.2　水下湿法焊接设备与材料

相对于干法水下焊接而言,湿法水下焊接具有设备简单、成本低廉、操作灵活、适应性强等优点,近年来这种方法仍然是应用最为广泛的水下焊接方式。

1. 湿法水下焊接设备

湿法水下焊接设备的制作主要是指半自动水下焊接专用设备的设计与制作。对于水下半自动湿法焊接来讲,如果送丝机放在甲板之上,由于药芯焊丝不能够长距离送出,那么焊接只能在船舶吃水线附近进行,显然没有任何的实际应用意义。

因此要实现水下半自动湿法焊接,必然需要下潜式半自动焊接设备。乌克兰巴顿电焊研究所进行了水下半自动焊接设备的设计与制作。该设备的布局是:控制柜放置在甲板之上,潜水箱位于水下,如图10.3所示,焊接电源也置于甲板之上,控制柜与潜水箱之间通过焊接电缆与控制电缆连接。

图 10.3　水下半自动湿法焊接机

该设备中控制柜由控制设备、测试测量设备和显示设备组成。控制单元是可控硅驱动,允许逐步调节送丝电机转速,过载时将电枢电流自动限制在安全值,当电枢电路和激励电路中形成短路电流时切断电源。控制柜前面板由焊接过程控制器、自动开关按钮、焊丝送进调节器以及显示灯组成。最终设计的潜水箱容器如图10.4所示,容器内充满绝缘介质,内部安装送丝装置、张紧机构和丝盘转轴。

图 10.4　半自动机器水下箱体

送丝装置通过张紧机构,将药芯焊丝穿过导引软管和焊枪到达焊接区域。减速齿轮和电机安装在充满绝缘介质的密封盒内。容器其余自由空间则充满淡水。容器内部介质包裹带电部件,使得焊接期间虽然存在电压,但是是与海水绝缘的。这种方法使得电流耗散最低,保护了作业部件。

因为配备了压力补偿装置,静水压力可以自由地传递到容器内部的淡水,使得内外压力保持平衡。任何柔性元件(如膜片等)都可以作为压力补偿装置。潜水箱内的任意部件内外等压,避免部件变形及安装楔形件。这种设计使得半自动化焊接设备能够在更宽水深范围、更长时间内进行可靠操作,甚至超过了潜水焊工可能的作业能力范围。

哈尔滨工业大学(威海)在与巴顿电焊研究所合作的基础上,根据国产化的要求进行水下半自动湿法焊接设备的设计与制作。针对水下半自动湿法焊接引弧及稳弧设计了国产水下半自动湿法焊接电源,如图 10.5 所示。

图 10.5　水下半自动湿法焊接电源

同时采用直流电机作为水下半自动湿法焊接机动力驱动部件,采用不锈钢 316L 作为电机保护外壳材料,玻璃钢容器作为外部保护壳体。图 10.6 所示为哈尔滨工业大学(威海)自行设计与开发的水下半自动湿法焊接送丝机。

图 10.6　水下半自动湿法焊接送丝机

采用上述焊接电源与送丝装置,2012 年在青岛码头 10 m 左右水深进行试焊,焊接过程非常稳定,焊缝成形质量较好,首次实现了我国水下半自动湿法焊接过程。图 10.7 为送丝机下水过程;图 10.8 为获得的焊缝外观成形。

2. 水下湿法焊接材料

湿法水下焊接其实质是渣-气联合保护的自保护焊接方法,能否形成可供电弧稳定燃烧的气囊以及保护熔池金属的熔渣是焊接成功与否的先决条件。一方面,焊接材料(一般为焊条或药芯焊丝)中造气组分在热作用下产生大量气体,在焊接区域形成气囊,将周围区域的水排开,气体主要由 H_2、CO 及 CO_2 组成。电弧在气囊中燃烧,所以气囊稳定与否直接影响着焊接过程稳定性以及焊接质量,随着水深的增加,气囊的体积因受到压

图 10.7 送丝机下水

图 10.8 获得的焊缝外观成形

缩而逐渐变小,从而导致焊接过程不稳定,当气囊变很小时,电弧极易熄灭,使焊接过程无法进行。

水下湿法焊条主要是水下 SMAW 焊接用填充材料,焊条的制作应该遵循以下原则:①在药皮中添加较多的铁粉,使其具有较好的导电能力,同时可以提高生产效率;②为了减少熔池中氢的溶解度,必须在焊条药皮中加入较多的氧化性材料;选用钾钠玻璃作为黏结剂,并在焊条的表面喷涂塑料粉末防水层。

乌克兰巴顿电焊研究所的 Maksimov 在水下湿法焊接条件下经过试验得出 TiO_2-SiO_2-$CaCO_3$系统是完美的,对应的成分是 56% ~ 80% 的 TiO_2、15% ~ 33% 的 SiO_2 和 3% ~ 20% 的 $CaCO_3$,这被认为是最合适的药皮涂层成分。并且在此基础上开发了 EPS-AN1 型焊条,并且按照 AWS D3.6 规范 B 级接头的要求进行了测试,母材为 St3 和低合金钢 09G2 焊接接头机械性能见表 10.1,两种情况弯曲角度均为 180°,如图 10.9 所示。

表 10.1 EPS-AN1 型焊条熔合基本参数

钢	屈服强度/MPa	抗拉强度/MPa	塑性/%	冲击功/J	
				20 ℃	-20 ℃
St3	330 ~ 350	420 ~ 460	14 ~ 18	35 ~ 43	25 ~ 33
09G2	340 ~ 370	430 ~ 470	14 ~ 18	39 ~ 47	26 ~ 37

美国有获得专利的特种水下焊条 7018S,它是在药皮上涂一层铝粉,水下焊接时铝粉

图 10.9　弯曲试验试样

与高温下产生大量气体,有效地排开水并保护焊缝。铝粉颗粒尺寸约为 0.025 4 μm,使得焊条的抗湿性很强。美国海军所做抗湿性试验表明,在湿度为 100%、连续 20 天的条件下得到的焊缝金属中氢含量仍然保持在 0.000 23%,-30 ℃冲击吸收能量达到 100 J,所有 7018S 水下焊条适于高强钢的水下焊接。

水下药芯焊丝主要是指采用熔化极焊接方式在水下作业。乌克兰巴顿电焊研究所在水下湿法焊接用药芯焊丝的研究方面已有 25 年的经验积累,在码头、平台、管道、船舶及其他相关领域的焊接修复应用广泛。乌克兰巴顿电焊研究所用于水下半自动湿法焊接的药芯焊丝型号是金红石型 PPS-AN1。该药芯焊丝全位置焊接时,可以获得满意的焊接质量。同时该种药芯焊丝的直径小,一般是 1.6 mm,潜水焊工在水下可用此焊丝获得外观良好的焊缝成形,如图 10.10 所示。

图 10.10　药芯焊丝 PPS－AN1 的焊缝外观

同时,乌克兰巴顿电焊研究所针对屈服强度 350 MPa、抗拉强度为 500 MPa、碳当量为 0.35 的中低碳合金钢结构的焊接展开水下湿法焊接药芯焊丝的研究。母材和焊缝金属化学成分见表 10.2,焊接接头力学性能见表 10.3。其中前述金红石型 PPS－AN1 焊丝已实现商业化生产,该焊丝可适用于全位置焊接,抗拉强度可达 450 MPa,但是接头塑性低于 AWS D3.6 标准中 B 级接头的要求,一般强度为 350 MPa 的低碳钢焊接。

表 10.2　母材和焊缝金属化学成分

钢材类型	位置	化学成分/%							
		C	Si	Mn	Ni	Cu	Cr	S	P
St3	母材	0.23	0.21	0.81	0.04	—	0.01	0.036	0.021
	焊缝	0.03	0.03	0.12	1.40	—	0.02	0.026	0.015
09G2	母材	0.11	0.40	1.40	0.03	0.05	0.12	0.014	0.026
	焊缝	0.03	0.03	0.15	1.40	0.03	0.08	0.019	0.025
14G	母材	0.15	0.25	0.83	0.07	0.05	0.03	0.032	0.024
	焊缝	0.02	0.02	0.10	1.45	0.03	0.08	0.021	0.017

表 10.3 焊接接头力学性能

钢材	抗拉强度/MPa	弯曲强度/MPa	冲击功(-20 ℃)/J
St3	420 ~ 450	320 ~ 340	35 ~ 45
09G2	430 ~ 460	330 ~ 350	40 ~ 50
14G	430 ~ 460	320 ~ 350	35 ~ 45

10.2.3 水下固相连接技术

水下固相连接焊接技术对水深不敏感,水底压力对焊接参数几乎没有影响,这是水下电弧焊接方法难以比拟的巨大优势。下面主要介绍近年来国际上研究应用较多的几种水下焊接方法固相。

1. 摩擦叠焊

摩擦叠焊属于固相焊接技术,在许多场合与电弧焊接比较,由于接头性能优异且高效、低耗、清洁、高精度,而具有突出的优势,已经成为当前发展最为迅速的水下焊接技术。摩擦叠焊技术的雏形出现于 20 世纪 80 年代末期,当时为解决世界知名石油公司 Chevron UK Ltd. 水深 100 m 以下,壁厚 15 ~ 40 mm 管道焊缝的裂纹修复问题,英国焊接研究所使用摩擦螺柱焊接设备,将一系列螺柱塞入相应的预钻焊孔之中,通过搭接"缝合"出完整的焊缝而修复了裂纹。如图 10.11 所示,将一系列锥形螺柱塞入一系列相应的锥形预钻焊孔之中,从而叠合搭接"缝合"出来完整的焊缝进行裂纹修复,其基本单元过程称为 FH-PP(Friction Hydro Pillar Processing)。因为摩擦叠焊可适应大厚板的焊接,因此非常适合壁厚较大的海洋平台、海底管道的修复。

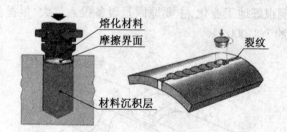

图 10.11 摩擦叠焊单元过程与完整焊缝形成过程

国内近年来开始对摩擦叠焊展开了初步的研究,2006 年 9 月 8 日,北京石油化工学院与北京赛福斯特有限公司共同研发的国内首台水下摩擦叠焊设备,如图 10.12 所示。该设备是针对海底石油管道缺陷的修补而设计的,目前的主要用途是模拟水下环境,对平板试件以及筒体试件实施模拟水下焊接,为将来开发正式的海底焊接平台积累实验数据和焊接经验。

早在 2001 年,环形科技服务有限公司就已经针对石油管道海底缺陷修复开发了摩擦叠焊焊接设备并已投入到实际生产中。目前我国该领域仍处于空白状态,北京石油化工学院首次提出中文术语"摩擦叠焊",并开展了一系列的研究工作,在与北京赛福斯特技术有限公司在积累了大量搅拌摩擦焊匙孔修复技术——在摩擦塞焊经验基础之上,结合水下修复环境要求,成功开发出了我国首台水下摩擦叠焊设备(型号 UFSW - 2005)。该设备的研制成功是我国水下焊接研究领域的一项重大突破,为海底石油管道快速修复的实施奠定了坚实的基础。

图10.12　中国首台水下摩擦叠焊设备

2.径向摩擦焊接

径向摩擦焊接是 TWI 于 20 世纪 70 年代发明的以管道连接为初始目的的一种固相焊接技术,如图 10.13 所示,两端管段静止,斜面焊环高速旋转并焊合到 V 形坡口上,为了防止坍塌,管段内部放置承压芯轴。径向摩擦焊接效率很高,管道连接时间通常小于 1 min,但是一直未能很好地工业化,主要原因是设备投入过大,根据估算,焊接 700 mm 管道所需要的径向力约为 1 000 t。

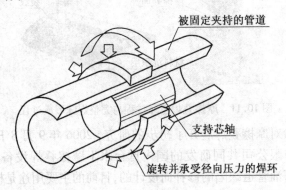

图10.13　径向摩擦焊接原理

10.3　太空环境焊接

10.3.1　空间焊接方法

提出在宇宙空间进行焊接时,会产生这样的疑问:是否需要给予这个问题特别的关注,是否仅仅在太空环境利用地面上现有的焊接方法就能解决焊接问题。

事实上,周围环境对于材料的连接过程有很大的影响。从这一点出发,太空环境完全有别于地面环境。太空环境既对材料的连接过程有影响,又对太空站运行的条件及宇航员的操作有影响。

1.太空环境的特点

太空环境与地面环境相比,具有失重、宇宙真空、急剧明暗界限的存在等特点。

(1)失重

太空失重状态也常使用术语"微小引力",它所描述的状态是作用在对象上的合力要比在地球表面时小得多。空间站沿低轨道(距地球表面 $250 \sim 500$ km)飞行时,为了使该太空器船舷上的物体保持稳固,g/g_0 的值在 $10^{-2} \sim 10^{-6}$ 的范围内变化。在机动和对接时,g/g_0 可以瞬间提高到 5×10^{-1},对于自由漂浮在空间站内部或外部的物体而言,g/g_0 的值较小,为 $10^{-5} \sim 10^{-7}$。

(2)宇宙真空

飞行于低空轨道的空间站周围的残余大气压对研究而言并不陌生,很容易在地面的气压实验室得到。宇宙真空的特殊性在于残余大气的成分和空间站器以极大速度排放的工作气体。地表真空室中所创造的稀薄大气环境,虽然与太空环境有相同的压力,但也存在较大区别。地面真空室中的稀薄气体中没有原子氧和分子的低速运动,而在太空中原子态氧含量很大。而对于在覆有真空热绝缘挡板的密闭舱表面附近的大气成分与未受污染的太空大气也有所不同,这是由于所有的密封难免存在渗漏,同时校正和定位发动机会排放工作气体,还存在着聚合材料的污染排放等。从而,在表面处的大气中富集着碳氢化合物、硫化物、氮化合物和一些其他物质。

宇宙空间是完全开放的无边无际的天体。因此,太空器表面释放出的气体分子或从其表面折回的气体分子会很快地远离太空器而进入广阔的宇宙。

(3)急剧明暗界限的存在

太空环境的这一特点与太空器船舷外大气的缺乏密切相关,主要表现为两种形式。首先,空间站绕行地球一周将穿过明暗线两次,从太阳照到的地带进入黑暗再返回(图11.14),在这种情况下,被太阳照到的轨道带空间站表面的温度被加热到+150 ℃,或者更高。在黑暗带又被急速冷却,温度可下降到 $-110 \sim -120$ ℃。如果空间站的部分组件相对地球或太阳长期保持同一方位(如太阳能电池组等),那么长时间处在阴影里的表面温度可能更低。其次,太空环境中的热交换由于缺乏空气而变得很困难,只有太阳光的热交换和热传导在起作用,因此材料表面温度梯度很大,而在明暗界线处会有更大的温度梯度。

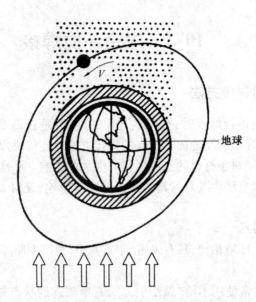

图 10.14　太空明暗界线示意图

（4）太空环境中的其他因素

太空环境中还存在其他因素，它们对材料连接的工艺过程也有一定影响，特别是影响了结构材料焊接接头在太空环境中的工作特性。如太空环境的侵蚀性、真空太阳紫外线辐射、地球放射区的中子和电子以及天然和人工产生的微小陨石颗粒。

2. 太空环境对焊接过程的影响

（1）微小引力

微小引力状态对焊接的影响主要表现在两方面。一方面，处于多相体系中的一系列物理过程的本质改变，完全或部分抑制了万有引力对流，热毛细对流和化学对流的作用急剧增大，表面引力和附着力的作用也增大。处于微小引力下的热量交换由热传导和扩散过程来决定。这些变化都会引起在太空环境进行焊接和相关工艺条件下材料熔化过程本质的改变。微重力条件对焊缝成形的影响与焊接方法和工艺有关，通常情况下，重力的消失导致气孔数量的增加，焊缝熔深增加，深宽比增大。熔池的对流主要受电磁力和表面张力的控制，焊缝平整，有利于全位置的焊接。微重力环境对焊缝微观组织和溶质元素的分布影响不大。另一方面，焊接操作员在微小引力条件下的活动同地面条件下有极大区别。太空环境中，多数情况下操作员的动作失去坐标定位，人的运动的习惯性被破坏，力的评价变得复杂。因此，在微小引力下完成焊接工作需要专门对操作员进行地面培训。

（2）太空真空

真空环境很容易通过真空系统获得，在真空环境下，人们已经掌握了电子束焊、扩散焊和真空钎焊的工艺。但太空气体的成分会对在焊接过程中对被连接材料产生很大的影响，特别是对连接接头的使用寿命影响更大。例如，当空间站横穿明暗界线时其周围大气成分的周期性改变对焊接和钎焊接头的使用性能产生影响。其次，在太空真空环境中，在空间站舱外气体产生局部压力梯度几乎瞬间消失，因此在太空中具有气体弹性的物质瞬间就会被蒸发掉，这就导致需要用到气体或蒸气的焊接方法在太空中难以使用。真空环境下热量无法通过空气对流,从而影响焊接冷却速率,进而对接头微观组织和力学性能造成影响。

此外,太空真空对宇航员在太空舱外的活动有很大的影响。宇航员在舱外作业时,需要穿着专门的太空服,太空服中的压力使操作员难以完成准确的运动,因此需要对操作员在太空中使用焊接设备进行培训。

(3)急剧明暗界限的存在

空间站表面材料极大的温度梯度会使焊接和切割过程工艺变得很困难。另外,温度梯度会引起空间结构的热变形,缩短空间结构在太空中长期运行的寿命,与热应力和扩散动力学相关的物理过程也会受到影响。工件温度过高,热影响区的粗晶区可能出现组织脆化、工件温度过低及冷却时间过短,因此会出现淬硬组织并导致焊接裂纹产生。温度周期性剧变会在焊缝处产生热应力,从而引起焊缝位置的热变形、热疲劳失效。

同时,明暗区域视野的轮换需要眼睛长时间的适应,必须对黑暗区进行充分照明。此外,空间阳光辐照强烈,使得宇航员难以利用颜色判断焊接位置的温度,给焊接操作带来困难。

(4)太空环境中的其他因素

太空环境中的其他因素也会对太空结构和连接接头产生影响。太空环境中含有大量的原子态和电离态,提高了太空环境的侵蚀性;真空太阳紫外线辐射,极大地加剧了受太阳照射材料表面的氧化过程;地球放射区的中子和电子对材料及其接头产生影响;太空环境中天然和人工产生的微小陨石颗粒对材料及其接头也有影响。前两个因素会极大地影响熔化的材料,会加剧氧化过程,提高材料的溶氧量。当材料为气相时氧化过程更加剧烈。高速的微小陨石颗粒具有很大的动能,同材料表面相撞时会以热能和机械能的形式释放出来,能够产生小的爆炸,导致材料结构的改变,甚至导致微裂纹形成。氧化、太阳紫外线照射,地球放射区域的中子和电子都能进一步加速裂纹沿着材料表面向深处扩展。

除此之外,太空物资依靠地面运输,成本高昂,这就要求所选焊接方法设备质量轻、体积小,另一方面,空间能源获取受限,目前主要来自于太阳能,这要求焊机设备功耗低,焊接时熔化金属的热量利用效率高。

3. 地面焊接方法对太空环境的适应性

目前的连接方法主要包括黏结和焊接,由于尚无黏结方法在真空中的使用经验,因此黏结在太空中的应用前景并不明显。而在太空中使用焊接方法的可行性已经有过广泛的讨论。最初认为不会导致被焊金属熔化并且能有效地利用宇宙真空和太阳的红外辐射的焊接方法在太空中有最大的优越性,主要是指冷扩散焊、爆炸焊和磁脉冲焊。但是试验数据的积累及被连接材料和工作方式明确表明在太空中最佳焊接方法的选择原则不能基于焊接方法本身的便利性。乌克兰巴顿电焊研究所自 1964 年的一系列研究结果表明,应该按照综合参数来评价所使用的焊接方法的可行性。在此,还必须遵循专门的焊接标准(接头的高质量,工艺过程的便捷性及通用性)和为太空技术专门制定的各类标准(最高的可靠性和安全性,最小的能耗,最小的质量和体积等)。理想的空间焊接方法应满足如下条件:①严格满足空间任务和宇航员的安全要求;②在微重力环境下不存在根本性的问题;③能够同时在舱外真空和舱内充气环境下焊接;④能够实现所有宇航材料各种几何形状的一级焊缝焊接要求；⑤易于实现手动、半自动、遥控和机器人操作模式间的转换；⑥对错边和装配要求低；⑦功率低，能量利用率高；⑧尽量少使用耗材；⑨设备可靠性高，维护简单。

按照上述标准来评价现有的焊接方法，可以发现：冷扩散焊、爆炸焊、磁脉冲焊和接触焊等固相连接方法，焊接过程中不需要气体，同时没有熔化现象，受空间环境的影响较小。但在太空中应用有较大的困难，这些焊接方法在太空中的通用性较差，同时对接头的装配待焊表面的处理要求高，除此以外，这些方法还需要大型、复杂的设备，焊缝的质量检测也比较困难。摩擦焊具有焊接性好和能耗小的优点，但它需要大型的设备以及工作时的运动会影响飞行器的平衡，因此也不具备太好的太空应用前景。至于超声波焊和高频焊，它们的特点是高耗能，通用性差，会产生大的声场和电磁场，是太空飞行器的工作条件所不允许的，故它们在太空中的应用前景也非常小。这样，在目前工业中广泛使用的熔化焊方法将成为最具太空应用前景的方法，主要包括电弧焊、激光焊和空间电子束焊。

（1）电弧焊

在真空条件下，传统的电弧焊方法难以引弧并维持电弧的稳定，最有效的办法是采取脉动电流方法和降低弧长，但采取这些措施不能避免飞溅。目前低重力、真空条件下的细丝熔化电弧焊工艺的研究已经取得一定的进展。对于非熔化电弧焊接，将阴极做成中空结构并通气产生维持电弧燃烧的等离子体，能够获得理想的放电效果，但引弧和电弧转移复杂。日本研究人员从1992年开始对空间环境下的空心钨极氩弧焊开展了大量的研究工作。

太空环境中的电弧焊研究主要是采取一定措施避免或降低真空环境对焊接过程的不利影响，但这些措施使得焊接设备和操作过程复杂化，方法的安全性和稳定性相对降低，此外，电弧焊大量的热要消耗在设备上，这也是该方法走向太空应用前要解决的问题。

（2）激光焊

激光焊接不需要气体氛围，太空真空环境可以免去保护气体，同时真空条件下有助于光致等离子体的消失，可以提高激光焊接的效率，但焊接时工件表面的反射等因素仍限制了该方法的能量利用效率。此外，真空条件下金属蒸气的挥发加剧，并沉积在光学器件上，进而影响了焊接过程的稳定性，这也是太空激光焊接需要解决的问题。

但激光能够通过光纤传输，易于实现自动化焊接，激光器能够完成熔焊、钎焊、切割、打孔、热处理、打标等多种加工，因此，随着激光器的不断发展，激光焊接仍不失为一种适合太空焊接的理想方法。

（3）空间电子束焊

空间电子束焊接的研究主要是微重力和低温等因素对焊缝的影响，而其余过程与地面条件没有差异。微重力会导致焊缝气孔率高和未熔合的发生。解决上述问题较好的办法是调制电子束功率，使机械和热的周期性脉动作用于焊接熔池，移除气体及氧化物。微重力空间电子束焊接时烧穿的危险性降低，这是由于表面张力作用增强，能够形成较大的熔池而不发生流淌，从而可以进行大间隙工件的焊接。间隙特别大时需要填丝，填丝一方面保证填充金属填满间隙，另一方面降低熔池温度，从而避免形成烧穿。烧穿的危险性降低并使用相对地面焊接较低的电压，使得空间电子束焊接可以采用自动化和手持两种方式。

空间电子束焊接充分利用了太空高真空环境,能够实现不包含易挥发元素的多元合金的焊接,能够进行所有形式接头的太空焊接,是目前开展空间焊接地面模拟试验和论证最多的焊接方法,也是唯一进行了太空环境舱外实际操作的焊接方法,被认为目前最适合太空应用的焊接方法。

除了熔化连接方法,钎焊的应用也有一定的前景。钎焊方法能可靠、密封地连接大多数金属及非金属结构材料,包括异种材料的连接,方法通用性强,可进行空间桁架结构的快速组装以及损伤部位的快速修复。适合太空钎焊的热源很多,包括电子束、激光、聚焦太阳能等。钎焊质量取决于钎料在接头材料中的润湿程度,空间微重力使得表面张力作用增强,钎料在太空中的润湿铺展效果比地面要好,钎缝缺陷减少,钎料能够填充大的钎缝间隙,降低装配要求。钎焊的难度在于选择合适的钎料组分和确保需要的加热规范。

10.3.2 太空焊接设备

1. 太空焊接设备的特殊性

用于太空焊接的设备包括三种类型:自动化设备、机械化设备和经过培训的手工焊接设备。

自动化设备适合于所进行焊接和钎焊的条件已知,待加工材料的类型和厚度已知,设备的运行工艺和规范已经确定的情况。应用这种设备的典型情况是在太空中装配大型桁架结构。

机械化装置适合于工作的区域和条件已知,需要焊较长和高可靠性的焊缝的情况。通常主要是装配和修理工作,此时操作员的作用仅限于安置仪器设备、选择所需的加工规范、操作设备仪器和检查完成工作的质量。典型的工作是修理管线、修复密封结构和修理航天仪器设备的机体。

手工设备可用于不要求密封性的所有修复和装配工作。操作员评定工件的加工状态,选择加工规范,直接完成焊接工作。典型的例子是检修或替换失去稳定性或支撑轴损坏的太空桁架结构。

太空焊接设备具有不同于地面上焊接设备的特殊性。首先,用于太空焊接的设备必须严格保证安全性,能够适应太空环境,具有极高的稳定性和耐久性。

制造太空焊接设备的复杂性在于:一方面,它是具有特定尺寸和性能的专用焊接设备;另一方面,必须满足对工件的专业制造要求。对太空焊接设备的实际制造必须满足以下要求:

(1)与相应任务相适应

太空焊接设备应严格保证对电源功率、焊接速度、熔深、束流焦聚及被连接材料的种类和其他参数的要求。

(2)安全性

太空焊接设备工作时不安全性的可能来源如下:高温、加热熔化的金属、电子射线、电源高压以及其他伴随现象(如伦琴射线和红外射线、电子干扰和无线电干扰等)。设备设计时必须考虑在以上条件下的安全性。

（3）可靠性

可靠性主要包括两个方面：各种物理过程组合工艺的可靠性和设备的可靠性，这两个条件是相互联系的。工艺的可靠性在很大程度上取决于加工质量要求和完成任务的条件水平，而设备的可靠性则取决于设计方案的正确性、结构材料的选择、机体部件的质量以及重要部件的保护措施等。设备设计时最复杂的问题是要同时保证体积尺寸、质量和能耗最小。实现这一目标的基本条件是合理选择结构材料和部件，通过热力学计算，使材料特性得到最优化利用等。

（4）焊接设备同宇宙飞船的相容性

这种相容性包括：焊接设备飞船系统无相互干扰，如电磁相容性；电源系统、遥测控系统和调温系统参数的匹配性；设备的外形特点与宇宙飞船的管道输送系统的体积适应性；应最大限度地利用宇宙飞船的仪器、设备和管系；焊接装置的设计、内部布置和辅助设备相匹配；控制机构、焊接设备的显示系统、人体状态测试器记录以及保护装置的特性均应相匹配。

（5）可维修性

太空焊接设备的复杂性及宇宙飞船的高稳定性要求其具有几十年的工作寿命，因此不可避免地要对零部件进行更换。焊接设备结构设计时应满足快速、简易和安全地进行零部件更换的要求。一般来说，零件更换在宇宙飞船的封密舱中进行，但在有些情况下需要暴露于宇宙飞船船舷外侧进行替换维修，需要操作员身着太空服在太空中进行作业，因此暴露在太空中的机构应该满足太空焊接的条件。

2. 太空焊接设备构成

太空焊接设备从本质上说是一个十分复杂的联合系统，下面以太空电子束焊接系统为例，说明太空焊接设备的构成和特点。

（1）系统组成

图 10.15 为太空电子束设备的结构图。焊接系统体最基本的部分是加工工艺装置，包括焊接、钎焊、喷涂、切割等加热设备和通用设备。任何一种设备均需要专用的工作位置，可以固定或可移动。辅助装置是独立的环节，用于完成难度较大和具有危险性的工作。

动力和加工信息系统对于系统的正常工作很必要，并与宇宙飞船的电力系统和信息系统相关联。

（2）电子枪

太空电子束焊接设备能够实现太空环境下的焊接、钎焊、喷涂和切割加工。其热源是电子射线枪。在太空焊接设备中应用的电子射线枪，完全不同于地面设备使用的电子射线枪。其最基本的区别在于太空焊接设备只用于加工薄板材料。因此太空焊接设备中应用的电子枪是低电压和小焦点直径，并具有相对大的聚焦角度。便于制造简单、可靠、安全和小型等特点。低的加速电压可允许将伦琴射线降至最低水平。小的聚焦点可以大大降低电子束偶然射到其他目标并对其造成破坏的可能性。

这种电子枪应具有耐热性（热稳定性），并保证最低的电子损失。对于宇宙太空条件来说，带有单级的（静电的）和联合的（静电和电磁的）聚焦系统的电子枪是最具前景的。

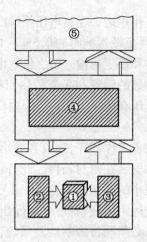

图 10.15　太空焊接系统的结构图

①—工艺装置；②—专用工位；③—辅助装置；④—动力和加工信息系统；⑤—宇宙飞船系统

在组成电子射线枪的自动化装置中可以引入偏移系统，也可以采用直热枪和间接加热枪。

（3）电源系统

太空焊接系统的电子射线枪电源要求进行多级电能转换。电子射线枪直接接通专门的高压设备的输出电路。电子射线枪的阳极电路可以供给直流电，其电压通常为 5 ~ 10 kV。因此应向高压设备的输入端输送交变电压，升压变压器和高压整流器组成高压设备。电子射线枪的加热电路能提供电压为 2 ~ 20 V 的交流或直流电。在一个装置中同时应用多个电子射线枪的情况下可以在一个阳极下使用多个加热变压器、互感器组成高压装置设备。

在应用带有控制电极的电子枪时，高压设备包含有一个独立的电极电源、一个升压变压器、一个整流器和一些调节零件。如果电子射线枪还具有偏移和聚焦系统，那么高压设备装置中通常还具有为其偏移和聚焦系统供电的电源。

为保证高压设备的可靠性和安全性，其外壳是用环氧化合物整体浇铸而成。电子枪直接铸入其内（图 10.16）。这样，可以保证在较宽温度范围和宇宙真空中高压设备具有很高且持久的工作性能。

图 10.16　整体浇铸的太空焊接电子枪

向高压设备的输入端输送低压交变电流时可采用宇宙飞船电力系统的直流电网。船舷电力系统的额定电压为 27 V，存在约 15% 的电压波动。因此在太空焊接设备的供电系统中还引入了第二供电电源。其作用之一是将电压系统的直流电压转换为几万赫兹的交变电压,并将电压波动稳定在不受负载影响时的0.5% ~ 1.0%的水平上。除此之外,第二供电电源包含一个输出功率调整和稳定机构。第二供电电源与高压设备和控制装置相互关联。第二供电电源由测量电参数的装置和必需的热调整系统组成。根据任务的需要,第二供电电源稳定的交变输出电压在23 ~ 100 V范围内变化。

(4)控制系统

控制系统的作用包括编辑设备工作程序、接收和发出控制命令以及向宇宙飞船的遥测系统发射信号。控制系统通常安装在密封箱内。此外还配备一个整流交换器,可以保证整个设备的最佳工作条件及最小的能量损失。

太空焊接设备安装有内置或远距离控制板,可以发出控制命令和显示必要的操作信息。在太空环境使用的焊接设备必须配备诊断检验系统,可以在设备使用前检查设备的工作状态。宇航员在进入太空工作之前就能确定设备是否正常,对有故障的零部件加以更换。

(5)辅助设备

太空焊接设备应配有三种类型的辅助设备:第一类用于焊接工作的准备;第二类用于保障作业过程安全;第三类用于辅助操作员完成工作。

第一类辅助设备完成焊接和钎焊加工表面的清理工作,主要包括切割、钻孔和清理不清洁表面的工具。在使用这些工具时主要的问题是切屑和其他附带微粒的处理。图10.17所示为一种用于管线机械切割的手工工具。也可以用焊接电子束设备进行切割,在这种情况下形成各向太空液小颗粒的可能性较小。

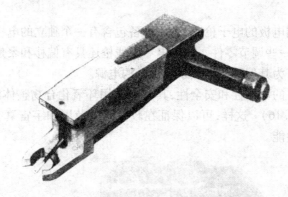

图 10.17　用于太空中机械切割的辅助工具

第二类辅助工具主要包括各种类型的保护罩,用于防止物品与加热至高温的零部件接触(图10.18)以及操作员的手进入工作区域。图10.19 所示的密封飞行服也是一种保护方式,如头盔上附加的玻璃滤光镜和密封飞行服上附加的布料织物外套。

第三类辅助装置用于减轻操作员的工作量。图10.20 所示为在飞行实验室中进行试验时使用过的辅助装置。图10.21 所示为安装在电子射线枪外壳上用于送丝的机械装置。该装置体积小,直接安装在电子射线枪外壳上。

图 10.18　防止与加热零部件产生接触的电子射线枪的保护罩

图 10.19　带有附加滤光镜的密封飞行服局部图

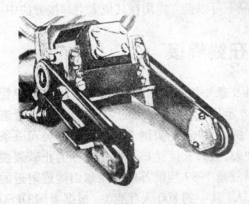 

图 10.20　太空服中用于稳定仪器移动的辅助装置　　图 10.21　安装在电子射线枪外壳上的送丝装置

专用的设备工位(工作位置)对于高质量完成太空焊接具有特殊意义。一方面,它可以保证操作员腿脚的可靠固定;另一方面,由于操作员身着太空服而移动困难,它可最低限度地减少操作员的移动。除此之外,工位应该保证操作员能自由向所需的方向接近,绕自己轴心转动和应急快速离开工作区的可能性。

通常在工位上安置一个容器用于保存工具仪器,如操作员的控制台、电缆盘、零部件等。图10.22展示了一种用于桁架结构局部装配的操作员工位布局方案。

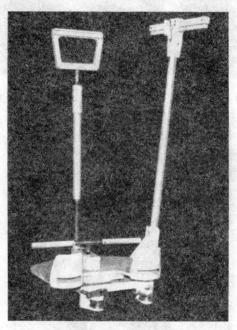

图 10.22 宇航员空间桁架装配工位方案

宇宙飞船上全部焊接设备的布局由飞船的结构特点、设备要完成的任务和其操作条件决定。通常可以预定三种不同的布局方案,包括运输状态、工作状态和存放状态。空间电子束焊接设备的构成原理、规则在大部分情况下可以推广应用在其他太空焊接方法中。

10.4　管道在线焊接

油气管线在服役过程中,由于腐蚀、磨损以及意外损伤等原因,不可避免地会造成管线的局部减薄、损坏甚至发生泄漏事故。在世界范围内,随着管道的大量铺设,运行管道发生失效甚至爆炸事故的情况也越来越频繁。例如,1960年美国Trans-Western公司一条直径为762 mm的X56钢输气管线发生脆性破裂,破裂长度达13 km,是迄今为止破裂裂缝最长的管道失效事故。损失最惨重的管道事故是1989年前苏联乌拉尔山隧道附近的输气管道爆炸事故,烧毁两列列车,伤亡1 024人(其中约800人死亡)。根据美国OPSO的统计结果,1985～1992年,平均每年发生238起天然气管道失效事故。图10.23所示是管道发生爆炸的实物照片,图10.23(a)是前苏联某输气管道泄漏引发大爆炸的情形;图10.23(b)是2000年8月美国新墨西哥州某天然气管道泄漏引起爆炸,地面遗留一个长

23 m、深 6 m 的大坑。

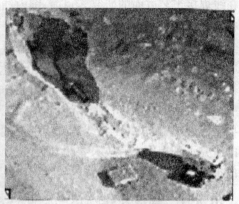

(a) 前苏联某海底输气管道爆炸　　　　　(b) 美国某天然气管道泄漏引起爆炸

图 10.23　天然气管道爆炸情景

可以说,当今管道工业不但要求管道有较高的输送压力和较大的管线直径,更要保证管道的安全运行。传统的修复技术虽得到了广泛应用,但日益显现出不足之处。对于复合套管、涂层修复技术虽然可以不停输修复,但由于其补强作用不明显而不适用于高压管线,而且对于管道内表面发生的腐蚀无能为力。对于泄压停输焊接修复和内衬修复技术,都需要管道泄压停输并进行扫线处理、清除残余的油气,泄压停输修复由于油气的停输会带来巨大经济损失,排泄的油气不但会污染环境,还会造成巨大的浪费,而且焊前需要对被焊部位的残余油气进行处理导致修复周期长,对管道的正常运行影响很大。

因而,从 20 世纪 80 年代开始,美国、加拿大等国家陆续开始研究在线焊接修复技术,以避免油气停输对供求双方造成的影响。美国 EWI 焊接研究所是目前从事在线焊接方面研究工作最多、研究方向最全面的机构。EWI 焊接研究所自 1984 年成立之初就在国际管道研究委员会(PRCI)和一些企业的资助下一直致力于在线焊接的研究。实际上,由于 EWI 焊接研究所是在 Battelle 研究所焊接组的基础上组建而成的,而在此之前 Battelle 研究所已经进行了许多在线焊接相关的研究。因此,关于在线焊接的研究可追溯到更早些时候,早在 1981 年,Battelle 研究所的 Kiefner 教授就发表了相关的研究论文。经过几十年的研究开发,美国已在运行管道在线焊接领域取得了许多成果,制定了专门的工艺标准,并成功地用于一些管道(如 Trans-Alaska 原油管道)的在线焊接修复。1999 年修订的第 19 版 API 1104 标准——管线的焊接和相关的设备,将"在线焊接"作为其中的附录 B,用于取代先前的 API 1107 标准——管道焊接修复实践。API 1104 的附录 B 首次将在线焊接(而非 API 1107 的常规焊接修复)单独形成一个标准文件,由此可见,在线焊接的重要意义以及美国 API-AGA 联合委员会对在线焊接的重视。

近年来,在线焊接在澳大利亚得到了空前重视。澳大利亚管道工业协会(APIA)一直将在线焊接作为其九个重要研究领域之一。APIA 研究与标准委员会提交的 2003 年度《澳大利亚管线研究计划》将"在线焊接焊缝的氢致开裂"列为年度六个研究计划之首。澳大利亚焊接技术研究所至今已主办了多次管道修复国际会议,并于 2000 年主办了"首届石油气、液管线在线焊接国际会议"。

我国在这一领域相对落后,直到1994年中国科学院金属研究所焊接室才开始进行管道在线焊接工艺方面的研究。目前,国内油气管线的修复还是以泄压停输修复为主。对于在线焊接修复和不停输改造,中石油管道技术公司及其他一些施工公司也时有采用,但大多凭经验操作或参考国外的施工工艺,目前还没有进行系统研究。中国科学院金属研究所从1994年开始,在国内首先开展了运行管道在线焊接工艺的开发研究。先后进行了运行管道在线焊接时氢致开裂特征、防止路线的理论研究和相应计算机模型的开发,取得了一些有价值的数据,对在线焊接修复工艺的制定有一定的参考价值。但他们并没有将这项工作继续下去,对于在线焊接特别是气管线的在线焊接的很多问题还没有涉足,和国外的研究水平相比也有较大差距,而且至今也没有其他单位或研究机构对此进行系统研究的报道。

10.4.1 管道在线焊接的工艺特点

在线焊接修复根据现场修复的需要,主要有两种修复工艺——套管修复和带压打孔安装支管焊接修复。套管修复采用两段半圆管对接套在待修复管道外壁,然后将半圆套管焊接在管壁上,再将两个半圆套管对接,使之与运行管道形成一体,如图10.24所示。该方法特别适合对管线发生腐蚀减薄的局部区域进行加固。当管线发生腐蚀穿孔,穿孔或裂纹不大且管内压力较低时可先将腐蚀孔或裂纹堵死,然后采用套管修复。当管线上某一段发生比较严重的腐蚀或由于人为因素造成较大范围的破坏时,宜采用带压打孔安装支管焊接修复法对被破坏的管段整体更换。带压打孔安装支管焊接修复如图10.25所示,在出现问题管段的前后各焊一段带法兰的管外套筒,然后通过法兰孔用特制的刀具在管上开孔,通过前后两个法兰连接分流旁路,管内介质从分流旁路通过,然后将出现问题的管段切除,重新焊接上一段管子,焊好后介质再由主管线通过,将分流旁路撤除。整个过程管道不停输,必要时可降低管内压力。该方法也适用于根据输送工艺要求在主管线上不停输安装分输管线以及根据外界环境等因素的需要对管道进行改线等情况。

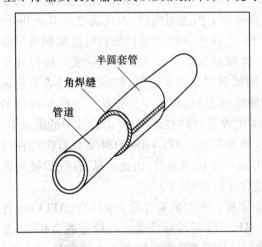

图10.24 套管修复示意图

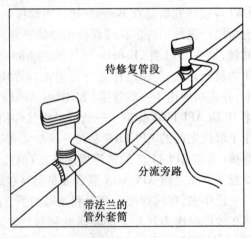

图10.25 安装支管焊接修复示意图

套管修复时半圆套管与管道的焊接和带压打孔安装支管焊接修复时带法兰的管外套筒与管道的焊接的共同特点都是在管线内部有介质流动的情况下进行焊接操作。因此，从焊接的角度来看，套管修复和带压打孔安装支管焊接修复的本质是相同的，主要技术难点也是相同的，即在线条件下进行焊接施工。

在线焊接由于管道内流动的介质不断带走焊接区的热量使得焊接接头冷却速度大于常规焊接的空冷冷却速度，而且常常是带压焊接，因而容易出现两方面的问题，即烧穿和氢致裂纹。在线焊接发生烧穿的实质是焊接区未熔化的管壁没有能力承受它所受的应力作用。在带压管道上施焊时，如果焊接熔池下方未熔化金属的强度不能抵抗它所承受的应力，特别是管内介质的压力作用时，管道内介质就会使管壁穿孔，发生烧穿，导致输送介质的泄漏。一旦发生烧穿，油气泄漏就极有可能引起爆炸，威胁焊接工人的人身安全和管线的安全运行。因而，防止烧穿是在线焊接修复考虑的首要问题。另一方面，运行管道在线焊接时，由于管内介质的流动不断携带焊接区的热量，造成焊后快冷，促使焊接接头形成对氢致裂纹敏感的淬硬组织，因此导致 HAZ 区硬度值增大，容易产生氢致裂纹，降低焊接接头的承载能力。

烧穿主要受壁厚、焊接熔深和管内介质的压力大小的影响。壁厚越厚，熔深越小，越不易烧穿，而熔深由焊接线能量和焊接电流所决定，熔深随线能量的增加而增加，当线能量一定时，随焊接电流的增加而增大。当管道运行条件（流速、压力）及管道本身结构因素（管径、材质、壁厚）一定时，线能量就有一个上限，以小于该值的线能量进行焊接修复就不会发生烧穿。因此，在进行在线焊接工艺研究时，影响烧穿的最大焊接线能量是必不可少的研究内容。除此之外，值得注意的是，某些油气产品受热易发生分解，在线焊接时焊接区高温会使管内介质分解，致使局部压力迅速增大而发生爆炸。因此，对于这种情况需要通过降低线能量来控制管道内壁表面的最高温度，避免介质的分解。

影响在线焊接接头承载能力的主要因素是焊接接头氢致裂纹。产生氢致开裂必须同时满足三个条件：①焊接接头中氢的含量；②敏感显微组织；③作用于焊接接头上的应力。尽管焊接采用低氢焊条和低氢焊接工艺，但只能降低氢含量，而不能彻底消除氢。因此，为了避免氢致开裂，应将研究重点放在降低 HAZ 硬度值和防止敏感组织生成这两方面上。对于在线焊接，管道内部流动的介质可以不断地带走热量，因此焊前预热和焊后热处理没有多大意义并且很难实现，只能通过增加焊接线能量来降低 HAZ 硬度值和防止敏感组织生成。

虽然增大焊接线能量可以弥补管内介质的快冷对焊接接头显微组织、硬度以及力学性能的影响，但会增加焊接熔深，提高内表面最高温度，增大烧穿的可能性。因此，两者是相互矛盾的，导致在线焊接线能量的可选范围非常狭小。

10.4.2 在线焊接的氢致开裂

为了避免烧穿的发生，保证在线焊接的安全进行，常常减小焊接线能量，采用比常规焊接小一些的焊接线能量。但线能量的减小会导致焊接接头冷却速度过快，增大 HAZ 的硬度值，易产生氢致裂纹敏感组织，降低焊接接头的承载能力，在管内压力的作用下有可能导致焊接区开裂。加拿大一管道公司的一条管线在进行套管修复时由于 HAZ 区硬度过大而导致管道开裂泄漏并产生爆炸，造成了严重的后果。因此，在确保不发生烧穿的基础上应该考虑线能量对焊接接头冷却速度以及组织性能的影响，确定获得可靠焊接接头的最小线能量。

目前，国外对在线焊接氢致裂纹敏感性研究的基本思路都是通过预测焊接接头的冷却速度，然后根据经验公式计算焊接区的最高硬度值来评定氢致裂纹敏感性。一般认为，热影响区的最高硬度值低于 350 HV 时，氢致裂纹敏感性较小，对于酸性环境则要求最高硬度不能超过 248 HV。

由于在线焊接接头的冷却速度难以直接测试，EWI 发明了一种简单的测试方法，通过测试管道内流动介质带走管壁热量的能力来间接评价焊接接头的冷却速度。该方法采用氧-燃料火炬将管道外壁直径为 50 mm 的区域加热到 300 ~ 325 ℃，然后停止加热，测试该区域从 250 ℃冷却到 100 ℃所需的时间，共测六个点取其平均值作为管道的散热能力。然后采用根据大量野外试验和实验室试验数据得到的经验公式进行计算，就可以预测不同条件下焊接接头的冷却速度。

管道材质的含碳量是影响氢致开裂敏感组织形成的重要因素，无论是 Battelle 的计算模型，还是 EWI 的管道散热能力评定方法，都需要知道管道材质的碳当量。但常常会遇到的情况是，一些运行管道由于年代久远，无法获取包含其管道材质化学成分的记录文件。EWI 的做法是采用高速旋转锉刀在管道外表面取样，然后在实验室里分析其化学成分。在取样之后必须检测旋转锉刀的齿是否脱落，以避免齿的化学成分造成测试结果的偏差。

由于早期的管线用钢含碳量较高，对于很多老管道，很难单纯地通过控制焊接线能量来使最高硬度达到要求。欧洲一些国家通常采用回火焊道工艺来控制 HAZ 硬度。如英国天然气公司采用了专门开发的回火焊条对焊趾进行附加回火，它的操作与普通焊条相似，但没有焊接金属熔敷。对于一些薄壁管即使是很高的线能量输入，焊缝的冷却速度也会比避免形成对淬硬和开裂敏感的显微组织所要求的临界值要快。而且高热输入的焊缝将导致焊接材料在奥氏体转变温度以上停留更多的时间，从而造成晶粒长大。这种大尺寸晶粒的焊缝可能要比小能量下形成的焊缝具有更高的硬度，此时不仅导致 HAZ 硬度更高，而且晶粒尺寸较大，对于这种情况通过后续焊道的自然回火焊道工艺往往是一种比较适合的方法。但回火焊道工艺对焊工的技术要求较高，在野外环境下难于应用。

陈怀宁在壁厚为 6 mm、直径为 φ377 mm 和 φ219 mm 普通低碳钢螺旋焊管上以水为介质研究了焊接残余应力、焊接区冷却速度、焊接工艺条件等因素对运行管道在线焊接时产生氢致开裂的影响，结果认为：运行管道在线焊接时管道内的介质流动促使在内壁形成较大的残余压应力；流速较高，管道上 HAZ 的硬度也较高，即使是在低碳钢的钢管上焊接，也可能出现氢致开裂，产生开裂的硬度组织为针状铁素体、粒状贝氏体和少量的 M-A 组元。

10.4.3 在线焊接的烧穿及安全性

金属材料的强度随着温度的升高而急剧降低。对于普通碳钢材料，400 ℃时的屈服强度约为室温时的一半，而在 800 ℃时基本处于塑性状态，强度为室温时的 4% ~ 10%。

运行管道在役焊接时,焊接区管道沿壁厚方向一部分管壁处于熔融状态,已完全丧失承载能力,剩余管壁中一部分区域处于 800 ℃ 以上的高温状态,还有一部分区域温度在 400 ℃ 以上,这些区域由于温度较高,强度下降,明显降低了管道的原有承载能力,在管道内气体压力和焊接应力的共同作用下而发生径向变形。在常规焊接情况下,管道环焊缝对接焊会产生内凹的径向残余变形。对于在线焊接,在介质压力和快速冷却的共同影响下,焊接过程中的瞬态变形和残余变形会发生变化。当焊接区的径向变形为外凸变形并且变形超过一定限度,焊接区剩余壁厚不足以承受介质压力的作用,就会发生烧穿(管壁穿孔),引起介质的泄漏,轻则导致在役焊接修复的失败,重则会引起油气爆炸,威胁焊工人身安全和财产安全。因此,防止烧穿是在线焊接修复需要考虑的重要问题,需引起各国从事在役焊接研究的专家的重视。图 10.26 为在线焊接接头发生烧穿的情景。

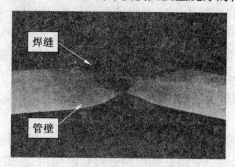

焊缝

管壁

图 10.26　在线焊接烧穿的情景

安全性是在线焊接修复的重中之重,在线焊接时一旦发生烧穿,就有可能引发爆炸,威胁焊工的人身安全,因而国外在研究中一直非常注重烧穿的研究,基于大量的实验研究和经验公式开发了很多模型来预测烧穿的发生。例如,美国 Battelle 焊接研究所通过实验研究认为,在线焊接时管道内表面温度低于 982 ℃ 是不会发生烧穿的;开发了以焊接参数(电流、电压、焊接速度)和工作条件(介质类型、压力、流速)为函数的计算机模型来预测管内表面温度;根据不同参数可能达到的管内表面的最高温度可以确定进行安全在线焊接操作的焊接参数。澳大利亚 APIA 通过 2001 ～ 2002 年度研究项目"机械化的在线焊接和软件开发"的研究,开发了一套软件,该软件允许用户通过指定一系列管道条件来预测可以安全进行在线焊接的条件,确定会造成烧穿的线能量。但 Wahab 等学者认为:Battelle 焊接研究所的模型只是通过管道内壁表面最高温度间接地考虑烧穿,没有考虑压力的影响。

Otegui 等从避免烧穿需要的最小壁厚这一角度考虑了烧穿问题,研究了管线套管修复的最小壁厚与压力流速的关系,结果发现随着压力的减小,最小壁厚增大,当在线焊接时管道运行压力为 5.88 MPa 时,最小可焊厚度为 4.65 mm,将管道运行压力分别降到 80%(4.70 MPa)、60%(3.53 MPa)时,最小可焊厚度分别为 4.80 mm 和 5.30 mm。当待修复区气体的流速增大,最小可焊的厚度也增大。Battelle 通过其开发的热分析计算模型进行计算后认为,当管道壁厚大于 6.4 mm 时,采用低氢焊条和正常的焊接工艺进行在线焊接,管道内表面的峰值温度不会超过 982 ℃,也就是说,在壁厚大于 6.4 mm 的管道上在线焊接是安全的。也正是基于这一结论,美国许多管道公司为了避免烧穿,禁止在薄壁管道上进行在线焊接。近年来,EWI 焊接研究所材料部首席工程师 W. A. Bruce 教授在 PRCI 的资助下进行了薄壁管道在线焊接的研究。Bruce 在直径为 ϕ114.3 mm、压力恒定 为 4.5 MPa 的管道上,以天然气(甲烷)为运行介质,通过改变气体流速(分别为 0 m/s、 2 m/s、6.1 m/s、10.1 m/s)、焊条直径(共采用 2.0 mm、2.4 mm、3.2 mm 三种直径的焊 条)、线能量等参数研究了 3.2 mm 和 4.0 mm 两种壁厚在线焊接时发生烧穿的风险。对 焊接后的接头横截面进行金相检验,并结合焊后管道内表面的形貌一起作为评定烧穿风 险的依据。Bruce 将试验结果分成安全、临界状态和烧穿三种类型,焊接接头没有缺陷、 管道内表面没有任何向外鼓起的迹象归类为安全;焊接接头中出现了裂纹、管道内表面向 外鼓起称为临界状态;焊接过程中就发生了烧穿或焊后接头区的纵向裂纹引起了介质的 泄漏归类为烧穿。结果表明:采用较小焊接电流时,气体流速越大,可采用的安全线能量 越大,但当焊接电流较大时,气体流速对线能量的影响不明显;采用较小直径的焊条(焊 接电流也相应较小)时,可适用的焊接线能量的范围较大,有利于现场焊接的需要。因 此,在壁厚为 3.2 mm 的管道上采用直径为 2.0 mm 的焊条(电流一般为 50 ~ 80 A)进行 在线焊接时,可以选择一个合适的线能量保证焊接的安全性。但若采用直径为 3.2 mm 的焊条,则可选用的线能量范围较小,在现场手工焊接时不易控制,极易超过最大线能量 限制而发生烧穿。

烧穿是否发生和焊接区管道内壁的变形密切相关。采用焊接过程数值模拟软件 SY- SWELD 对 X70 材质的天然气管道在线焊接进行数值模拟,在相同的管道结构因素(壁厚 为 8 mm,管道外径为 508 mm)、气体压力(6 MPa)和气体流速(8 m/s)时,按表 10.4 中四 组工艺计算管道径向变形沿管道内壁的分布,研究线能量对在役焊接接头变形的影响规 律,结果如图 10.27 所示。从图 10.27 中可以看出,时刻 Ⅱ(焊接开始后 120.9 s)时,各种 线能量下径向变形均为外凸变形,近缝区变形量随着焊接线能量的增大而增大,远离焊缝 中心区域的变形量不受线能量的影响。时刻 Ⅲ(焊接开始后 241.8 s)和时刻 Ⅳ(焊接开 始后 1 000 s,焊接接头冷却到较低温度)时,变形相对时刻 Ⅱ 大大减小,近缝区的变形随 着焊接线能量的增加而增大;在离焊缝较远的区域(20 mm 以外的区域),变化规律与之 相反,变形随着焊接线能量的增加而减小。

表 10.4　焊接工艺参数

工艺参数编号	焊接电流 I/A	电弧电压 U/V	焊接速度 v/(mm·s^{-1})	热输入 E/(kJ·cm^{-1})
A	85	28	4	5.95
B	110	28	3.3	9.33
C	130	29	3.4	11.1
D	150	30	3.4	13.2

当气体流速为 15 m/s、压力为 6 MPa,采用表 10.4 中 D 组焊接工艺参数时,所考察的 横截面的管道内壁在 Ⅰ、Ⅱ、Ⅲ、Ⅳ 各时刻变形如图 10.28 所示。从图 10.28 中可以看出, 时刻 Ⅰ,虽然焊接热源还未对所考察的横截面产生影响,但管道内部的压力已经引起了管 道内壁约 0.2 mm 的变形量。时刻 Ⅱ,焊接热源作用于所考察的横截面,此时熔深最深, 焊接温度场处于充分发展阶段,焊接区管壁的强度最低,因而引起的变形量最大,在焊缝

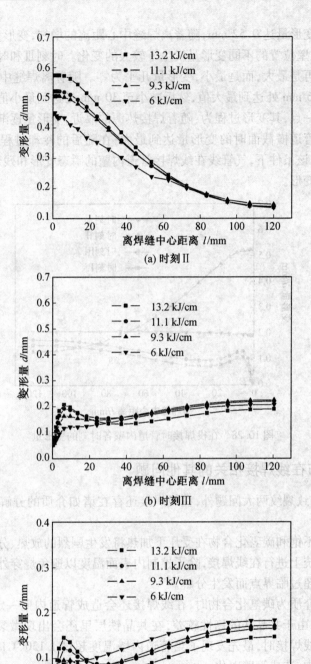

图 10.27 焊接线能量对变形量的影响

中心正下方最大变形量达0.52 mm,随着离焊缝中心距离的增加,变形量较小。焊后冷却过程中,随管道内壁位置的不同变形量发生了较大的变化。时刻Ⅲ和时刻Ⅳ,焊缝中心正下方的变形量不再是最大,而是最小,变形量几乎为零。随着离焊缝中心距离的增加,变形量先增大并在6 mm处达到最大值,然后减小至30 mm处达到最小值,随后再次增大。

对于近缝区一点,其变形过程为:随着焊接热源的靠近,变形量逐渐增大,当焊接热源经过该点所在的管道横截面时的变形量达到最大;在随后的冷却过程中,变形量不断减小。总体来看,在该条件下,气管线在线焊接管道内壁的瞬态变形和残余变形相对管道原始尺寸均为外凸变形。

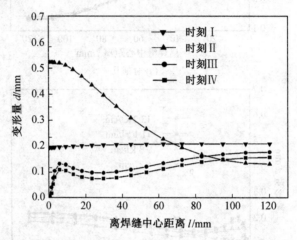

图10.28　在役焊接时管道内壁各时刻的变形量

10.4.4　与在线焊接相关的其他问题

除了烧穿、氢致裂纹两大问题外,在线焊接还存在诸如介质的分解、焊接接头的检测等问题。

乙烯和其他不饱和碳氢化合物在受压下加热将发生剧烈的放热、分解,所以对于在乙烯管线和管道系统上进行在线焊接,除了控制内表面温度以避免烧穿外,还应特别注意防止管内表面温度超过临界点而发生分解。

当管道内的介质为碳氢化合物时,在线焊接还会造成管道内壁一定范围内的碳化或形成一层共晶铁,由于共晶铁的韧性较差,在共晶铁层里还会出现微裂纹。Battelle在液态丙烷管道上在线焊接时,最先发现了当管道内壁温度超过1 130 ℃时丙烷中的碳扩散进入了管道钢材中,造成管壁碳化。

通常,在线焊接修复大多采用手工焊条电弧焊(SMAW),也有少数采用熔化极气体保护焊(GMAW)。但手工焊条电弧焊的生产效率低,焊接过程不稳定且受焊工的技术水平影响较大;采用熔化极气体保护焊不易达到所需的线能量,而且易于产生未熔合。因此,EWI和英国的一所大学正在联合开发新的适用于在线焊接的焊接方法。他们认为,药芯焊丝电弧焊(FCAW)具有效率高、低氢、线能量大而且能够精确控制、不需要外部保护气体等优点,采用替代的电源(如林肯公司生产的表面张力过渡焊机)能够克服GMAW存在的一些不足,在在线焊接修复方面具有较大的应用潜力。

由于在线焊接的条件更为严格,比常规焊接更易造成焊接接头的不完整,因而对焊接接头的检验和无损检测显得更加必要。在线焊接焊缝的表面检测方法主要有磁粉检验和液体渗透检验。由 PRCI 资助,EWI 和英国 TWI 焊接研究所联合承担的一个研究计划的研究结果表明,磁粉检验明显优于液体渗透检验。由于在线焊接接头形状复杂,焊缝的总厚度不是恒定的,很难进行射线检验。因此,对于在线焊接接头的体积检验只能采用超声波检验,采用自动超声波检验对在线焊接焊缝进行检测时,焊缝的几何形状不同时应采用不同的扫描器,采用 P-Scan 系统能较好地满足要求。

参考文献

[1] 英国焊接研究所,乌克兰巴顿电焊研究所. 水下湿式焊接与切割[M]. 焦向东,周灿丰,沈秋平,等,译. 北京:石油工业出版社,2007.

[2] 邱惠中. 空间焊接的现状和发展前景[J]. 航天工艺,1990(6):52-59.

[3] 关桥. 太空电子束焊接[J]. 航空工艺技术,1990(5): 23-26.

[4] PATON B E. Welding in space and related technologies[M]. Cambridge:CB$_2$/6A$_2$ United kingdom International Science Publishing,1997.

[5] YOSHIKAZU S, TABAKODANI E, SUGIYAMA S, et al. Development of space DL welding process for construction and repair of space structures in space[J]. Trans. Japan Soc. Aero. Space Sci,2005, 48(160): 86-91.

第11章 其他特种高效焊接技术

受工业形势和科学技术发展的推动,焊接技术获得了迅速发展。随着科学技术的进步,新产品、新结构不断涌现,新材料、新工艺的应用日益广泛,对焊接质量、接头性能和生产率不断提出新的更高的要求。在许多情况下,任何一种焊接方法都不可能完全满足工程结构中的使用要求。因此,寻求特殊的焊接方法及工艺受到人们的高度重视。本章主要介绍活性剂焊接、熔钎焊、空心阴极真空电弧焊接、铝热剂焊接等新型、高效焊接技术。

11.1 活性剂焊接

11.1.1 活性剂焊接原理

在科学技术日益发展的今天,焊接技术正向着高效率、高质量、低成本、降低劳动强度和能耗的绿色方向稳步发展。为了改善焊接成形和控制气孔缺陷,20 世纪60 年代乌克兰巴顿电焊研究所的专家根据焊缝中微量元素影响焊缝熔深的现象,提出了活性剂焊接,即焊前在焊接区域涂敷一层由卤化物和氧化物组成的活性焊剂(图 11.1)。对钛合金活性剂 TIG 焊(A - TIG 焊)的研究表明,活性剂可抑制氢的解吸作用,降低液态钛合金中气泡产生的概率,从而减少焊缝气孔率,同时增加热源的熔透能力,从而提高焊接熔深。

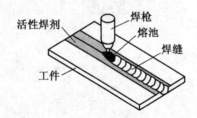

图 11.1 活性剂焊接过程示意图

活性剂是表面活性剂的简称,从广义上说,表面活性剂指加入很少量就能改变体系界面性质和状态的物质。表面活性剂包括阴离子表面活性剂、阳离子表面活性剂、两性表面活性剂、非离子表面活性剂、高分子表面活性剂和特种表面活性剂。表面活性剂广泛应用于洗涤业、建筑业、化妆品、纺织业、工业润滑剂、金属切削加工和材料加工等领域。表面活性剂最基本的功能是降低界面的表面张力,改变体系的界面性质和状态。将表面活性剂应用于焊接领域,是想通过表面活性剂对熔滴和熔池表面性能造成影响,改善焊接质量。

针对不同的材料开发适用的活性剂,是活性剂焊接应用发展的关键。目前 PWI、美国的爱迪生焊接研究所(EWI)与海军连接中心(NJC)以及英国和日本都有了用于碳钢、不锈钢、镍基合金和钛合金等材料 A - TIG 焊的活性剂产品。我国对低碳钢、不锈钢和钛合金的活性剂的开发也有了进展。焊接活性剂多采用多元化合物,主要成分有氧化物、氯化物和氟化物,其组成与被焊工件材质密切相关。

活性剂的作用还与焊接工艺、涂敷量等因素有关。有研究认为,涂敷量适当增加,焊缝熔深增加,熔宽减小,但活性剂涂敷的量均存在一个增加熔深能力的饱和点。

11.1.2　活性剂 TIG 焊(A – TIG 焊)

20 世纪 60 年代中期,前苏联的研究发现,一些卤化物的存在能造成电弧收缩,增加焊接熔深。随后,氧化物和氟化物组成的活性剂被广泛用于焊接不锈钢。在采用直边坡口不加丝的情况下,可获得单道熔深 8 ~ 10 mm 的焊缝。20 世纪 90 年代,活性剂在焊接碳锰钢、低合金钢方面获得巨大成功,并最终发展成 A – TIG 焊接技术。在进行钢板对接时,利用 A – TIG 技术所形成的单面焊双面成形焊缝独具特点,焊缝上、下表面较宽,焊缝中部较窄,其树枝晶方向几乎与双面焊效果等同。1993 年,美国爱迪生焊接研究所与海军连接中心开始开发不锈钢、碳钢、镍基合金及钛合金的氩弧焊用焊剂。其中不锈钢与碳钢氩弧焊用焊剂分项目的研究已于 1998 年基本完成,所开发的不锈钢与碳钢用的氩弧焊用焊剂已经投入工业应用,不锈钢用氩弧焊用焊剂 SS 系列还实现了商品化,可用于 300 多种奥氏体不锈钢的焊接,在焊接 6 ~ 7 mm 厚的钢时,一道即完成对接,既保证了焊缝性能不受影响,又减少了焊接变形。该不锈钢活性剂已用于一艘双体船壳体及两艘油轮的建造,与常规焊接工艺相比,可节省 75% 工时。该类活性剂也可用于航空航天、化学工业、压力容器、海洋工程等领域。目前,镍基合金所用活性剂也已经开发出来,而铝合金和轻合金用活性焊剂产品也正在开发之中。

常规 TIG 可用来焊接金属薄板,并且可形成高质量、具有良好背面成形的焊道;可用于焊接有色金属、不锈钢、超高强度钢等金属。但是常规的 TIG 单道熔深浅,成本高,效率低,从而限制了 TIG 的应用范围。20 世纪 60 年代出现的活性化 TIG(A – TIG) 可以在保持 TIG 焊各种优点的前提下,进一步增加焊接熔深(图 11.2),减小焊接变形,消除焊缝气孔,节约能源,提高生产效率等。因此,A – TIG 得到了迅速发展和广泛应用。

(a)A – TIG 熔深情况　　　　　　　　(b)TIG 熔深情况

图 11.2　A – TIG 与 TIG 熔深对比

刘凤尧等人文针对不锈钢和钛合金材料,系统研究了在 TIG 焊中单一成分的活性剂和涂敷量对焊缝成形的影响。试验结果表明,与无活性剂的焊缝相比,活性剂 CaF_2、SiO_2、Cr_2O_3、NaF 和 TiO_2 都能有效地增加不锈钢和钛合金焊缝的熔深,随着涂敷量的增加,焊缝熔深也相应地增加,熔宽减小。但涂敷有 CaF_2 活性剂的不锈钢焊缝成形不好,涂

覆有 Cr_2O_3 的钛合金焊缝正面熔宽没有明显变化。在不锈钢焊接中,活性剂 SiO_2 的作用效果最好;而钛合金的焊接中 CaF_2 的作用效果最好。他们认为电弧收缩和熔弛表面张力的变化活性剂是增加熔深的主要原因。

11.1.3　活性剂电子束焊接技术

将活性剂应用于电子束焊也是目前活性焊接研究的重要领域之一。在一定条件下,活性剂对电子束焊的熔深影响很大,现已逐步形成了活性电子束焊的新技术。

与传统电子束焊相比,活性电子束焊具有以下特点:

① 使用活性剂可使熔池上部宽度明显减小,改变熔池形状。

② SiO_2、TiO_2、Cr_2O_3 单组元活性剂对电子束焊接熔深增加有影响。

③ 由 SiO_2、TiO_2、cr_2O_3 等组成的多组元不锈钢电子束焊活性剂,可使聚焦电子束焊接熔深增加两倍多。

④ 使用活性剂后,聚焦电流和束流对电子束焊熔深增加有影响。

根据研究表明,活性电子束焊使电子束焊熔深增加的原因,是活性剂改变了熔池金属的表面张力梯度,使熔池金属的流动方向发生改变,因此电子束焊熔深增加,焊缝变窄;而且,活性剂涂层物质的熔点较高,它的存在减小了电子束熔化母材的区域,使能量更集中。

11.1.4　活性剂激光焊接技术

激光焊接作为一种新型的高能量密度、高精度、高自动化的焊接方法,在现代制造业中得到迅速发展与应用。但是当激光器的功率较低时,激光焊接存在熔深浅、焊接效率低等缺点。活性剂在 CO_2 激光焊接中的应用,在一定程度上可提高焊缝熔深,使钉头形状的焊缝截面变为柱状。这表明在激光焊接不锈钢的过程中,活性剂使更多的激光能量以接近线热源的形式被工件吸收。在 $Nd:YAG$ 激光焊接过程中,活性剂使焊缝表面宽度减小,改善了焊缝成形。研究认为,活性剂 SiO_2、TiO_2、Cr_2O_3、TiC 在激光焊中使熔深增加的原因是活性剂使温度较低光致等离子体周边区域含有大量的 Si^{2+}、Ti^{2+}、Cr^{3+} 大颗粒分子,极易吸附中心区域自由运动的电子,因此激光作用的中心区域粒子密度趋于减小。另外,卤族元素化合物对电子有很强的亲和力,并且有很好的吸热能力,使工件得到更多的入射激光能量,导致熔深的增加。对于活性剂增加激光焊熔深机理,目前尚有多种论断,但都归结于增加了工件对激光的吸收率。

11.1.5　活性剂 CO_2 气体保护焊技术

在 CO_2 气体保护焊中使用活化焊丝,可以解决 CO_2 飞溅问题。在活化焊丝中,由于加入了 K_2CO_3、Na_2CO_3、TiO_2 等活化剂,大大降低了混合气体的有效电离电压,使电弧气氛中产生带电粒子比较容易。活化剂的加入为活化焊丝喷射过渡准备了条件,使得活化焊丝熔滴以细小颗粒过渡。在活化焊丝中,由于加入的活化剂含有钾、钠离子,而钾和钠蒸气的导热系数在 2 000 ~ 3 000 K 范围内,比 CO_2 的导热系数低 1 ~ 2 个数量级,这样低的导热性能改变了弧柱与外围气体的热交换条件,大大减少了径向热耗散,促使弧柱扩展,表现在电弧形态上,电弧范围较大、弧根扩展、热量分布均匀。同时,活化焊丝的活化剂可降低表面张力,细化熔滴,缩短熔滴的存在时间,降低电弧气体的有效电离位,促进弧根扩展,使电磁收缩力的轴向分力变成推动熔滴过渡的力,因此活性剂不仅大大降低了飞溅率,而且使大颗粒飞溅比例下降。袁玉兰等认为 CO_2 气体保护焊飞溅降低的原因,是因为活性剂的加入在降低了混合气体的有效电离电压的同时显著增加了 CO_2 电弧的导电能力,使电弧能量密度增加,从而使中等电流下的熔滴过渡方式由大颗粒过渡转变成细颗粒过渡。

11.2　熔　钎　焊

近年来,异种金属之间连接的应用越来越广泛。单一金属本身不可能满足应用所需的所有物理、化学和力学方面的性能,而异种金属接头可以满足需求,另外,还可以节省费用,节约能源,钎焊方法对基体材料不会造成熔焊带来的损伤,在新材料和非金属材料连接中发挥着非常重要的作用。熔钎焊技术便是结合了熔焊和钎焊的特点,在熔点差别较大的异种合金焊接的过程中,通过控制焊接热输入,低熔点材料在焊接过程中受热源加热而熔化,为熔焊形式,而高熔点材料在焊接过程中始终保持在固态的同时与液态金属相互作用,为钎焊形式,因此,熔钎焊接头同时兼顾熔焊和钎焊的特征。与普通电弧熔化焊相比,熔钎焊电弧热量集中,对薄板及薄壁容器进行钎焊时变形量很小,焊接热影响区小,操作方便,节能高效,又易于实现自动化。同时又因其电弧特有的去除氧化膜作用,带电离子、电子的冲击活化作用,因此可以克服钎剂对母材的腐蚀副作用,焊后不用清洗,在生产中得到了广泛应用。

随着熔钎焊技术的不断发展,从最初的电弧熔钎焊发展到多种不同的熔钎焊技术,具有代表性的有电弧熔钎焊技术、激光熔钎焊技术、CMT 法等。

11.2.1　电弧熔钎焊技术

电弧熔钎焊是以一种新型的以电弧为热源的钎焊工艺,钎焊时电弧在电极与工件之间引燃,采用惰性气体进行保护,选取较低熔点的焊丝作为焊接材料,母材不熔化而通过熔化的焊丝把两种材料连接起来。电弧钎焊主要有两类方法:一是根据电极采用的材料不同,电弧钎焊可以分为非熔化极惰性气体保护电弧钎焊(TIG 钎焊)和熔化极惰性气体保护电弧钎焊(MIG 钎焊),这是最常见的分法;二是按使用电源性质的不同,电弧钎焊分为直流电弧熔钎焊、交流电弧熔钎焊、脉冲电弧熔钎焊和变极性电弧熔钎焊。

1. 电弧熔钎焊的工作原理

TIG 熔钎焊是在氩气保护下,采用非熔化的钨或钨合金作电极,在钨极与工件间形成电弧,特制的钎焊焊丝通过送丝机连续送进并熔化,形成填充金属,将母材连接起来。钨极氩弧(TIG)熔钎焊热输入小,加热速度快,接头在高温停留时间短,热影响区受热程度低,母材金属不易产生晶粒长大,不易产生热应力裂纹,同时 TIG 熔钎焊具有工件变形量小、焊缝成形美观、接头强度高、可以实现自动化焊接等优点,在异种材料连接、薄壁件连接等领域得到了广泛的应用。目前,钨极氩弧熔钎焊以其便捷、高效的特点成为铝合金／

不锈钢异种金属连接中的热门研究方向。

MIG氩弧钎焊是在氩气保护下,采用特制的钎焊焊丝作为电弧的一个电极,在焊丝与工件间形成电弧,焊丝连续送进并熔化,形成填充金属,将母材连接起来。MIG电弧钎焊方法主要有直流MIG钎焊、脉冲MIG钎焊以及最新应用的基于CMT技术的MIG钎焊。脉冲MIG钎焊是得到低热输入量的适宜方式,并采用一脉一滴的熔滴过渡方式,焊接过程中无飞溅,电弧十分稳定。采用脉冲MIG钎焊,虽然接头能够熔敷足够多的钎料,但这个部位的热输入量却很小,所以对减少变形效果显著。电弧钎焊实际焊接如图11.3所示。

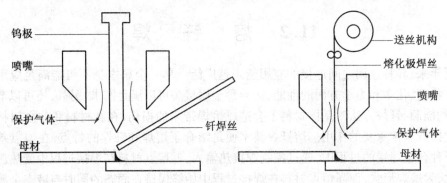

钨极
喷嘴
保护气体
钎焊丝
母材

送丝机构
熔化极焊丝
喷嘴
保护气体
母材

图11.3　电弧熔钎焊示意图

2. 电弧熔钎焊的特点

在整个焊接过程中,当小电流时,母材基本不熔化,其焊接性质属于硬钎焊;而在大电流时,母材有少量熔化,其焊接性质属于熔钎焊。

与普通的钎焊方法相比,电弧熔钎焊具有以下特点:① 与炉中钎焊和真空钎焊相比,不需要整体加热,钎焊后变形很小,对装配间隙不敏感,并且加热时间短,消耗小,成本低;② 与火焰钎焊相比,加热区窄,加热更为集中,热输入量小,热影响区窄,钎焊后变形小,尤其是对于薄壁工件,钎焊效果更为明显,电弧钎焊不会产生母材元素烧损现象。

对于电弧熔钎焊,当电极接正极,母材接负极时,因其特有的阴极雾化作用,能破碎和清洁钎缝表面的氧化膜;当电极接负极、母材接正极时,又因阳极斑点电离、高温蒸发以及等离子电弧柱的热激发和易挥发污染物的蒸发作用具有净化作用。另外,电弧熔钎焊不需用钎剂,无钎剂腐蚀作用,不需要焊后清洗。电弧熔钎焊已经成为异种难焊材料连接领域的首选方法之一。

电弧熔钎焊还具有节能高效的特点。由于氩气流对电弧具有压缩作用,热量较集中,加热升温速度快,钎焊接头在高温停留时间短,母材金属不易产生晶粒过大并使热影响区变窄,其组织与性能变化也较小,钎缝成形美观,速度快,钎焊接头强度较高;在钎焊镀锌钢板时,可防止锌层的严重破坏及锌的蒸发,钎缝耐腐蚀性能好。

3. 电弧熔钎焊的主要应用领域

(1) 镀锌钢板的焊接

随着现代化工业的发展,应用抗腐蚀镀层板材的领域越来越广。在众多的钢铁防腐方法中,镀锌是一种非常有效且便宜的方法。大量镀锌薄板材用于汽车制造业、建筑业、通风和供热设施以及家具制造等领域。锌的熔点约为420 ℃,挥发温度为906 ℃,这不利于焊接,当电弧刚一接触到镀锌板就挥发了。锌的挥发和氧化会导致气孔、未熔合及裂纹,甚至影响电弧的稳定性。因此,焊接镀锌板材最好是减少热输入量。

采用电弧钎焊的焊缝具有抗腐蚀的性能,又由于钎焊温度低,减少了锌的蒸发,大大减少了焊缝中的气孔,避免了母材金属的过量溶蚀,同时,工件变形小,焊接过程中不会产生飞溅,焊缝成形美观。因此,电弧钎焊技术在镀锌钢板连接上有着广泛的应用空间,而且,现在逐渐在其他镀层金属板,如镀锡等板材连接上得到了推广应用。

林三宝等人通过在不锈钢表面镀锌层,采取特殊的焊接工艺措施,成功实现了5A06铝合金管和1Cr18Ni9Ti不锈钢管的TIG熔钎焊接,同时发现焊接过程中存在许多不稳定因素,影响了接头表面形貌和使用性能,其中最主要的两个因素是TIG焊接热输入量的控制和表面镀锌层的质量。

(2)薄壁件的连接

使用脉冲TIG熔钎焊的方法则可实现小至0.3 mm超薄钢板的对接焊(悬空平焊,无垫板),在对接间隙约0.5 mm时,仍能较好地焊接钢板;使用CMT技术MIG熔钎焊在几乎无电流状态下的熔滴过渡,焊接热输入量极低,不用背衬,可焊接0.3 mm的薄板和超薄板,焊接变形小。

电焊钎焊技术大量应用在薄壁件的连接及表面修复上,在减小工件变形和熔透、保证焊接质量和焊缝美观等方面,有着极具前途的应用前景。

(3)异种材料的连接

连接是异种材料连接结构广泛应用的关键环节,由于异种材料的物理、化学及力学性能方面存在着巨大的差异,对连接方法要求比较苛刻。使用常规熔焊方法进行异种材料连接,由于界面容易形成脆性化合物相,热物理性能不匹配产生残余应力,使得异种材料连接困难,而且还影响到接头组织、性能和力学行为。

而电弧熔钎焊技术是通过填充特制的钎料,只有一种熔点低的金属熔化,避免了上述问题的发生,保证了焊接质量,同时操作方便灵活,不受工件形状限制,因此电弧熔钎焊在异种材料连接上得到了广泛的应用。最典型的便是铝钢的连接,电弧熔钎焊利用电弧为热源对铝与钢工件进行加热,同时通过连续送进铝基焊丝填充接头,铝合金处于熔化状态,为熔焊结合,而钢母材不熔化,为钎焊结合,即电弧熔钎焊的实质是熔化的铝及焊丝与固态的钢通过界面反应结合在一起,焊接过程兼备熔焊和钎焊的双重特点。

铝及铝合金与钢的焊接,一直是焊接领域的难点和热点问题,其中脆性的金属间化合物是影响接头性能的主要因素。电弧熔钎焊方法通过严格控制焊接热输入和钢表面镀层或堆层工艺能够成功实现铝和钢的优质接头,并且其具有高效节能、灵活方便的特点而受到越来越广泛的重视和应用。

11.2.2　激光熔钎焊技术

实际上,激光是熔钎焊最为合适的热源。第一,由于激光具有极快的加热与冷却速度,有效地减少了钎焊接头的液态金属与固态金属的相互作用时间,大大降低了金属间化合物的长大倾向。第二,由于激光光斑可调制成各种形状,可以精确地调整两种母材的能量分配。第三,由于激光的加热位置不受外界的影响,可实现对熔化位置的精确控制。

目前的激光熔钎焊多应用在钢／铝异种合金的焊接领域。上海交通大学联合法国的 Franco-Allemande 激光公司,采用 6 mm 直径光斑的单束激光"骑边加热"搭接接头两侧母材,从而实现铝与低碳钢的焊接,并获得了高质量的无裂纹的熔钎焊接头。

德国布莱梅激光研究所的 Kreimeyer 等人采用大功率的 CO_2 激光器或者 YAG 激光器来焊接镀锌钢板和铝合金板,实现了对接和搭接接头的焊接。气体采用 Ar 与 He 混合气体,保证焊缝光滑,用非腐蚀钎剂 FLH - 2 来去除氧化膜。通过高能激光束可以使熔池的温度梯度高、冷却速度快,降低了热输入,使金属间化合物层的厚度小于 2 μm,接头具有较高的强度,拉伸实验中接头在铝一侧的热影响区断裂。研究表明,锌作为过渡层,增加了铝对钢的润湿性,还可以起到降低金属间化合物层厚度的作用。

上海交通大学丁健军等人对 AA6056 铝合金和 XC18 低碳钢板的激光熔钎焊进行了研究。采用了 Nd:YAG 激光进行加热,搭接接头,他们的研究结果表明,适当增加焊接温度,可以提高铝合金的流动性和润湿性,但若温度高于钢的熔化温度,则有裂纹倾向。

激光熔钎焊使用高能激光束连接镀锌板与铝合金板,利用激光的特点,降低了热输入,获得了优良的接头,但是由于激光器价格高,对装配要求非常严格,需要专用的压紧装置,不易于大量推广。

为了获得更好的焊接效果,双光束激光熔钎焊是一种很好的选择。双光束相对于单光束,可以更有效地控制熔池流动,通过对钢板的预热提高液态金属的润湿铺展能力;采用不同的能量配比及光束间距可更为有效地控制焊接温度场。所以,M. Geiger、H. Laukant 等人在对镀锌板激光钎焊研究的基础上,成功实现了无钎剂的镀锌板／铝合金双光束熔钎焊,如图 11.4 所示。钢板表面的镀锌层的存在,大大提高了液态金属对母材的润湿铺展能力。虽然焊缝与钢板熔合区域将不可避免地形成 Fe-Al 金属间化合物相,然而能够将其限制在仅部分接触区域内形成,且其厚度低于 5 μm。

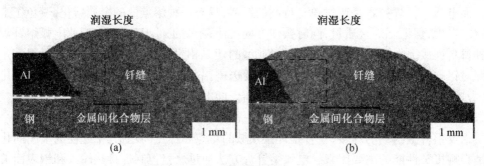

图 11.4　激光熔钎焊润湿长度比较

图 11.5 为采用 Al - 12Si 焊丝作为填充材料对铝／钛异种金属的激光熔钎焊的示意图.该方法可以实现 Ti - 6Al - 4V 钛合金和 5056 铝合金板材的连接,获得了焊接成形良好的接头(图 11.6),其抗拉强度可达铝合金母材的 80% 。

随着熔钎焊技术的发展,激光电弧复合热源熔钎焊技术也日渐完善,激光电弧复合焊技术是一种具有较好工业应用前景的新技术。激光电弧复合焊接将两种物理性质和能量传输机制截然不同的热源复合在一起,不仅综合了激光和电弧各自的优点,具有激光焊接的高速度及电弧焊接良好的桥联性和高的填充金属熔敷效率,而且由于激光与电弧的

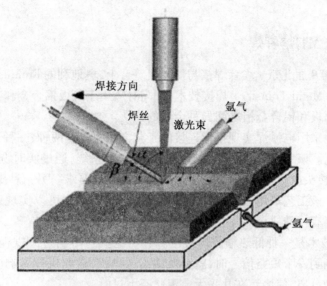

图 11.5 Al/Ti 激光熔钎焊示意图

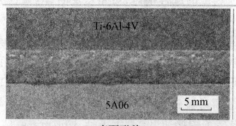

(a) 表面形貌

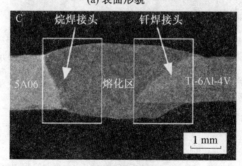

(b) 横截面形貌

图 11.6 Al/Ti 激光熔钎焊接头形貌

交互作用,产生了 1 + 1 > 2 的效果,焊接效率、焊接过程的稳定性和可靠性、焊接质量等进一步提高。

雷振等人利用研制开发的铝／钢特种钎剂成功地实现了 5A02 铝合金板与普通 Q235 冷轧钢板的大光斑 Nd：YAG 激光-脉冲 MIG 复合热源熔钎连接。结果表明:利用该连接方法可以在高速焊条件下实现铝／钢熔钎焊连接,得到的熔钎接头的抗拉强度接近于该铝合金熔化焊接头的抗拉强度,接头的抗剪强度高于 90 MPa。对于铝和镀锌钢的复合热源熔钎焊过程中,局部出现未钎合,通过研究发现,热输入不足,是导致局部出现未钎合缺陷的根本原因。

11.2.3 CMT 熔钎焊

在 2004 年第 9 届北京·埃森焊接与切割展览会上,奥地利的 Fronius 公司展出了一种新的 CMT(Cold Metal Transfer) 焊接技术,可同时适用于薄板铝合金和薄镀锌板的焊接,还可以实现镀锌板和铝合金板之间异种金属的连接。

目前国际上采用电弧焊实现钢铝连接的工艺方法主要有两种:一种是 Fronius 公司的冷金属过渡工艺。该工艺采用高动态响应性能的送丝系统,通过实时调节送丝速度实现弧长稳定,焊接接头质量可靠,该工艺对送丝系统有较高要求。另一种工艺是 EMW 公司的冷弧焊工艺。该工艺采用波形控制方式,降低电弧能量,也可以实现钢铝接头的焊接,但是对焊丝材料有特殊要求。

CMT 焊接技术是一种低热输入焊接法。它将送丝与熔滴过渡过程协调起来。当焊机微处理器监测到一个短路信号时,就会反馈给送丝机,送丝机作出响应回抽焊丝,从而使得焊丝与熔滴分离,使熔滴在几乎无电流状态下过渡。

CMT 焊接法电弧输入热量的过程很短,短路发生时,电弧熄灭,热输入量迅速减少。整个焊接过程在冷热交替中循环往复,可以实现 0.3 mm 以上超薄板的焊接,工件变形极小。短路状态下焊丝的回抽运动帮助焊缝与熔滴分离,从而使得熔滴过渡无飞溅。

当采用 CMT 技术连接铝和钢时,钢板必须为镀锌钢板,否则两者无法获得可靠连接,接头形成过程中只有铝板发生熔化,这也就是近几年才发展起来的熔-钎焊技术。

CMT 技术将送丝与熔滴过渡过程进行数字化协调,实现了焊接过程中冷和热的交替,大大降低了热输入,提高了焊接速度(最大可达 3 m/min),使铝板和镀锌钢板之间的金属间化合物层的厚度显著降低。

图 11.7、11.8 为采用直径为 1.2 mm 的 AlSi5 焊丝通过 CMT 熔钎焊技术焊接的纯铝 1060/镀锌钢板 DX52－ZE 75/75 异种金属接头表面形貌和截面形貌。在拉伸试验中,接头断在铝母材的热影响区,强度达到铝母材的 80%。

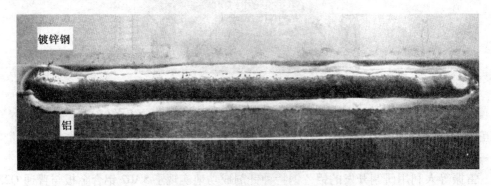

图 11.7   铝／镀锌钢板 CMT 熔钎焊接头表面形貌

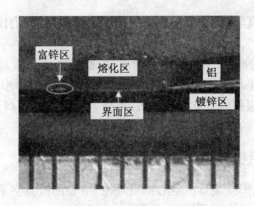

图 11.8　铝／镀锌钢板 CMT 熔钎焊接头截面形貌

11.3　空心阴极真空电弧焊技术

空心阴极真空电弧焊接(HCVAM)技术是一种先进的焊接工艺方法,它可对不锈钢、钛合金和高温合金等金属进行熔化焊,以及对小试件进行快速高效的局部加热钎焊,并获得高质量的焊接接头。它具有电弧能量集中、对弧长不敏感等特点,同时又可替代电子束焊接钛合金,解决焊缝背面飞溅的问题,因此前苏联成功地应用于钛合金产品的焊接生产中。该技术迅速应用在航空发动机的焊接中。

将空心阴极作为焊炬的真空焊接设备,具有焊接设备简单、适应性强的特点,既利用了真空保护的优点,又能和常规电弧焊设备相通用,具有良好的工艺条件,在俄罗斯众多工业企业中,HCVAM 已广泛应用于熔焊、堆焊和真空钎焊。我国从 20 世纪 90 年代初开始进行 HCVAM 焊接技术方面的研究。

11.3.1　空心阴极真空电弧焊的原理

空心阴极真空电弧焊接技术的基本原理是,采用一个管状阴极,在真空条件下,通入少量氩气作为电离介质。当从阴极逸出的电子受到空间电场的作用逐渐被加速后,同气体的原子发生碰撞,使这些气体原子激发和电离,从而形成焊接所需的电弧实现焊接。

由于放电条件不同,空心阴极真空电弧与常规条件下的电弧相比,在放电形态及能量分布等方面有十分显著差异。首先阴极发射位置不同。常规电弧阴极发射位置一般处于阴极端部,而空心阴极真空电弧阴极发射位置则处于阴极空腔内部,在阴极空腔内等离子体中的电子密度沿轴向呈非线性分布。其次电弧形态及能量密度不同,主要表现在以下三个方面。

① 电弧稳定燃烧的弧长范围大幅度增加,在零点几毫米直至数百毫米的弧长范围内,电弧都能稳定燃烧。其原因主要是放电环境为低压强介质,根据巴邢规律,即使弧压不变,降低放电气氛的压强,弧长也可以相应地增加。

② 在电流较小的情况下(50 A 以下),电弧能量密度低,柔性大。由于放电气氛压强低,电弧强烈发散,而当弧长较大时(几十毫米),弧柱直径也随之增大至数十毫米,但轮

廓不清晰,电弧能量密度较低,在径向分布的梯度比较小,可作为比较理想的真空局部加热热源,进行真空钎焊等。

③ 随着放电电流的增加,电弧挺度逐渐增加,能量密度升高,当电流升至 50 ~ 80 A 以上时,弧柱直径收缩至相当于空心阴极内径的尺寸,能量密度剧增。此时的电弧已变为一束挺度很好、穿透力很强的真空等离子弧,可作为较理想的熔焊热源,进行各种难熔易氧化金属在真空条件下的高质量焊接。

11.3.2　空心阴极真空电弧焊的装置

空心阴极真空电弧焊接装置由空心阴极焊枪、空心阴极真空系统、焊接电源、控制装置及气体流量控制单元五个部分构成,如图 11.9 所示。

真空系统由两部分组成,即真空室及真空抽气机组。真空室尺寸为 850 mm × 700 mm ×600 mm,顶部安装空心阴极焊枪。利用滑动密封技术,焊枪可沿真空室壁上、下移动,以调整电弧长度。真空抽气机组由机械泵、罗茨泵和扩散泵组成。焊接电源选用美国生产的 Miller300 型焊机。真空空心阴极电弧焊接控制装置包括焊接引弧控制、工件移动控制、真空机组、阀门控制和真空测量。

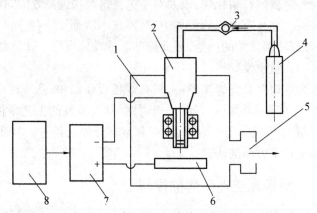

图 11.9　空心阴极真空电弧焊接系统示意图

1— 真空室;2— 空心阴极焊枪;3— 气体流量控制单元;4— 氩气瓶;
5— 真空抽气机组;6— 工件;7— 焊接电源;8— 控制箱

空心阴极焊枪设计及在真空条件下的焊接引弧、稳弧技术是空心阴极真空电弧焊接的关键技术。图 11.10 所示是我国研制出的一支小孔膜片型空心阴极焊枪。小孔膜片型空心阴极焊枪可实现非接触引弧,解决了直管型空心阴极电弧不集中,不能满足焊接熔化的问题,且接触引弧方式在焊接生产上也不适用。小孔膜片型空心阴极焊枪由阴极(采用 $\phi6$ mm 钽管)、水冷枪体、绝缘体、加热元件等组成。

11.3.3　空心阴极真空电弧焊的应用

真空电弧局部加热钎焊技术是涡轮叶片修复中的一项新型工艺技术。在俄罗斯,为了提高涡轮叶片的可靠性和寿命,广泛采用了真空电弧钎焊技术,这种技术利用空心阴极真空电弧放电形成可控的局部加热热源进行钎焊,将耐磨镶片钎焊在易磨损面上,显著地

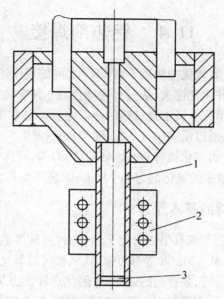

图 11.10　小孔膜片型空心阴极焊枪结构示意图
1— 空心阴极;2— 加热元件;3— 膜片

提高了叶片的工作寿命。在修复中可以多次更换新的镶片,也可以采用真空电弧局部加热对磨损部位实现钎焊堆覆或钎镀。

国内航空航天工业中钛合金容器的焊接通常采用电子束焊接,长期存在着焊缝背面飞溅的问题,直接影响到航空航天产品的可靠性。空心阴极真空电弧可作为局部加热热源用于真空钎焊,具有电弧柔性大、升温速度快、参数可控性好及焊缝成形好等优点。

利用空心阴极真空电弧在大电流情况下电弧能量集中、对弧长不敏感的特点,可以解决电子束焊接时焊缝背面飞溅的问题,同时由于焊接过程中的真空保护,又有效地防止了钛合金的氧化问题。

孙乃文等分别对淬火加时效态 TC4 钛合金及 1Cr18Ni9Ti 不锈钢进行真空电弧焊接。焊接结果表明:焊缝成形优良,背面呈圆滑过渡,焊缝表面光亮无氧化,内部无夹渣裂纹等缺陷。真空电弧焊接接头的强度指标可达到母材淬火 + 时效状态的 90% 以上,而与退火状态的母材强度(900 MPa)相比,接头强度高出近 17%,接头强度及塑性指标均优于常规焊接方法。

刘志华等采用直边坡口、悬空焊接、背面无垫板、不添加焊丝的工艺,对 3 mm 厚 M 态 TC4 板进行对接试验。在未制定空心阴极真空电弧焊接标准的情况下,检验参照“QJ 1666 - 95 钛及钛合金熔焊技术条件” I 级接头要求进行,所有焊接接头拉伸强度均达到 QJ 1666 - 95 I 级接头标准,X 射线检测符合 I 级对接接头要求,焊缝表面为银白色。

孙乃文等采用空心阴极真空电弧作为热源对 1Cr18Ni9Ti 板材($\delta = 1$ mm)、TC4 板材 ($\delta = 0.8$ mm) 及 K417 铸造高温合金(涡轮叶片)进行钎焊试验。研究表明:各种材料及接头形式的钎焊接头钎着率均达 100%,钎焊缝连续,表面光洁,呈金属光泽。所有接头经超声波及 X 光探伤检验,均未发现任何气孔、裂纹及疏松等内部缺陷。同时,由于接头在高温停留时间短,焊缝组织中不易产生有害的金属间化合物及晶粒长大现象。

11.4 铝热剂焊接

铝热剂焊是指利用金属氧化物和还原剂(铝)之间的氧化还原反应(铝热反应)所产生的热量,熔融金属母材并填充接头,从而实现接合的一种焊接方法。同时又利用反应金属生成物作为填充材料,填充金属来自过热的液态金属。这种方法是根据铝与氧产生剧烈反应,由于是放热反应,所以反应一旦开始,便能自行持续。

可以作为氧化剂的金属氧化物有 Fe_2O_3、CuO、MnO 等,可作为还原剂的有 Al、Mg、Ca、Si、B、C 等。工业上应用最多的氧化剂为 Fe_2O_3、CuO,应用最广泛的还原剂是 Al。

11.4.1 铝热剂焊的基本原理

铝在足够高的温度下,与氧有很强的化学亲和力,可从多数的金属氧化物中夺取氧,将金属还原出来。Fe、Cr、Mn、Ni、Cu 等都可被 Al 从相应的氧化物中还原出来,同时放出大量的热。由于 Al 价廉易得,是首选的还原剂,因此这种方法又被称为铝热剂焊。

很细的铝粉在化学反应中释放出大量的热量,使一些金属氧化物还原。以这种方式产生的熔融和过热的铁水被浇注到两工件的接头之间,形成焊缝。铝热剂焊的热化学反应如下:

$$金属氧化物 + 铝(粉末) \longrightarrow 氧化铝 + 金属 + 热能$$
$$3Fe_3O_4 + 8Al \rightarrow 9Fe + 4Al_2O_3 + \triangle H_{298}$$

只有当还原剂(铝)对氧亲和力比被还原金属对氧亲和力大时,反应才能开始并完成。由放热反应放出的热量就形成由金属和氧化铝所组成的液态产物。如果渣的密度比金属小,像钢和氧化铝那样,它们会立即分离开,渣浮在表面上,而钢液就可用于焊接。

铝热剂焊的热化学反应式及反应热效应如表 11.1 所示。

表 11.1 铝热剂焊的热化学反应的热效应

铝热反应	反应熔 $-\triangle H_{298}$/$(kJ \cdot mol^{-1})$	反应自动进行程度
$3/2MnO + Al \Longrightarrow 3/2Mn + 1/2Al_2O_3$	259.58	非自动反应
$1/2Cr_2O_3 + Al \Longrightarrow Cr + 1/2Al_2O_3$	272.14	非自动反应
$3/8Mn_3O_4 + Al \Longrightarrow 9/8Mn + 1/2Al_2O_3$	316.52	自动反应
$1/2Mn_2O_3 + Al \Longrightarrow Mn + 1/2Al_2O_3$	357.13	自动反应
$3/8Fe_3O_4 + Al \longrightarrow 9/8Fe + 1/2Al_2O_3$	418.26	自动反应
$1/2Fe_2O_3 + Al \longrightarrow Fe + 1/2Al_2O_3$	426.22	自动反应
$3/2FeO + Al \longrightarrow 3/2Fe + 1/2Al_2O_3$	440.45	自动反应
$3/2Cu_2O + Al \longrightarrow 3Cu + 1/2Al_2O_3$	530	自动反应
$3/2CuO + Al \longrightarrow 3/2Cu + 1/2Al_2O_3$	605	自动反应

在上述各种反应中,铝是还原剂。从理论上说,Mg、Si、Ca 等元素也可以用作还原剂,但对于一般用途来说,Mg 和 Ca 的使用是有限的。Si 常用于像热处理那样不需液态产物的热剂混合物中。此外,还使用等量的 Al 和 Si 的合金作为还原剂。

上述几个反应中,第一个反应是最普遍应用的热剂焊混合物的基础。热剂化合物由很细的铝粉和氧化铁粉末的混合物构成。这种混合物的比例通常按重量计大约为三份氧化铁对一份铝。这个反应所能达到的理论温度大约是 3 093 ℃。无反应组分的添加剂以及向反应容器散热和辐射损失使这个温度大约降低到 2 482 ℃。这大约也是可以允许的最高温度,因为 Al 在 2 500 ℃ 时将会汽化。另一方面,最高温度不应低得过多,因为铝渣(Al₂O₃)在 2 038 ℃ 时将会凝固。

进行反应的热剂数量对热损耗大小有很大影响。数量多比数量少时每千克热剂的热损耗明显减小,并且反应也更完全。热剂化合物中可以加入铁合金形式的合金元素,以便与被焊零部件的化学成分相匹配。还可采用其他添加剂来提高渣的流动性,并降低其凝固温度。

铝热剂反应是非爆炸性的,在 1 537 ℃ 时只需不到一分钟便能完成引燃,而与热剂数量多少无关。为了引起反应需要特制的引燃粉末(用镁粉引燃)或引燃棒,这两者都能用普通的火柴引燃。引燃棒或粉末能产生足够高的热量将贴近的热剂粉末加热到引燃温度,这一温度大约是 1 204 ℃。反应产物是高纯铁和氧化铝渣,渣漂浮在顶部。

11.4.2　铝热剂焊的特点

铝热剂焊所用的型模和坩埚如图 11.11 所示。铝热剂焊时,将被焊件的两端放入特制的铸型腔内,并保持适当的间隙。这种方法类似于铸造方法,一个装填耐热砂的砂箱放置在工件周围。对待焊件、型腔预热到一定温度,点燃坩埚内的热剂粉,即进行化学反应。形成的高温液态金属注入型腔内,使焊件端部熔化并填满整个型腔。冷凝后,打开装夹具及熔模,完成焊接工作。

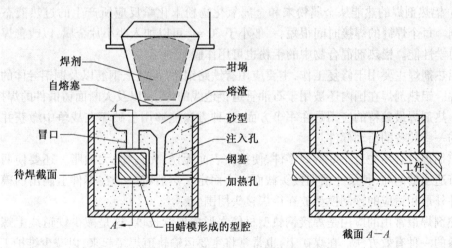

图 11.11　铝热剂焊所用的型模和坩埚

铝热剂焊主要有以下特点:

① 设备简单,投资小,焊接操作简便,无需电源,适于野外作业。

② 热容量大,焊接时大量的过热高温液态金属,在较短时间(10 s 左右)注入型腔,使焊缝具有较高热容量,因而可使焊接区得到较小的冷却速度。对含碳量较高的钢轨也不会造成淬火倾向。

③ 接头平顺性好。铝热剂焊方法没有顶锻过程,焊接接头的平顺性仅取决于焊前焊

件的调节精度。

铝热剂焊方法的缺点是焊缝金属为较粗大的铸态组织,焊缝韧性、塑性较差。如果对焊接接头区域进行焊后热处理,可使其组织性能有所改进,从而可以改善焊接接头的力学性能。

11.4.3　铝热剂焊的工艺及应用

铝热剂焊的工艺步骤如下:

① 铝热剂焊所用的设备只有反应坩埚和铸型。铸型可以是仅用一次的砂型,也可以是半永久性的金属模或者可重复使用的石墨模。

② 在准备待焊工件时,工件表面必须彻底清理。待焊工件要牢固地、精确地夹紧就位。焊接批量大的小件时,如钢筋等,推荐使用由钢或石墨制作的永久模具。

③ 把石蜡浇注到接头中去,形成与焊缝的几何尺寸完全一样的形状。然后围绕接头区域制造砂型。这种砂型具有传统砂型结构的特点,有直浇口、冒口、通气孔、入型口和预热口。

④ 焊接前,用气体火焰预热铸型。待焊工件要预热到红热的温度,使石蜡熔化并从砂型里流出来。预热也把砂型和被焊金属烘干。较高的预热温度有助于形成熔合较好的接头,使杂质易于从熔化金属里浮出来。所有这些都能改善接头的质量。

⑤ 加入铝粉和氧化铁(可以从轧钢氧化皮得到氧化铁)。铝热剂混合物约在1 300 ℃引燃,因此常用 Mg 作为引燃剂。

⑥ 铝热剂焊的热能从金属粉末和金属氧化物粉末化学反应所产生的过热液态金属里得到。每个焊缝的焊接时间很短,一般小于 30 s。可以加入些小片金属,以改善焊缝金属的力学性能。铝热剂混合物中的铝粉也可用作脱氧剂。

铝热剂焊主要用于修复工作,主要应用有铁路钢轨、混凝土钢筋以及铜铝导体的现场焊接等。铝热剂焊在国内还被用于石油管道接地线的焊接,以及大断面铸锻件的焊接、修复等。热剂焊最独特的应用是在军事方面,这种方法能够用于破坏在战争中缴获并准备放弃的一些装备的活动部件。

热剂焊时必须先对正好待焊零件,使接头表面无锈、无污物、无油脂。还要使两表面之间有适当的间隙,其尺寸根据接头截面大小而定。然后将一个在零件上制出的模型或与零件外形相适应的预制模型放在待焊接头周围。

热剂焊最常用的应用是焊接钢轨型材使之形成连续长度,这是减少铁道线上螺栓接头数量的一种有效方法。在煤矿上,也常常将主要运输轨道焊接起来,以减少维护工作并降低由于钢轨不平整造成的煤炭过量洒落。起重机钢轨照例要焊起来以减少接头维护工作以及当载荷很大的轮子通过接头时造成的震动。

无缝线路铺设是提高铁路运输速度的关键,我国铁路主要采用在工厂内焊接(接触焊)和现场焊接(铝热剂焊、热压焊)结合的方式完成无缝线路的焊接。随着列车速度的提高,出现了跨区间无缝线路,道岔区内由于条件的限制,只能用铝热剂焊进行焊接。铁路钢轨铝热剂焊示意图如图 11.12 所示。

为了完成对接焊缝,必须使零件端头充分预热,以保证钢液与母材金属之间能完全熔

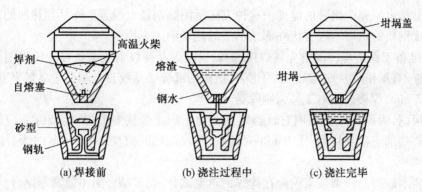

图 11.12 铝热剂焊接钢轨示意图

合。这种方法虽然也被称为焊接方法,实际上热剂焊很像金属铸造,要求有合适的浇口和冒口,以便补充凝固时的收缩,消除那些在熔铸中出现的典型缺陷,保持钢液能适当流动和防止金属流入接头时发生紊流。

1. 钢轨焊接工艺

为了减少人为因素的影响,国内外已将小焊筋、小焊剂量、长时间预热的焊接工艺发展为大焊筋、大焊剂量、短时间预热的新工艺。钢轨焊接工艺的特点是增加了焊剂总量(即增加了铝热钢水质量),预热主要靠铝热钢水对钢轨端面的冲刷。

(1) 预热焊接

通常使用预制的可分开的型模来焊接标准尺寸的钢轨。应将型模对准,使其中心与两个钢轨端面之间间隙的中心重合。用气焊火焰指向型模内钢轨端面,使之预热到 590 ~ 980 ℃。预热后将装填了热剂的耐热衬里坩埚安放在两半型模的上方。随后引燃热剂,将钢液注入接头。有些生产工艺是将金属注入接头间隙中(顶浇法);还有一些工艺是将金属由钢轨底部外端注入型模底部,并使钢液由型模中部垂直上升(底浇法)。

在坩埚底部有自行熔化的钢制密封片。热剂反应完毕之后几秒钟,液态金属将密封片熔化并从坩埚底部流出而浇入两钢轨之间的间隙内。液态熔渣因密度较小,在坩埚内就与钢液分离开了。在全部钢液进入并填满两钢轨之间的空腔和型模本身的空腔之前,熔渣不会进入型腔。熔渣停留在焊缝顶部并凝固。金属凝固后,将型模拆下并丢掉,多余的金属用手砂轮、气动或手工剪切装置去除。

预热时间短的热剂焊需要装填的热剂要比预热时间长得多,因为焊接时散失到工件的热量必须由较多的钢液来提供。

(2) 不预热焊接

为了简化焊接过程和省掉为了实现预热所需要的设备,研究人员设计了一种自行预热的热剂焊方法。钢轨端部用热剂反应生成的液态金属的一部分预热,坩埚和型模连成一体。此外,型模通常称为壳形模型,用酚醛树脂黏结砂子预制。这种型模很轻,不吸潮,无潮湿储存期很长。热剂反应完成后,钢液自动由坩埚流入接头,而不是像单独坩埚那样要穿过大气。

在型模中焊接区域的下方有一空室,可以容纳最先熔化的金属以预热钢轨端头,这部分金属称为预热金属。填满空室之前要有足够的液态金属通过钢轨端部,使之预热到能保证与母材金属完全熔合的温度。这种方法所用热剂量大约等于外部预热法的两倍。不预热焊接钢轨的热影响区要比外部预热法的热影响区小得多。

① 准备工作。焊接前首先将焊接工具、封箱砂及待焊钢轨准备好。待焊钢轨事先应仔细检查,有损伤、裂纹的部分必须锯去,扭曲的部分必须校直。端面应尽量平直,不平度应小于 2 mm,焊接前应对工件清刷除锈。

焊接前,两段钢轨必须用对轨器顺直。为了防止焊接变形,焊前接缝处应施以反变形。钢轨端部应稍加垫高,用 1 m 平尺测量,平尺端部间隙在 1 ~ 3 mm 时为合适。

② 焊接。

a.装卡砂型。砂型装卡前应在待焊钢轨上试合,如果结合面不能紧密贴合,可轻轻在待焊钢轨上研合,使之紧密贴合,最后将浮砂清除。卡好砂型,把预先配制好的封箱砂填封到砂型封箱沟槽内,注意用指尖把封箱砂塞严。

b.坩埚装料及放置坩埚支架。焊接前要检查坩埚是否完好,内腔锥度是否足够,使用前应用预热器把坩埚烘干。在装卡砂型的同时可进行坩埚封口、装料。坩埚出钢口用自熔堵片封口,自熔堵片与出钢口的结合部放一层 10 mm 的电熔镁砂。把焊剂倒入坩埚内。

c.预热。铝热剂焊的预热一般采用专用的预热器,以保证足够的火焰强度。燃料近年来已逐步采用液化石油气与氧气,只在隧道内仍使用乙炔气。预热温度一般在 600 ~ 800 ℃。

d.点火、浇注。预热结束后,移开预热器,放好轨顶砂芯,立即借助预热火焰点燃高温火柴并将其迅速插入坩埚焊剂内。反应开始约 4 ~ 5 s 后进行自动浇注。

(3)整修工件

浇注完毕后 4 ~ 5 min 时开始用推瘤机推瘤。推瘤完毕后,用轨顶打磨机进行轨顶磨修,将焊接接头打磨平整。整个铝热剂焊接过程结束。

(4)焊接质量检验

根据铁道行业标准,钢轨铝热剂焊接头质量检验包括静力弯曲、疲劳、断口检查以及抗拉强度、屈服强度、伸长率、硬度、冲击韧度等。

静力弯曲及疲劳试验性能应满足表 11.2 的要求;铝热剂焊接头的抗拉强度、屈服强度应不低于母材的 80%,伸长率不低于母材的 60%,硬度不低于母材的 90%,其中软点硬度平均值不低于母材硬度平均值的 80%,焊缝处的冲击韧度不低于母材的 60%。

除了上述要求外,焊接接头应进行探伤,不得有裂纹、过烧、未焊透、气孔、夹渣等缺陷。

表 11.2　钢轨铝热剂焊接头静力弯曲与疲劳性能的要求

规格　　　　　要求	50 kg/m	60 kg/m
静力弯曲	882 kN	1 176 kN
疲劳试验	49 kN/235 kN	68 kN/343 kN

参考文献

[1] 李志远,钱乙余,张九海,等. 先进连接方法[M].北京:机械工业出版社,2000.

[2] 张柯柯,涂益民. 特种先进连接方法[M].哈尔滨:哈尔滨工业大学出版社,2008.

[3] 《焊接新技术新工艺实用指导手册》编委会. 焊接新技术新工艺实用指导手册[M]. 北京:北方工业出版社,2008.

[4] 李亚江. 特种连接技术[M]. 北京:机械工业出版社,2007.

[5] 中国机械工程学会焊接学会. 焊接手册(第1卷):焊接方法及设备[M].2版. 北京: 机械工业出版社,2001.

[6] UEYAMA K, YASUTO, FUKADA Y R, et al. Improvement in fatigue strength of thermite welds on rails[J]. Yosetsu Gakkai Ronbunshu/Quarterly Journal of the Japan Welding Society,2003,21(1):87-94.

[7] 李力, 胡智博, 邹立顺.预热不当导致的铝热焊接头缺欠研究[J]. 铁道学报,2002, 24(3):118-120.

[8] 陈辉,苟国庆,涂铭旌,等. 钢轨铝热焊工艺及焊接接头性能研究[J]. 电焊机,2008, 38(8):22-25.

[9] 韩小宾, 汪苏, 张奕琦. 一种新型的焊接技术——空心阴极真空电弧焊[J]. 航空制造工程, 1998(3):16-18.

[10] 刘志华,赵青,李德清, 等. 真空空心阴极电弧焊接研究和设备研制[J]. 材料科学与工艺, 1999, 7(S1):190-192.

[11] 孙乃文,关桥,郭德伦, 等. 真空电弧焊接与钎焊技术[J]. 焊接学报, 1997, 18(3):129-133.

[12] 袁玉兰,王惜宝,吴顺生,等.活性剂在焊接中的应用及展望[J].材料导报,2005,18(9):66-69.

[13] 陈俐,胡伦骥. 活性剂焊接技术的研究[J].热加工工艺,2005(4):39-42.

[14] 贺晓娜,童彦刚,郭彦兵.活性化TIG焊接技术的研究及应用[J].热加工工艺,2010, 39(17):155-158.

[15] 张瑞华,樊丁. 低碳钢A-TIG焊活性剂的焊接性[J].焊接学报,2003,24(1):85-90.

[16] 张瑞华,樊丁,余淑荣. 低碳钢A-TIG焊的活性剂研制[J].焊接学报,2003,24(2):16-18.

[17] 张连锋,李晓红,枉欲晓.钛合金活性焊剂氩弧焊接头组织分析[J].焊接,2006(7):16-19.

[18] 马立彩,刘金合,谢耀征,等. 激光焊活性影响等离子体的初步研究[J].电焊机, 2005,35(7):35-38.

[19] 于治水. 镀锌钢板氩弧钎焊润湿铺展及界面行为[D].哈尔滨:哈尔滨工业大学, 2003.

[20] 宋建岭. 镍基合金与不锈钢电弧钎焊工艺研究[D]. 哈尔滨:哈尔滨工业大学, 2007.

[21] 陈树海. Ti/Al 异种合金激光熔钎焊工艺与连接机理[D]. 哈尔滨:哈尔滨工业大学, 2009.

[22] 张洪涛. 铝/镀锌钢板 CMT 熔-钎焊机理研究[D]. 哈尔滨:哈尔滨工业大学, 2008.